住宅工程质量技术导则

建设部住宅产业化促进中心

中国建筑工业出版社

图书在版编目(CIP)数据

住宅工程质量技术导则/建设部住宅产业化促进中心.
北京:中国建筑工业出版社,2004

ISBN 7-112-06804-5

Ⅰ.住… Ⅱ.建… Ⅲ.住宅—工程质量—技术监督
Ⅳ.TU712

中国版本图书馆CIP数据核字(2004)第085362号

责任编辑:陈小力 李东禧

责任设计:孙 梅

责任校对:李志瑛 张 虹

住宅工程质量技术导则

建设部住宅产业化促进中心

*

中国建筑工业出版社出版、发行(北京西郊百万庄)

新 华 书 店 经 销

北京建筑工业印刷厂印刷

*

开本:787×1092毫米 1/16 印张:19 字数:470千字

2004年10月第一版 2004年10月第一次印刷

印数:1—4,000册 定价:45.00元

ISBN 7-112-06804-5

TU·6051(12758)

本社网址:http://www.china-abp.com.cn

网上书店:http://www.china-building.com.cn

中华人民共和国建设部

建质施函[2004]49号

各省、自治区建设厅，直辖市建委：

为进一步贯彻国务院《建设工程质量管理条例》和建设部《关于加强住宅工程质量管理的若干意见》，落实建设部领导关于加强对住宅工程质量进行综合治理的重要指示，由我司组织部住宅产业化促进中心、中国建筑科学研究院、上海市房屋土地资源管理局、南通三建海门市建筑安装工程公司、宝业集团股份有限公司、北京建工京精大房工程建设监理公司、厦门市万安实业有限公司、北京城市开发集团有限责任公司等单位编制的《住宅工程质量技术导则》已经专家论证，出版发行。请各地结合本地区的实际情况在应用中不断摸索成功的经验，将应用中的成功经验反馈我司。

建设部工程质量安全监督与行业发展司

2004年6月23日

顾　　问：金德钧　徐　波

主编单位：建设部住宅产业化促进中心

参编单位：中国建筑科学研究院

上海市房屋土地资源管理局

南通三建海门市建筑安装工程公司

宝业集团股份有限公司

北京建工京精大房工程建设监理公司

厦门市万安实业有限公司

北京城市开发集团有限责任公司

主　　编：童悦仲　王有为

编　　委：（按姓氏笔画排列）

王宏伟　田成钢　朱长喜　刘美霞　江建明

李维平　李　华　邵长利　陈祖新　陈凤旺

陈　岗　赵宏彦　娄乃琳　赵　平　郭万清

凌传荣　夏　锋　袁政宇　章美芬　曾　捷

蔡春卫　颜章义

统稿和校对：陈祖新　刘美霞

目　录

1 总　　则

1.0.0.1　为保证住宅工程质量，克服住宅勘察、设计、施工中的不规范操作，使住宅在规定的使用年限内具备良好的性能，制定本导则。

1.0.0.2　住宅勘察、设计与施工必须遵守国家和地方政府规定的各项建设程序。

1.0.0.3　住宅勘察、设计与施工单位必须具备国家规定的相应资质。

1.0.0.4　住宅勘察文件编制深度应满足建设部2003年颁发的《建筑工程勘察文件编制深度规定（试行）》的要求，住宅设计文件编制深度应满足建设部2003年颁发的《建筑工程设计文件编制深度规定》的要求。

1.0.0.5　住宅施工必须遵守国家和地方政府规定的有关材料、设备的试验与检验、工程验收、质量保修与保险制度，依靠科学管理，保证住宅工程质量。

1.0.0.6　住宅勘察、设计与施工周期的确定必须具有科学性、可行性，参照相关工期定额确定，不得随意压缩。

1.0.0.7　住宅设计和施工，应优先选用有利于节能、环保、可持续发展的地方性资源，采用当地技术成熟、质量有保障的传统工程做法。

1.0.0.8　住宅设计和施工，应按照推进住宅产业现代化的要求，积极采用新技术。对于首次采用的新技术，必须经过工程试验，确认质量可靠并制定出相应的技术标准和工法后，方可推广应用。

1.0.0.9　住宅工程，除参照本导则外，应符合国家现行的有关标准、规范中强制性条文的规定。

1.0.0.10　本导则适用于新建住宅工程。旧住宅装修、改建、扩建工程，可以参照。

（本章主要起草人：童悦仲）

2 住 宅 地 基

2.1 基 本 规 定

设 计 要 点

2.1.0.1 地基基础工程设计前，应掌握以下资料：

1. 详细的岩土工程勘察资料、上部结构及基础设计资料等。

2. 当地地基基础设计、施工经验和施工条件；有条件时尚应了解其他地区相似场地上同类工程地基基础设计、施工经验和使用情况等。

3. 临近建筑物和地下设施类型、分布及结构质量情况等。

2.1.0.2 在选择地基基础工程方案时，应考虑上部结构、基础和地基的共同作用，并经过技术经济比较，选用经济合理，技术可靠的方案。

2.1.0.3 地基基础工程的设计应符合国家和行业有关标准、规范的要求。

2.1.0.4 下列建筑物应在施工期间及使用期间进行变形观测：

1. 地基基础设计等级为甲级的建筑物。

2. 复合地基或软弱地基上的设计等级为乙级的建筑物。

3. 加层、扩建建筑物。

4. 受邻近深基坑开挖施工影响或受场地地下水等环境因素变化影响的建筑物。

材 料 要 求

2.1.0.5 地基基础工程所采用的砂、石子、干渣、水泥、土工合成材料、白灰、粉煤灰、素土等原材料应有产品合格证书和检测报告，材料的品种、规格应符合设计要求。

2.1.0.6 原材料进场后应进行复验，合格后方可使用。质量复验的检验项目、批量和检验方法，应符合国家现行材料检验标准的规定。

施 工 要 点

2.1.0.7 地基基础工程必须按照设计要求施工，施工中严格遵循有关标准规范的规定。

2.1.0.8 地基基础工程施工单位必须具备相应专业资质，并应建立完善的质量管理体系和质量检验制度。

2.1.0.9 地基基础工程施工前，必须具备完备的岩土工程勘察资料及工程附近管线、建筑物、构筑物和其他公共设施的构造情况，必要时应进行施工勘察和调查，以确保工程质量及临近建筑安全。

2.1.0.10 地基基础工程施工前，应进行图纸会审，并编制详细的施工组织设计或施工方案。

2.1.0.11 地基加固处理或桩基础正式施工前，应先进行试验段施工，论证设计设定的施工参数及施工效果。为验证加固效果所进行的载荷试验，其施加的载荷应不低于设计载荷的2倍。

2.1.0.12 地基加固处理或桩基础施工前和施工过程中，应有针对性地对临近建筑物和地下设施做好保护措施。

2.1.0.13 施工过程中出现异常情况时，应停止施工，由建设单位组织勘察、设计、监理、施工等有关单位共同分析情况，解决问题，消除质量隐患，并形成文件资料。

质 量 要 求

2.1.0.14 建筑物地基均应进行施工验槽。如地基条件与原勘察不符时，应进行施工勘察。

2.1.0.15 对灰土地基、砂和砂石地基、强夯地基，其竣工后的结果（地基强度或承载力）必须达到设计要求的标准。检验数量：每单位工程不应少于3点。其中1000m^2以上工程，每100m^2至少应有1点；3000m^2以上工程，每300m^2至少应有1点；每一独立基础下至少应有1点；基槽每20延米应有1点。

2.1.0.16 对水泥土搅拌桩复合地基、高压喷射注浆桩复合地基、砂桩地基、振冲桩复合地基、土和灰土挤密桩复合地基、水泥粉煤灰碎石桩复合地基及夯实水泥土桩复合地基，其承载力检验，数量为总数的0.5%～1%，但不应少于3处。有单桩强度检验要求时，数量为总数的0.5%～1%，但不应少于3根。

2.1.0.17 桩基础的工程桩应进行承载力检验。对于地基基础设计等级为甲级或地质条件复杂，成桩质量可靠性低的灌注桩，应采用静载荷试验的方法进行检验，检验桩数不应少于总数的1%，且不应少于3根；当总桩数少于50根时，不应少于2根。

2.1.0.18 桩基础的工程桩其桩身质量应进行检验。对设计等级为甲级或地质条件复杂，成桩质量可靠性低的灌注桩，抽检数量不应少于总数的30%，且不应少于20根；其他桩基工程的抽检数量不应少于总数的20%，且不应少于10根；对混凝土预制桩及地下水位以上且终孔后经过核验的灌注桩，检验数量不应少于总桩数的10%，且不得少于10根。每个柱子承台下不得少于1根。

2.1.0.19 地基处理和桩基施工过程中，土体结构受到扰动，要在一个间歇期后才能进行质量验收，间歇期由设计确定。

2.2 地 基 处 理

2.2.1 灰土地基

一 般 规 定

2.2.1.1 本节适用于住宅建筑的基坑、基槽、室内地坪、管沟、室外台阶和散水等灰土地基。

2.2.1.2　灰土地基适用于浅层软弱地基及不均匀地基的处理。

设 计 要 点

2.2.1.3　灰土体积配合比宜为 2∶8 或 3∶7。

2.2.1.4　灰土地基的厚度不宜小于 0.5m，也不宜大于 3m。

2.2.1.5　灰土地基底面的宽度应满足基础底面应力扩散的要求。

材 料 要 求

2.2.1.6　土料宜优先采用黏性土及塑性指数大于 4 的粉土，不宜使用块状黏土和砂质粉土，不得含有松软杂质和耕植土；土料应过筛，其颗粒不应大于 15mm。

2.2.1.7　石灰：应用Ⅲ级以上新鲜的块灰或生石灰粉，使用前 1～2d 消解并过筛，其颗粒不得大于 5mm；不应夹有粒径大于 5mm 的生石灰块粒及其他杂质，不得含有过多水分。

2.2.1.8　水泥（代替白灰）：可选用强度等级 32.5 级的硅酸盐水泥或普通硅酸盐水泥，安定性和强度经复试合格。

施 工 要 点

2.2.1.9　铺设灰土前必须先进行验槽，合格后方能铺设灰土。基坑（槽）内应无积水，严禁扰动槽底原状土。

2.2.1.10　基础外侧铺设灰土，现浇的混凝土基础墙、地梁等均应达到规定的强度。房心灰土和管沟灰土，应在完成上下水管道的安装或管沟墙件加固等措施后，再进行铺设。

2.2.1.11　灰土的配料（体积比）应正确，一般宜为 2∶8 或 3∶7。用土料拌水泥时，配合比应先试验或按设计配合比执行。基础垫层灰土必须过标准斗，严格控制配合比。

2.2.1.12　灰土的施工含水量宜控制在最优含水量 $w_{op}\pm2\%$ 的范围内，以用手紧握土料成团，两指轻捏能碎为宜。灰土应拌合均匀，颜色一致，拌好后应及时铺好夯实，不得隔日夯打。

2.2.1.13　灰土应分层摊铺夯实，虚铺厚度一般为 200～250mm，采用压路机时为 200～300mm。宜预先在槽（坑）底或槽壁处用竹钎、木桩或短钢筋每隔 3m 处设一标准点，以控制灰土虚铺厚度及平整度。

2.2.1.14　灰土分段施工时，不得在墙角、柱墩及承重窗间墙下面接缝。上下相邻两层灰土的接缝间距不得小于 500mm，接缝处的灰土应充分夯实。

2.2.1.15　每层灰土夯打（或碾压）遍数不宜少于 3 遍。人工夯打应一夯压半夯，夯夯相接，行行相接，纵横交叉。压实后的灰土 3d 内不得受水浸泡，同时需作临时遮盖防止日晒雨淋。

2.2.1.16　灰土最上一层完成后，应拉线或用靠尺检查标高和平整度，超高处用铁锹铲平；低洼处及时补夯灰土。

质 量 要 求

2.2.1.17　灰土地基的施工质量检验必须分层进行，应在每层的压实系数符合设计要求后铺填上层灰土。

2.2.1.18 灰土地基承载力必须达到设计要求的标准，检验方法按设计规定的检查方法或进行平板载荷试验；检验方法按设计规定的检查方法或采用平板载荷试验，检验数量应符合 2.1.0.15 的要求。

2.2.1.19 灰土的压实系数宜为 0.93～0.95，检查宜用环刀取样法测定其干重度；分层检验，检验数量同地基承载力。

2.2.1.20 灰土地基分层厚度偏差不应大于 50mm。

2.2.2 砂和砂石地基

一 般 规 定

2.2.2.1 本节适用于住宅建筑的砂和砂石地基、软弱地基及不均匀地基的处理以及地面垫层。

2.2.2.2 砂和砂石地基不适用于湿陷性黄土地基的加固。

设 计 要 点

2.2.2.3 砂和砂石地基的厚度不宜小于 0.5m，也不宜大于 3m。

2.2.2.4 砂和砂石地基底面的宽度应满足基础底面应力扩散的要求。

材 料 要 求

2.2.2.5 砂石宜选用颗粒级配良好、质地坚硬的碎石、卵石、角砾、圆砾、砾砂、粗砂、中砂或石屑。碎石、卵石的最大粒径不应大于垫层或虚铺厚度的 2/3 且不宜大于 50mm。

2.2.2.6 当用细砂、粉砂时，应掺加粒径 20～50mm 卵石（或碎石），但颗粒级配要良好，分布要均匀。砂中不得含有杂草、树根等有机物。用作排水固结的地基材料，含泥量宜小于 3%。

2.2.2.7 采用工业废粒料作为地基材料，泥土和有机杂质含量不大于 5%，松散重度不小于 $11kN/m^3$。

施 工 要 点

2.2.2.8 砂和砂石地基铺筑前应先验槽，清除浮土，填实地基孔洞、沟、井、墓穴等，应保持地下水位低于基坑，基坑（槽）内无积水状态。

2.2.2.9 砂石级配应根据设计的要求或试验确定。人工制作的砂石地基应拌制均匀后再行铺填捣实。铺填砂石的每层厚度一般为 150～200mm，不宜超过 300mm。砂石地基的捣实可选用振实、夯实或压实方法。

2.2.2.10 分段施工时，接槎处应做成斜坡，每层错开 0.5～1.0m，并应充分捣实。在铺砂及砂石时，如地基底面深度不同，应预先挖成阶梯形式或斜坡形式，以先深后浅的顺序进行施工。

2.2.2.11 铺筑级配砂石在夯实碾压前，应根据其干湿程度和气候条件，适当地洒水。宜将砂石的含水量保持在8%～12%。

2.2.2.12 砂和砂石地基应分层铺垫、分层找平、分层夯实。每铺好一层垫层，其铺设厚度、干密度经检验合格后方可进行上一层施工，最后一层压(夯)完成后，表面拉线找平应符合设计标高。

质 量 要 求

2.2.2.13 砂和砂石地基承载力必须达到设计要求的标准，检验方法按设计规定的检查方法或进行平板载荷试验；检验数量应符合2.1.0.15的要求。

2.2.2.14 砂和砂石地基的压实系数一般为0.94～0.97，检查宜用灌砂法、灌水法测定其干重度，也可采用重型动力触探检验；分层检验数量同地基承载力。

2.2.2.15 砂和砂石地基分层厚度偏差不大于50mm。

2.2.3 强夯地基

一 般 规 定

2.2.3.1 本节强夯地基适用于强夯法、强夯置换法、重锤夯实法处理的地基。

2.2.3.2 强夯法、重锤夯实法适用于处理碎石土、砂土、低饱和度的粉土与黏性土、湿陷性黄土、素填土和杂填土等地基。

2.2.3.3 强夯置换法适用于高饱和度的粉土与软塑、流塑的黏性土等地基上对变形控制要求不严的工程。

设 计 要 点

2.2.3.4 强夯地基处理范围应大于建筑物基础范围，每边超出基础外边缘的宽度宜为基底下设计处理深度的1/2至2/3，并不宜小于3m。

2.2.3.5 强夯置换法在设计前必须通过现场试验确定其适用性和处理效果。

材 料 要 求

2.2.3.6 强夯置换法的墩体材料应采用级配良好的块石、碎石、矿渣、建筑垃圾等坚硬粗颗粒材料，粒径大于30mm的颗粒含量不宜超过全重的30%。

施 工 要 点

2.2.3.7 施工前做好强夯地基地质勘察，对不均匀土层应增加钻孔和原位测试工作，掌握土质情况，作为制定强夯方案和对比夯前、夯后加固效果之用。

2.2.3.8 施工前应查明强夯影响范围内的地下构筑物和各种地下管线的位置及标高，采取必要的防护措施，避免因强夯施工而造成破坏。

2.2.3.9 起重设备起吊提升高度必须符合夯锤强夯的要求。起重设备直接用钢索悬吊夯锤时，起重能力应大于锤重量的3倍；采用自动脱钩夯锤装置，起重能力应取大于1.5倍锤重。

2.2.3.10 施工前应根据设计要求的锤重、落距、夯击点布置及夯击点的夯击数；进行现场试夯，似确定正式施工时采用的技术参数。

2.2.3.11 强夯地基场地应预先按地面高程用推土机平整。在地表层为细粒土，且地下水位高的情况下需在表层铺 0.5～2.0m 左右的砂、砂砾或碎石，使地表面形成硬层；当地下水位距地表面 2m 以下且表层为非饱和土时，可直接进行夯击。

2.2.3.12 夯点间距一般根据基础布置、加固土层的厚度和土质情况而定。夯点偏差不得大于 50mm。

2.2.3.13 强夯施工必须按试夯确定的技术参数进行，夯击遍数和两遍之间的间歇时间必须符合设计要求。地下水位较低和地质条件较好的场地，可采用连续夯击。

2.2.3.14 雨季强夯施工，场地四周应设排水沟、截洪沟，防止雨水入侵夯坑；填土中间稍高；土料含水率应符合要求，分层回填、摊平、碾压，使表面保持 1%～2%的排水坡度。

2.2.3.15 冬期强夯施工应清除地表冰冻再强夯，夯击次数要增加，如有硬壳层要适当增加夯次或提高夯击能量。

2.2.3.16 采用重锤夯实分层填土地基时，每层虚铺的厚度，一般相当于锤底直径，夯击遍数应由试夯确定。土的试夯达不到设计的密实度和夯实深度要求时，应适当提高落距、增加夯击遍数或增加锤重。

2.2.3.17 基坑(槽)的夯实范围应大于基础底面。夯实前，坑(槽)底面应高出设计标高，预留土层厚度宜为试夯时的总下沉量加 50～100mm。夯实完毕，将基坑(槽)表面拍实至设计标高。

2.2.3.18 当强夯施工所产生的振动对临近建筑物或设备会产生有害影响时，应设置监测点，并采取挖隔振沟等隔振或防振措施。

质 量 要 求

2.2.3.19 施工前应检查夯锤重量、尺寸，排水措施。

2.2.3.20 施工中应检查落距、夯击遍数、夯点位置、夯击范围。

2.2.3.21 强夯地基承载力检验应在施工结束后间隔一定时间方能进行，对碎石土和砂土地基，间隔时间可取 7～10d；粉土和黏性土地基可取 14～28d。强夯置换地基间隔时间可取 28d。

2.2.3.22 经强夯或重锤夯实地基的承载力必须达到设计要求的标准。承载力检验应采用原位测试和室内土工试验。检验数量应符合 2.1.0.15 的要求。

2.2.3.23 强夯置换地基承载力检验除应采用单墩载荷试验检验外，尚应采用动力触探等有效手段查明置换墩着底情况及承载力与密度随深度的变化，对饱和粉土地基允许采用单墩复合地基载荷试验代替单墩载荷试验。

2.2.4 振冲地基

一 般 规 定

2.2.4.1 振冲地基适用于处理砂土、粉土、粉质黏土、素填土和杂填土等地基。

2.2.4.2 对大型的、重要的或场地地层复杂的工程，在正式施工前应通过现场试验确定其处理效果。

设 计 要 点

2.2.4.3 振冲地基用于多层住宅和高层住宅时，宜在基础外缘扩大 1～2 排桩。当要求消除地基液化时，在基础外缘扩大宽度不应小于基底下可液化土层厚度的 1/2。

2.2.4.4 振冲地基在桩顶和基础之间宜铺设一层 300～500mm 厚度的碎石垫层。

材 料 要 求

2.2.4.5 填料应选择不溶于地下水或无侵蚀性的碎(卵)石、粗砂、矿渣及破碎的废混凝土块等性能稳定硬粒料。其最大粒径不宜大于 50mm，填料的含泥量不宜大于 5%，且不得含黏土块。级配必须符合设计要求。

施 工 要 点

2.2.4.6 应通过现场试成桩确定振冲地基加固的填料量、密实电流和留振时间三大施工参数。试成孔时应记录施工合适的水压、水量、成孔速度和填料方法；达到土体密实时振冲器电机的电流控制值、填料数量和振冲器留振时间等。为论证加固效果所进行的载荷试验，其施加载荷应不低于设计载荷的 2 倍。

2.2.4.7 振冲前应按设计图要求定出桩孔中心位置并编好孔号，施工时应复查孔位和编号，并做好记录。

2.2.4.8 振冲施工的孔位偏差，应符合以下规定：施工时振冲器尖端喷水中心与桩位中心偏差不得大于 50mm，振冲完成后的柱顶中心偏差不得大于 100mm。桩数、孔径、深度及填料配合比必须符合设计要求。

2.2.4.9 造孔时，水压应保持在 0.3～0.8MPa，振冲器贯入速度控制在 1～2m/min。每贯入 0.5～1m，宜悬留振冲 5～10s 扩孔，待孔内泥浆溢出时再继续贯入。当造孔接近加固深度时，振冲器应在孔底适当停留并减小射水压力。

2.2.4.10 振冲填料时，宜保持小水量补给，边振边填，填料应对称均匀。如将振冲器提出孔口再加填料时，每次填料厚度不宜大于 0.5m。每根桩的填料总量必须符合设计要求。填料密实度以振冲器工作电流达到规定值为控制标准。完工后，应在距地表面 1m 左右深度桩身部位加填碎石进行夯实，以保证桩顶密实度符合设计要求。

质 量 要 求

2.2.4.11 振冲地基施工结束后，除砂土地基外，应间隔一定时间后方可进行质量检验。对粉质黏土地基间隔时间可取 21～28d，对粉土、杂填土地基可取 14～21d。

2.2.4.12 采用单桩载荷试验检验振冲碎石桩的施工质量，检验数量为桩数的 0.5%，且不少于 3 根。对桩体检验可采用重型动力触探。对桩间土的检验可采用标准贯入、静力触探等方法。

2.2.4.13 振冲地基承载力检验应采用复合地基载荷试验；检验数量不应少于总桩数的0.5%，且每个单体工程不应少于3根。

2.2.4.14 对不加填料振冲加密处理的砂土地基，质量验收承载力检验应采用标准贯入、动力触探、载荷试验等方法。对于地基密实度的检验，可用标准贯入、动力触探等方法进行，选点应有代表性，检验数量为振冲总点数的1%，总数不应少于5点。

2.2.5 高压喷射注浆地基

一 般 规 定

2.2.5.1 高压喷射注浆地基适用于加固淤泥、淤泥质土、流塑、软塑或可塑黏性土、粉土、砂土、黄土、素填土和碎石土等地基。

2.2.5.2 高压喷射注浆方案确定后，应结合工程情况进行现场试验、试验性施工或根据工程经验确定施工参数及工艺。

2.2.5.3 当采用高压喷射注浆加固即有建筑地基时，应采取适当措施防止喷射过程中地基产生附加变形和地基与基础之间脱空。同时，应对建筑物进行变形观测。

设 计 要 点

2.2.5.4 高压喷射注浆形成的加固体强度和范围，应通过现场试验确定。

2.2.5.5 竖向承载旋喷桩复合地基承载力特征值应通过现场复合地基载荷试验确定。

2.2.5.6 当高压喷射注浆地基处理范围以下存在软弱下卧层时，应按照《建筑地基基础设计规范》(GB 50007—2002)的有关规定进行下卧层承载力复核。

2.2.5.7 高压喷射注浆地基应在基础和旋喷桩桩顶之间设置厚度200～300mm的褥垫层。

材 料 要 求

2.2.5.8 水泥采用强度等级不低于32.5级的普通硅酸盐水泥，不得使用过期或有结块水泥。

2.2.5.9 褥垫层材料可选用中砂、粗砂、级配砂石等，最大粒径不宜大于30mm。

施 工 要 点

2.2.5.10 施工前应根据现场环境和地下埋设物的位置等情况，复核高压喷射注浆的设计孔位；检查水泥、外掺剂(减缓浆液沉淀、缓凝或速凝、防冻等)的质量证明或复试试验报告；检查高压喷射注浆设备的性能、压力表、流量表的精度和灵敏度；连接成套高压喷射注浆设备，试运转，确认设备性能符合设计要求。

2.2.5.11 应通过试成桩，确认符合土质条件、加固设计要求的压力、水泥喷浆量、提升速度、旋转速度等施工参数，并在施工中严格加以控制。单管法及双管法的高压水泥浆和三管法高压水的压力应大于20MPa。

2.2.5.12　高压喷射注浆的施工工序为机具就位、贯入喷射管、喷射注浆、拔管和冲洗等。

2.2.5.13　高压喷射注浆的喷射孔与高压注浆泵的距离不宜大于50m；钻孔的位置与设计位置的偏差不得大于50mm。

2.2.5.14　遇窜浆现象(即第二个孔喷进的浆液，从相邻的孔内冒出)，应采用间隔跳打法施工，前后两孔间距宜大于1.5m。

2.2.5.15　应详细记录实际孔位、孔深和每个钻孔内的地下障碍物、洞穴、涌水、漏水及与岩土工程勘察报告不符等情况。

质 量 要 求

2.2.5.16　水泥及外掺剂应有产品合格证书和复试试验报告。

2.2.5.17　水泥用量和整孔注浆量应符合设计要求。

2.2.5.18　桩体强度或完整性的检验宜在成桩后28d进行，检验数量按总桩数的0.5%～1%抽检，但不应少于3根，抽检部位结合施工情况由设计、施工、建设、监理洽商决定。检验方法可选用静力触探、标准贯入或取芯，试验强度必须符合设计要求。

2.2.5.19　竖向承载旋喷桩复合地基质量验收时，承载力检验应采用复合地基载荷试验和单桩载荷试验。检验时间、数量要求同2.2.5.18条。

2.2.6　水泥土搅拌桩地基

一 般 规 定

2.2.6.1　水泥土搅拌法分为深层搅拌法(以下简称湿法)和粉体喷搅法(以下简称干法)。水泥土搅拌桩地基适用于加固正常固结的淤泥与淤泥质土、粉土、饱和黄土、素填土、黏性土以及无流动地下水的饱和松散砂土地基。当地基土的天然含水量小于30%(黄土含水量小于25%)、大于70%或地下水的pH值小于4时不宜采用干法。

2.2.6.2　水泥土搅拌桩地基用于加固泥炭土、有机质土、塑性指数I_P大于25的黏性土、地下水具有腐蚀性时以及无工程经验的地区，必须通过现场试验确定其适用性。

2.2.6.3　设计前应进行拟处理土的室内配比试验。针对现场拟处理的最弱层软土的性质，选择合适的固化剂、外掺剂及其掺量，为设计提供各种龄期、各种配比的强度参数。

对竖向承载的水泥土强度宜取90d龄期试块的立方体抗压强度平均值；对承受水平荷载的水泥土强度宜取28d龄期试块的立方体抗压强度平均值。

设 计 要 点

2.2.6.4　竖向承载搅拌桩的长度宜穿透软弱土层到达承载力相对较高的土层；为提高抗滑稳定性而设置的搅拌桩，其桩长应超过危险滑弧以下2m。湿法的加固深度不宜大于20m；干法不宜大于15m。水泥土搅拌桩的桩径不应小于500mm。

2.2.6.5　竖向承载水泥土搅拌桩复合地基承载力特征值应通过现场单桩或多桩复合地基载荷试验确定。

2.2.6.6 水泥土搅拌桩地基处理范围以下存在软弱下卧层时，应按现行国家标准《建筑地基基础设计规范》(GB 50007—2002)的有关规定进行下卧层承载力复核。

2.2.6.7 水泥土搅拌桩地基应在基础和桩顶之间设置厚度 200～300mm 的褥垫层。

材 料 要 求

2.2.6.8 水泥采用强度等级不低于 32.5 级的普通硅酸盐水泥，不得使用过期或有结块水泥。

2.2.6.9 褥垫层材料可选用中砂、粗砂、级配砂石等，最大粒径不宜大于 20mm。

施 工 要 点

2.2.6.10 湿法施工搅拌机应具备调速提升和自动计量喷浆装置；灰浆泵应有压力表和输浆流量泵装置，并确保输浆压力和输浆量符合设计要求。

2.2.6.11 干法喷粉施工机械(粉喷桩机)必须配置经国家计量部门确认的具有能瞬时检测并记录喷粉量的粉体计量装置及搅拌深度自动记录仪。粉罐前应有可把水泥内的杂物筛出筛分装置；粉罐应有调节喷灰量的装置；喷粉气压装置和喷粉流量装置应正确、灵敏。

2.2.6.12 水泥土搅拌桩施工前应根据设计进行工艺性试桩，数量不得少于 2 根。当桩周为成层土时，应对相对软弱土层增加搅拌次数或增加水泥掺量。

2.2.6.13 施工中应采取有效措施以确保加固深度范围内土体的任何一点均能经过 20 次以上的搅拌。

2.2.6.14 竖向承载搅拌桩施工时，停浆(灰)面应高于桩顶设计标高 300～500mm。在开挖基坑时，应将搅拌桩顶端施工质量较差的桩段用人工剔除。

2.2.6.15 施工中搅拌桩的垂直偏差不得超过 1%；桩位的偏差不得大于 50mm；成桩直径和桩长不得小于设计值。

2.2.6.16 水泥土搅拌法施工主要步骤应为：搅拌机械就位、调平；预搅下沉至设计加固深度；边喷浆(粉)边搅拌提升直至预定的停浆(灰)面；重复搅拌下沉至设计加固深度；再喷浆(粉)或仅搅拌提升直至设计预定的停浆(灰)面。

2.2.6.17 水泥土搅拌桩的质量控制应贯穿在施工的全过程，并应坚持全程的施工监理。施工过程中必须随时检查施工记录和计量记录，并对照规定的施工工艺对每根桩进行质量评定。检查重点是：水泥用量、桩长、搅拌头转数和提升速度、复搅次数和复搅深度、停浆处理方法等。

质 量 要 求

2.2.6.18 水泥及外掺剂应有产品合格证书和复试试验报告。

2.2.6.19 水泥用量和整桩注浆(喷粉)量应符合设计要求。

2.2.6.20 水泥土搅拌桩应在成桩后进行质量跟踪检验。成桩后 3d 内，采用轻型动力触探(N10)检查每米桩身的均匀性；检验数量为施工总桩数的 1%，且不少于 3 根。成桩 7d 后，采用浅部开挖桩头(深度宜超过停浆(灰)面下 0.5m)，目测检查搅拌的均匀性，量测成桩直径。检查量为总桩数的 5%。

2.2.6.21 竖向承载水泥土搅拌桩地基质量验收时，承载力检验应采用复合地基载荷试验和单桩载荷试验。载荷试验必须在桩身强度满足试验荷载条件时，并宜在成桩28d后进行；检验数量为桩总数的0.5%～1%，且每项单体工程不应少于3点。

2.2.6.22 经触探和载荷试验检验后对桩身质量有怀疑时，应在成桩28d后，用双管单动取样器钻取芯样做抗压强度检验，检验数量为施工总桩数的0.5%，且不少于3根。

2.2.7 土和灰土挤密桩复合地基

一 般 规 定

2.2.7.1 土和灰土挤密桩复合地基适用于处理地下水位以上的湿陷性黄土、素填土和杂填土等地基。当地基土的含水量大于24%、饱和度大于65%时，不宜选用。

2.2.7.2 对重要工程或在缺乏经验的地区，施工前应按设计要求，在现场进行试验。如土性差异明显，应在不同地段分别进行试验。

设 计 要 点

2.2.7.3 当采用局部处理时，对非自重湿陷性黄土、素填土和杂填土等地基，土和灰土挤密桩复合地基的处理面积每边不应小于基底宽度的0.25倍，并不应小于0.50m；对自重湿陷性黄土地基，每边不应小于基底宽度的0.75倍，并不应小于1m。

2.2.7.4 当采用整片处理时，处理面积超出建筑物外墙基础底面外缘的宽度，每边不宜小于处理土层厚度的1/2，并不应小于2m。

2.2.7.5 对湿陷性黄土地基，应符合现行国家标准《湿陷性黄土地区建筑规范》(GB 50025)的有关规定。

2.2.7.6 土挤密桩复合地基的承载力特征值不宜大于处理前的1.4倍，并不宜大于180kPa；灰土挤密桩复合地基的承载力特征值不宜大于处理前的2倍，并不宜大于250kPa。

2.2.7.7 桩顶标高以上应设置300～500mm厚的2∶8灰土垫层，其压实系数不应小于0.95。

材 料 要 求

2.2.7.8 土桩和灰土桩可采用素土，但不得含有机杂质；使用前应过筛，其粒径不得大于20mm。

2.2.7.9 灰土桩所用熟石灰应过筛，其粒径不得大于5mm；不得夹有未熟化的生石灰块，也不得含有过多的水分。

施 工 要 点

2.2.7.10 施工前，应在现场进行试成孔、夯填工艺和挤密效果试验；并确定分层填料的厚度、最优含水量、夯击次数和夯实后的干密度等施工参数及质量标准。

2.2.7.11 成孔方法可选用沉管法、爆扩法、冲击法。成孔顺序应先外排后里排，同排内应间隔1～2孔，避免振动挤压效应对相邻孔质量的影响。

2.2.7.12 桩孔填料前应清底夯实，夯击次数不宜少于8次，并且检验孔的直径、深度、垂直度均符合设计要求后方可回填夯实。

2.2.7.13 桩孔应按试验确定的分层回填厚度和夯击次数逐次填料夯实，填料的含水量宜调整为最优含水量 $w_{op}\pm2\%$。

2.2.7.14 桩顶应高出设计标高不少于150mm，挖土时将高出部分剔除，以保证桩顶的夯击密实度。

2.2.7.15 雨季或冬期施工，应采取防雨或防冻措施，防止灰土和土料受雨水淋湿或冻结。

质 量 要 求

2.2.7.16 现场用环刀取样或贯入度检查桩体及桩间土干密度，检查数量每台班不少于1根，夯填的质量检查应不宜少于桩孔总数的1.5%；桩体及桩间土的干密度应符合设计要求。

2.2.7.17 测桩管、钻杆长度或用垂球测孔深对桩长进行全数检查，桩长不应小于设计桩长，正偏差控制在+500mm范围内。

2.2.7.18 土和灰土挤密桩复合地基质量验收时，地基承载力检验应采用复合地基载荷试验。检验数量不应少于桩总数的0.5%～1.0%，且每项单体工程不应少于3点。设计有单桩强度检验要求时，数量为总数0.5%～1.0%，且不应少于3根。

2.2.8 水泥粉煤灰碎石桩复合地基

一 般 规 定

2.2.8.1 水泥粉煤灰碎石桩复合地基适用于处理黏性土、粉土、砂土和已自重固结的素填土等地基。

2.2.8.2 水泥粉煤灰碎石桩应选择承载力相对较高的土层作为桩端持力层。

设 计 要 点

2.2.8.3 水泥粉煤灰碎石桩可只在基础范围内布置，桩径宜取350～600mm。

2.2.8.4 桩顶和基础之间应设置褥垫层，褥垫层厚度宜取150～300mm，当桩径大或桩距大时褥垫层厚度宜取高值。

2.2.8.5 水泥粉煤灰碎石桩复合地基承载力特征值，应通过现场复合地基载荷试验确定。

2.2.8.6 水泥粉煤灰碎石桩复合地基设计时应进行地基变形验算。

材 料 要 求

2.2.8.7 水泥宜采用强度等级不低于32.5级的普通硅酸盐水泥，不得使用过期或有结块水泥。

2.2.8.8 水泥、粉煤灰、砂及碎石等原材料应符合现行国家标准《混凝土质量控制标准》的要求。

2.2.8.9　水泥粉煤灰碎石桩的桩体混合料配合比应根据设计要求在试验室经过配合比试验确定。

2.2.8.10　桩顶褥垫层材料宜用中砂、粗砂、级配砂石或碎石等，最大粒径不宜大于30mm。

施工要点

2.2.8.11　水泥粉煤灰碎石桩的施工可根据现场条件选用长螺旋钻孔灌注成桩法、长螺旋钻孔管内泵压混合料灌注成桩法、振动沉管成桩法和锤击沉管成桩法。

2.2.8.12　施工前应进行成桩工艺和成桩质量试验。当成桩质量不能满足设计要求时，应及时调整设计、施工有关参数并重新进行试验。

2.2.8.13　采用长螺旋钻孔管内泵压混合料灌注成桩法、振动沉管成桩法和锤击沉管成桩法施工时应注意控制提拔钻杆或拔管的速度，保证桩身连续和密度均匀。

2.2.8.14　采用振动沉管成桩法和锤击沉管成桩法的施工顺序：

1. 对砂性土地基应从外围或两侧向中间进行，以挤压为主的水泥粉煤灰碎石桩宜间隔成桩。
2. 对淤泥质黏性土地基宜从中间向外围或隔排施工。
3. 在既有建(构)筑物邻近施工，应背离建(构)筑物方向进行。
4. 在路堤或岸坡上施工应背离岸坡向坡顶方向进行。

2.2.8.15　当采用振动或锤击沉管对环境有影响时，应采取有效的隔振措施加以预防。

2.2.8.16　施工桩顶标高宜高出设计桩顶标高不少于500mm。

2.2.8.17　清除桩间土宜在桩身强度达到设计值的50%后进行，截桩宜在桩身强度达到设计值的70%后进行。清土截桩时不得造成桩顶标高以下桩身断裂和扰动桩间土。

质量要求

2.2.8.18　施工质量检验主要应检查施工记录、混合料坍落度、桩数、桩位偏差、褥垫层厚度、夯填度和桩体试块抗压强度等。应在成桩过程中抽样做混合料试块，每个台班每天应做一组(3块)试块，标准养护，测定其立方体抗压强度。

2.2.8.19　施工垂直度偏差不应大于1%；对满堂布桩基础，桩位偏差不应大于0.4倍桩径；对条形基础，桩位偏差不应大于0.25倍桩径，对单排布桩桩位偏差不应大于60mm。

2.2.8.20　褥垫层铺设夯填度(夯实后的褥垫层厚度与虚铺厚度的比值)不得大于0.9。

2.2.8.21　水泥粉煤灰碎石桩复合地基质量验收时，承载力检验应采用复合地基载荷试验。载荷试验必须在桩身强度满足试验荷载条件时，并宜在成桩28d后进行；检验数量为总桩数的0.5%～1%，且每项单体工程不应少于3点。

2.2.8.22　应抽取不少于10%的桩进行低应变动力试验，检测桩的完整性。

2.2.9　夯实水泥土桩复合地基

一般规定

2.2.9.1　夯实水泥土桩复合地基适用于处理地下水位以上的粉土、素填土、杂填土、黏性土等地基。处理深度不宜超过10m。

2.2.9.2 岩土工程勘察应查明土层的厚度和组成、土的含水量、有机质含量和地下水的腐蚀性等。

2.2.9.3 夯实水泥土桩复合地基设计前必须进行配比试验，夯实水泥土桩体强度宜取28d龄期试块的立方体抗压强度平均值。

设 计 要 点

2.2.9.4 夯实水泥土桩处理地基的深度，应根据土质情况、工程要求和成孔设备等因素确定。当采用洛阳铲成孔工艺时，深度不宜超过6m。

2.2.9.5 夯实水泥土桩可只在基础范围内布置。桩孔直径宜为300～600mm，桩距宜为2～4倍桩径。

2.2.9.6 在桩顶面应铺设100～300mm厚的褥垫层。

材 料 要 求

2.2.9.7 水泥采用强度等级不低于32.5级的普通硅酸盐水泥，不得使用过期或有结块水泥。

2.2.9.8 夯实水泥土桩可采用素土，土中有机质含量不得超过5%；使用前应过筛，其粒径不得大于20mm。

2.2.9.9 桩顶褥垫层材料宜用中砂、粗砂、或碎石等，最大粒径不宜大于20mm。

施 工 要 点

2.2.9.10 施工前，应在现场进行试成孔、夯填工艺和挤密效果试验；并确定分层填料的厚度、最优含水量、夯击次数和夯实后的干密度等施工参数及质量标准。

2.2.9.11 夯实水泥土桩的施工应按设计要求选择成孔工艺。挤土成孔可选用沉管法、爆扩法、冲击法。非挤土成孔可选用洛阳铲、螺旋钻等方法。

2.2.9.12 桩孔填料前应清底夯实，夯击次数不宜少于8次，并且检验孔的直径、深度、垂直度均符合设计要求后方可回填夯实。

2.2.9.13 桩孔应按试验确定的分层回填厚度和夯击次数逐次填料夯实，填料的含水量宜调整为最优含水量$w_{op}\pm2\%$，混合料的压实系数λ_c不应小于0.93；混合料应随拌随用并不得隔夜使用。

2.2.9.14 桩顶夯填高度应大于设计桩顶标高200～300mm，垫层施工时将多余桩体凿除，以保证桩顶的夯击密实度。

2.2.9.15 雨季或冬期施工，应采取防雨或防冻措施，防止混合料受雨水淋湿或冻结。

质 量 要 求

2.2.9.16 现场成桩24h内用环刀取样或采用轻型动力触探N10检查夯实水泥土桩的桩身质量，检查数量不少于总桩数的2%；桩体的干密度应符合设计要求。

2.2.9.17　测桩管、钻杆长度或用垂球测孔深对桩长进行全数检查，桩长不应小于设计桩长，正偏差控制在＋500mm 范围内。

2.2.9.18　夯实水泥土桩复合地基质量验收时，地基承载力检验应采用单桩复合地基载荷试验。检验数量不应少于桩总数的 0.5%～1.0%，且每项单体工程不应少于 3 点。对于重要或大型工程，尚应进行多桩复合地基载荷试验。

2.2.10　砂桩地基

一 般 规 定

2.2.10.1　砂桩地基适用于挤密松散砂土、粉土、黏性土、素填土、杂填土等地基，也可用于处理可液化地基。

设 计 要 点

2.2.10.2　砂桩地基处理范围应大于基底范围，处理宽度宜在基础外缘扩大 1～3 排桩。对可液化地基，在基础外缘扩大宽度不应小于可液化土层厚度的 1/2，并不应小于 5m。

2.2.10.3　砂桩地基桩长不宜小于 4m。对可液化的地基，砂桩地基桩长应按现行国家标准《建筑抗震设计规范》(GB 50011)的有关规定采用。

2.2.10.4　砂桩复合地基的承载力特征值，应通过现场复合地基载荷试验确定。

2.2.10.5　砂桩顶部宜铺设一层厚度为 300～500mm 的砂垫层。

材 料 要 求

2.2.10.6　砂宜选用中、粗砂，粒径以 0.3～3mm 为宜；砂的含泥量不宜大于 5%。

施 工 要 点

2.2.10.7　砂桩的桩数、孔径、深度必须符合设计要求。

2.2.10.8　砂桩成孔宜采用振动沉管施工，拔管速度应控制在 1～1.5m/min 范围内。拔管过程中应不断以振动棒捣实管中砂子，使其密实。

2.2.10.9　砂桩施工应从外围或两侧向中间进行。灌砂量应按桩孔的体积和砂在中密状态时的干密度计算(一般取 2 倍桩管入土体积)，其实际灌砂量(不包括水重)不得少于计算的 95%；如发现砂量不足或砂桩中断等情况，可在原位进行复打灌砂。

质 量 要 求

2.2.10.10　砂桩地基在施工过程每根桩的实际灌砂量与计算体积比应大于 95%。

2.2.10.11　砂桩地基的施工质量检验可采用单桩载荷试验，对桩体可采用动力触探试验检测，对桩间土可采用标准贯入、静力触探、动力触探或其他原位测试方法进行检测。检测数量不宜小于桩孔总数的 2%。

2.2.10.12　砂桩地基质量验收时，承载力检验应采用复合地基载荷试验。对饱和软黏土施工后间隔时间不宜少于28d，对粉土、砂土和杂填土地基，不宜少于7d。检验数量为桩总数的0.5%，且每项单体建筑物不应少于3点。

2.3 桩 基 础

2.3.1 混凝土预制桩和先张法预应力管桩

一 般 规 定

2.3.1.1 本节适用于混凝土预制桩和先张法预应力管桩的静力压桩及锤击沉桩。

2.3.1.2 静力压桩包括锚杆静压桩等各种非冲击力沉桩。静力压桩适用于软弱土层，当存在厚度大于2m的中密以上砂夹层时，不宜采用静力压桩。

设 计 要 点

2.3.1.3 混凝土预制桩和先张法预应力管桩的最小中心距应符合《建筑桩基技术规范》(JGJ 94—94)的规定。当设计为群桩时应考虑到挤土效应对桩基施工质量的影响，桩距宜大于3.5倍桩径。

材 料 要 求

2.3.1.4 粗骨料应采用质地坚硬的卵石、碎石，其粒径宜用5～40mm连续级配；含泥量不大于2%，无垃圾及杂物。

2.3.1.5 细骨料应选用质地坚硬的中砂，含泥量不大于3%，无有机物、垃圾、泥块等杂物。

2.3.1.6 水泥宜用强度等级为32.5、42.5级的硅酸盐水泥或普通硅酸盐水泥，使用前必须有出厂质量证明书和水泥现场取样复试试验报告，合格后方准使用。

2.3.1.7 钢筋应具有出厂质量证明书和钢筋现场取样复试试验报告，合格后方准使用。

2.3.1.8 拌合用水采用饮用水或洁净的天然水，对混凝土和钢筋无侵蚀性。

2.3.1.9 混凝土配合比应采用现场材料并按照设计要求强度，经试验室试配后出具的混凝土配合比。

2.3.1.10 接桩材料要求：电焊条品牌、规格、型号应符合设计要求并具有产品合格证书；硫磺胶泥应具有产品合格证书，并随机取样送有关部门检验。

施 工 要 点

2.3.1.11 混凝土预制桩的现场预制应符合以下要求：

1. 预制场地平整、坚实；

2. 制桩模板必须保证平整牢靠，尺寸准确；

3. 钢筋骨架的制作符合《混凝土结构工程施工质量验收规范》(GB 50204—2002)的规定；

4. 浇筑预制桩的混凝土时，宜从桩顶开始浇筑，并应防止另一端的砂浆积聚过多；

5. 重叠法制作预制桩时，桩的重叠层数不宜超过 4 层；桩与邻桩及底模之间的接触面不得粘连；上层桩或邻桩的浇筑必须在下层桩或邻桩的混凝土达到设计强度的 30%以后方可进行。

2.3.1.12　混凝土预制桩和先张法预应力管桩的起吊、运输和堆存应符合以下要求：

1. 达到设计强度的 70%方可起吊，达到 100%才能运输。

2. 桩起吊时应采取相应措施，保持平稳，保护桩身质量。

3. 水平运输时，应做到桩身平稳放置，无大的振动，严禁在场地上以直接拖拉桩体方式代替装车运输。

4. 桩的堆放层数不宜超过 4 层且各层垫木应上下对齐。

2.3.1.13　采用焊接接桩时，应先将四角点焊固定，然后对称焊接，并确保焊缝质量和设计尺寸。

2.3.1.14　混凝土预制桩采用硫磺胶泥锚接桩时，为保证硫磺胶泥锚接桩质量，应做到：

1. 锚筋应刷净并调直。

2. 锚筋孔内应有完好螺纹，无积水、杂物和油污。

3. 接桩时接点的平面和锚筋孔内应灌满胶泥。

4. 灌注时间不得超过 2min。

5. 灌注后停歇时间应大于 7min。

6. 胶泥试块每班不得少于一组。

2.3.1.15　静力压桩应符合下列规定：

1. 桩机应根据土质情况配足额定重量。

2. 桩帽、桩身和送桩的中心线应重合。

3. 压同一根(节)桩应缩短停顿时间。

2.3.1.16　静力压桩前必须对动力装置、压力计量仪表进行检查，并做试沉桩，对设备的安全性和压力计量的正确性做好检查工作。

2.3.1.17　静力压桩顺序应按下列规定执行：

1. 对于密集桩群，自中间向两个方向或向四周对称压桩。

2. 当一侧毗邻建筑物时，由毗邻建筑物处向另一方向压桩。

3. 根据基础的设计标高，宜先深后浅。

4. 根据桩的规格，宜先大后小，先长后短。

2.3.1.18　为避免或减小沉桩挤土效应和对邻近建筑物、地下管线等的影响，静压沉入大面积密集桩群时，可采取预钻孔沉桩，孔径约比桩径(或方桩对角线)小 50～100mm，深度视桩距和土的密实度、渗透性而定，深度宜为桩长的 1/3～1/2，施工时应随钻随压。

2.3.1.19　当压桩到设计标高时，应读取并记录最终压桩力，压桩力应符合设计要求；允许偏差应控制在±5%以内，如大于 5%以上，应由设计单位提出书面意见。

2.3.1.20　锤击沉桩应符合下列规定：

1. 混凝土预制桩强度必须达到设计强度的 100%方可沉桩，宜增加养护期一个月后再进行打桩施工；

2. 桩锤、桩帽或送桩应和桩身在同一中心线上；

3. 桩尖插入桩位后，先用较小的落距冷锤1～2击，使桩入土一定深度并垂直稳定；桩插入时的垂直度偏差不得超过0.5%。

4. 桩在沉入前，应在桩的侧面或桩架上设置标尺。

5. 锤击沉桩的施工顺序应符合2.3.1.17要求。

6. 当受到环境限制采取预钻孔沉桩施工措施时，应符合2.3.1.18要求。

2.3.1.21 锤击沉桩过程中遇见下列情况应暂停，并及时与有关单位研究解决：

1. 贯入度剧变；

2. 桩身突然发生倾斜、位移或出现严重回弹；

3. 桩顶或桩身出现严重裂缝或破碎。

质 量 要 求

2.3.1.22 施工前应对成品桩做外观及强度检验。锚杆静压桩、先张法预应力管桩、混凝土预制桩、钢桩的钢筋骨架和成品桩质量检验标准应遵循国家标准《建筑地基基础工程施工质量验收规范》(GB 50202—2002)的规定。

2.3.1.23 静力压桩的桩位偏差必须符合国家标准《建筑地基基础工程施工质量验收规范》(GB 50202—2002)中表5.1.3的规定，斜桩倾斜度的偏差不得大于倾斜角正切值的15%。

2.3.1.24 桩体质量检验：对设计等级为甲级或地质条件复杂的桩基工程的抽检数量不应少于桩总数的20%，且不应少于10根；对混凝土预制桩检验数量不应少于总桩数的10%，且不得少于10根；每个柱子承台下不得少于1根。检查方法按《建筑基桩检测技术规范》(JGJ 106—2003)实施。

2.3.1.25 对于地基基础设计等级为甲级或地质条件复杂应采用静载荷试验的方法进行承载力检验，检验桩数不应少于总桩数的1%，且不应少于3根，当总桩数少于50根时，不应少于2根。对于地基基础设计等级乙级(含乙级)以下的桩可按《建筑基桩检测技术规范》(JGJ 106—2003)选用检测方法，其检测方法和数量由设计确定。

2.3.2 混凝土灌注桩

一 般 规 定

2.3.2.1 本节适用于泥浆护壁钻孔灌注桩、沉管灌注桩、夯扩桩、干作业成孔灌注桩及人工挖孔桩。

设 计 要 点

2.3.2.2 桩型的选择应根据建筑物的使用要求，上部结构类型、荷载大小及分布、工程地质情况、施工条件及对周围环境的影响等因素综合确定。宜优先选用适合当地工程地质条件并有成功工程应用经验的桩型。

2.3.2.3 灌注桩主筋最小配筋率不宜小于0.2%～0.65%(小直径桩取大值),配筋长度应符合:

1. 受水平荷载和弯矩较大的桩,配筋长度应通过计算确定。

2. 桩基承台下存在淤泥、淤泥质土或液化土层时,配筋长度应穿过淤泥、淤泥质土或液化土层。

3. 坡地岸边的桩、8度及8度以上地震区的桩、抗拔桩、嵌岩端承桩应通长配筋。

4. 桩径大于600mm的桩,构造钢筋的长度不宜小于桩长的2/3,并不小于4倍桩径。

材料要求

2.3.2.4 粗骨料应采用质地坚硬的卵石、碎石,其粒径宜用5～40mm连续级配;含泥量不大于2%,无垃圾及杂物。

2.3.2.5 细骨料应选用质地坚硬的中砂,含泥量不大于3%,无有机物、垃圾、泥块等杂物。

2.3.2.6 水泥宜用强度等级为32.5、42.5级的硅酸盐水泥或普通硅酸盐水泥,使用前必须有出厂质量证明书和水泥现场取样复试试验报告,合格后方准使用。

2.3.2.7 钢筋应具有出厂质量证明书和钢筋现场取样复试试验报告,合格后方准使用。

2.3.2.8 拌合用水采用饮用水或洁净的天然水,对混凝土和钢筋无侵蚀性。

2.3.2.9 混凝土配合比应采用现场材料并按照设计要求强度,经试验室试配后出具的混凝土配合比。

施工要点

2.3.2.10 泥浆护壁钻孔灌注桩:

1. 除能自行造浆的黏性土层外,均应制备泥浆。泥浆制备应选用高塑性黏土或膨润土。泥浆应按照设计配合比拌制,制备泥浆的性能指标应符合设计要求。

2. 泥浆护壁应符合下列规定:

1) 施工期间护筒内的泥浆面应高出地下水位1.0m以上,在受水位涨落影响时,泥浆面应高出最高水位1.5m以上;

2) 在清孔过程中,应置换经沉淀处理或新制备的优质泥浆;

3) 浇注混凝土前,孔底500mm以内的泥浆密度应小于1.25;含砂率小于8%;黏度小于28s;

4) 在容易产生泥浆渗漏的土层中应采取投掷黏土块、加大泥浆密度等维持孔壁稳定的措施;

3. 废弃的泥浆、钻渣应按环境保护的有关规定处理。

4. 泥浆护壁成孔时,宜采用孔口护筒,护筒应按下列规定设置:

1) 护筒埋设应准确。稳定,护筒中心与桩位中心的偏差不得大于50mm;

2) 护筒内径应大于钻头直径100mm,其上部宜开设1～2个溢浆孔;

3) 护筒的埋设深度:在黏性土中不宜小于1.0m;砂土中不宜小于1.5m,其高度尚应满足孔内泥浆面高度的要求;

4）受水位涨落影响或水下施工的钻孔灌注桩，护筒应加高加深，必要时应打入不透水层。

5. 泥浆护壁钻孔灌注桩应采用导管法浇注水下混凝土。水下混凝土必须具备良好的和易性，坍落度为180～220mm，水泥用量不少于360kg/m³。

6. 使用的隔水栓应有良好的隔水性能，保证顺利排出。为使隔水栓能顺利排出，导管底部至孔底的距离宜为300～500mm，桩直径小于600mm时可适当加大导管底部至孔底距离。

7. 开始灌注混凝土时，应有足够的混凝土储备量，使导管一次埋入混凝土面以下0.8m以上；导管埋深宜为2～6m，严禁导管提出混凝土面。

2.3.2.11 套管成孔灌注桩

1. 必须预先制定防止缩孔和断桩等措施。沉管过程中，应经常探测管内有无地下水或泥浆，如发现水或泥浆较多，应拔出桩管进行处理后再继续沉管。

2. 活瓣桩尖应有足够强度和刚度，预制桩尖混凝土强度不得低于C25。

3. 浇筑混凝土和拔管时，应保证混凝土质量。桩管灌满混凝土后开始拔管，管内应保持不少于2m高度的混凝土。拔管速度：锤击沉管时应为0.3～1m/min；振动沉管时，对于预制桩尖者，不宜大于4m/min，采用活瓣桩尖者，不宜大于2.5m/min。

4. 锤击沉管扩大灌注桩施工时，必须在第一次灌注的混凝土初凝前完成复打工作。第一次灌注的混凝土应接近自然地面标高，复打前，应把桩管外壁的污泥清除，桩管每次打入时，中心线应重合。

5. 振动沉管灌注桩采用单打法时，每次拔管高度应控制在500～1000mm；采用反插法时，反插深度不宜大于活瓣桩尖长度的2/3。

6. 套管成孔灌注桩任意一段平均直径与设计直径之比严禁小于1。实际浇筑混凝土量严禁小于计算体积。混凝土强度必须达到设计要求。

2.3.2.12 干作业成孔灌注桩

1. 螺旋钻机成孔：利用钻头螺旋叶片旋转削土，土块随螺旋叶片上升排出孔外。钻孔时，应保持钻杆垂直，位置正确，防止钻杆晃动扩大孔径及增加孔底虚土：钻进中遇到地下水、塌孔等异常情况，应同有关单位研究处理。

2. 钻孔扩底桩应根据电流值或油压值，调节扩孔刀片切削土量，防止出现超负荷现象。

3. 清孔：钻到预定深度后，应用探测器检查桩直径、深度和孔底情况，并将回落土及淤泥清除干净。清孔后应加盖保护。

4. 浇筑混凝土前，应在钢筋笼放入后再次测量孔内虚土厚度是否符合要求，如符合要求，方能进行浇筑。坍落度宜控制在80～100mm，并分层浇捣密实，每层厚度约500～600mm，最大不得超过1500mm。若为扩底成孔灌注桩，混凝土第一次先浇到扩大头的1/2高度处，即安设钢筋笼，继续灌筑混凝土到扩底部位的顶面并振捣密实后，再分层浇筑桩身部分混凝土，浇注桩顶以下5m范围内混凝土时，应随浇随振动，为防止混凝土的离析，桩孔中应挂长串桶。实际浇筑混凝土量严禁小于计算体积。

质 量 要 求

2.3.2.13 灌注桩钢筋笼的制作偏差、桩位偏差、桩径、孔深、垂直度、及混凝土充盈系数等均应符合国家标准《建筑地基基础工程施工质量验收规范》(GB 50202—2002)的规定。

2.3.2.14 灌注桩的桩顶标高至少要比设计标高高出0.5m,清孔后的泥浆密度应符合国家标准《建筑地基基础工程施工质量验收规范》(GB 50202—2002)表5.6.4-2的要求。

2.3.2.15 灌注桩每浇注50m^3 必须有1组试件,小于50m^3 的单柱单桩,每根桩必须有1组试件。

2.3.2.16 桩体质量检验:对设计等级为甲级或地质条件复杂,成桩质量可靠性低的灌注桩的抽检数量不应少于桩总数的30%,且不应少于20根;其他桩基工程的抽检数量不应少于总数的20%,且不应少于10根;对地下水位以上且终孔后经过核验的灌注桩,检验数量不应少于总桩数的10%,且不得少于10根;每个柱子承台下不得少于1根。检查方法按《建筑基桩检测技术规范》(JGJ 106—2003)实施。

2.3.2.17 对于地基基础设计等级为甲级或地质条件复杂,成桩质量可靠性低的灌注桩,应采用静载荷试验的方法进行承载力检验,检验桩数不应少于总桩数的1%,且不应少于3根,当总桩数少于50根时,不应少于2根。对于地基基础设计等级乙级(含乙级)以下的桩可按《建筑基桩检测技术规范》(JGJ 106—2003)选用检测方法,其检测方法和数量由设计确定。

2.4 土 方 工 程

2.4.1 土方开挖

一 般 规 定

2.4.1.1 本节适用于一般住宅建筑的基坑(槽)、管沟以及平整场地等挖土。

2.4.1.2 土方开挖时,应防止邻近已有建筑物或构筑物、道路、管线等发生下沉和变形。当挖方较深时,应防止基坑底部土的隆起并避免危害周边环境。必要时应采取防护措施,并在施工中进行沉降和位移观测。

2.4.1.3 土方开挖施工中如发现有文物或古墓等,应妥善保护,并应及时报请当地有关部门处理后,方可继续施工。如发现有测量用的永久性标桩或地质、地震部门设置的长期观测点等;应加以保护。在敷设有地上或地下管线、电缆的地段进行土方施工时,应事先取得有关管理部门的书面同意。

设 计 要 点

2.4.1.4 临时性挖方的边坡值应符合《建筑地基基础工程施工质量验收规范》(GB 50202—2002)表6.2.3的规定。

2.4.1.5 土方工程应根据具体条件制定坑内排水、地面截水、降水及排洪方案。

2.4.1.6 土方工程的施工组织设计应进行挖、填方的平衡计算，综合考虑土方运距最短、运程合理等因素，做好土方平衡调配，减少重复挖运。

施 工 要 点

2.4.1.7 场地平整：

1. 宜在施工区域内挖设临时性排水沟，平整场地在垂直排水沟方向的表面坡度不应小于2‰。平整后的场地表面应逐点检查。检查点为每100～400m^2 取一点，但不少于10点；长度、宽度和边坡均为每20m取1点，每边不应少于1点。

2. 应做好施工区域内及施工区周围的上下障碍物（如建筑物、构筑物、地下管道、电缆、坟墓、树木等等）的拆迁处理或防护措施。挖方前做好周边环境监测初读数的记录。

3. 应保证场地内机械、车辆的运行道路和排水沟的畅通。道路面宜高于施工场地地面。

2.4.1.8 土方开挖前，应做好地面排水和降低地下水位工作，检查定位放线、排水和降低地下水位系统，合理安排土方运输车的行走路线及弃土场。土方不应堆在基坑边缘。

2.4.1.9 夜间施工时，应有足够的照明设施；在危险地段应设置明显标志。

2.4.1.10 土方工程施工过程中应经常测量和校核其平面位置、水平标高和边坡坡度。平面控制桩和水准控制点应采取可靠的保护措施，定期复测和检查。

2.4.1.11 土方工程施工过程中应检查平面位置、水平标高、边坡坡度、压实度、排水、降低地下水位系统，并随时观测周围的环境变化。

2.4.1.12 软土地区桩基础挖土方应采取措施防止桩基位移。

2.4.1.13 土方开挖不宜在雨季进行，否则工作面不宜过大。应分段、逐片的分期完成。雨季施工时，基槽、坑底应预留300mm土层，在混凝土垫层浇注前再挖至设计标高。雨季开挖基坑（槽）或管沟时，应注意边坡稳定。必要时可适当放缓边坡或设置支撑。同时应在坑（槽）外侧围以土堤或开挖水沟，防止地面水流入。

2.4.1.14 土方开挖不宜在冬期施工。如必须在冬期施工时，其施工方法应遵照《建筑工程冬期施工规程》（JGJ 104—97）第3章的有关规定。

质 量 要 求

2.4.1.15 基坑（槽）开挖至设计标高，均应进行施工验槽。验槽方法可采用表面检查、钎探检查、洛阳铲钻探等方法。如地基条件与原地质勘察报告不符时，应进行施工勘察。

2.4.1.16 基坑（槽）开挖后，应按照《建筑地基基础工程施工质量验收规范》（GB 50202—2002）表6.2.4的规定进行质量检验和验收。

2.4.2 土方回填

一 般 规 定

2.4.2.1 本节适用于住宅建筑基坑（槽）、管沟、排水沟、室内地坪、室外路槽及散水等土方回填工程。

2.4.2.2 土:优先利用基坑中挖出的土(弃表面一层耕土)临时堆放在现场来用作回填土，但不得含有机杂质，含水率符合要求，土料水份过大或不足时，应晾干或洒水湿润。一般用手将土握紧成团，两指轻捻即碎为宜。

2.4.2.3 人工填土，分层进行回填，用蛙式打夯机夯实，用环刀法取土，密实度不低于 1.5g/cm^3。

设计要点

2.4.2.4 应根据工程特点、填方土料种类、密实度要求、施工条件等，合理确定土料含水率控制范围、虚铺厚度和压实遍数等参数；必要时应通过压实试验来确定施工参数。

2.4.2.5 填方设计应预留沉降量，不宜超过填方高度的3%。

材料要求

2.4.2.6 表层下填料宜选用质地坚硬的碎石和爆破石渣，粒径不宜大于每层摊铺厚度的2/3；也可采用质地坚硬的中粗砂，粒径宜为0.25～0.5mm。

2.4.2.7 黏性土(粉质黏土、粉土)，土块颗粒不应大于5mm，碎块草皮和有机质含量不大于8%；如大于8%，仅能用于无压实要求的填方。

施工要点

2.4.2.8 土方回填前应清除基底的垃圾、树根等杂物，抽除坑穴积水、挖出淤泥，验收基底标高。如在耕植土或松土上填方，应在基底压实后再进行。

2.4.2.9 填方基底为软土时，大面积填土应在开挖基坑前完成，尽量留有较长的间歇时间；软土层厚度较小时，可采用换土或抛石挤淤等处理方法；软土层厚度较大时，可采用砂垫层、砂井、砂桩等方法加固。

2.4.2.10 填方基土为杂填土时，应按设计要求加固，应妥善处理基底下的软硬点、空洞、旧基暗塘等。如杂填土堆积的年限较长且较均匀时，填方前可用机械压(夯)处理。

2.4.2.11 应按照2.4.1.15的要求进行基底验槽，并做好验槽记录。如基底进行加固处理，应有加固处理记录。

2.4.2.12 填方施工前，应作好水平标志。宜在基坑(槽)、管沟边坡上，每隔3m钉上水平橛；室内和散水的边墙上弹上水平线或在地坪上设置标高控制桩。

2.4.2.13 对填方土料应按设计要求验收后方可填入。回填土应分层铺摊，蛙式打夯机每层铺土厚度宜为200～250mm；人打夯不大于200mm。每层铺摊后，随之耙平，每层至少夯打3遍；打夯应一夯压半夯，夯夯相接，行行相连，纵横交叉。

2.4.2.14 深浅两基坑(槽)相连时，宜先填夯深基础；待填至与浅基础相同标高时，再一同填夯。基坑(槽)回填宜在相对两侧或四周同时进行；对于较长的管沟墙，应在采取内部支撑措施后，再回填外侧土方。

2.4.2.15 管沟回填土时，应用人工先在管子周围填土夯实，并应从管道两侧同时进行，直至管顶 0.5m 以上，方可采用蛙式打夯机夯实。

2.4.2.16 填方施工过程中应检查排水措施，并且严禁采用水浇法使土下沉。

2.4.2.17 雨期施工时应有防雨措施，防止地面水流入基坑。基坑(槽)、管沟的回填土应连续进行，尽快完成。雨前应及时夯完已填土层或将表面压光，并做成一定坡势，以利排除雨水。

2.4.2.18 雨期施工的填土工程，应在施工前编制施工方案，并采取有效的防雨措施。

2.4.2.19 土方回填不宜在冬期施工。如必须施工，冬期填土前，应清除基坑内的冰雪和保温材料等。冬期回填土方，每层铺筑厚度应比常温施工时减少 20%～25%，其中冻土块体积不得超过填方总体积的 15%，其粒径不得大于 150mm。铺冻土要均匀分布，逐层压实。回填土的工作应连续进行，防止基土或已填土层受冻，并且要及时采取防冻措施。

质 量 要 求

2.4.2.20 用水准仪对标高进行检查，柱基按总数抽查 10%，但不少于 5 个，每个不少于 2 点；基坑每 $20m^2$ 取 1 点，每坑不少于 2 点；基槽、管沟、排水沟、路面基层每 20m 取 1 点，但不少于 5 点；场地平整每 100～$400m^2$ 取 1 点，但不少于 10 点。检验标准应按照《建筑地基基础工程施工质量验收规范》(GB 50202—2002)表 6.3.4 的规定。

2.4.2.21 用经纬仪和钢尺对长度、宽度进行检查，每边不能少于 1 点。

2.4.2.22 用坡度尺按设计规定检查边坡坡度，每 20m 测 1 点，每边不少于 2 点，必须满足边坡稳定的要求。

2.4.2.23 分层压实系数(密实度)的检测应按照设计要求的标准；基坑和室内填土，每层按 100～$500m^2$ 取样一组；场地平整填方，每层按 400～$900m^2$ 取样一组；基坑和管沟回填每 20～$50m^2$ 取样一组，但每层均不得少于一组，取样部位宜在每层压实后的下半部。

2.5 基 坑 工 程

2.5.1 排桩墙支护工程

一 般 规 定

2.5.1.1 本节适用于基坑侧壁安全等级为一、二、三级的钢筋混凝土灌注桩、钢板桩、混凝土板桩排桩墙支护工程。

2.5.1.2 当地下水位高于基坑底面时，应采取有效、可靠的隔水措施保证排桩墙外围建筑物(构建物)、周围环境的安全。在有条件的地方，也可采用降水措施。

设 计 要 点

2.5.1.3 钢筋混凝土灌注桩排桩墙的桩间距应满足保证桩间土体稳定的要求。

2.5.1.4　悬臂式排桩结构桩径不宜小于600mm，并且在软土场地中支护深度不宜大于5m。

2.5.1.5　排桩顶部应设钢筋混凝土圈梁，其宽度(水平方向)应大于桩径，圈梁高度(竖直方向)不宜小于400mm，桩顶嵌入圈梁内的深度不宜小于50mm。排桩与桩顶圈梁的混凝土强度等级不得低于C20。

2.5.1.6　排桩的桩间土防护可采用钢丝网混凝土护面、砖砌等处理方法，当桩间渗水时，应在护面设泄水孔。

材 料 要 求

2.5.1.7　钢筋混凝土灌注桩排桩墙对材料的要求同2.3.2混凝土灌注桩。

2.5.1.8　钢板桩进场质量应符合钢板桩出厂检验标准。重复使用的钢板桩必须逐根用1m长无变形的桩段作通过试验。

2.5.1.9　混凝土板桩排桩墙对材料的要求同2.3.1混凝土预制桩。

施 工 要 点

2.5.1.10　排桩墙支护的基坑，开挖后应及时支护，每一道支撑施工应确保基坑变形在设计要求的控制范围内。

2.5.1.11　在含水地层范围内的排桩墙支护基坑，应有确实可靠的止水措施，确保基坑施工及邻近构筑物的安全。

2.5.1.12　钢筋混凝土灌注桩排桩墙支护工程。

1. 钢筋混凝土灌注桩的施工应符合2.3.2的规定。

2. 排桩宜采取隔桩施工，并应在灌注混凝土24h后进行邻桩成孔施工。

3. 非均匀配筋排桩的钢筋笼在绑扎、吊装和埋设时，应保证钢筋笼的安放方向与设计方向一致。

4. 应选用具有导向装置的钻孔机具，防止扩孔而影响邻桩钻进施工。

5. 当用水泥土搅拌桩作隔水帷幕时，应先施工水泥土搅拌桩。

2.5.1.13　钢板桩排桩墙支护工程

1. 大于10m深的槽钢钢板桩应选用屏风式打入法，即将10～20根钢板桩成排插入导架内，呈屏风状，然后施打。

2. 钢板桩转角和封闭施工时，应按现场实际丈量尺寸加工异形转角和封闭桩。

3. 钢板桩的接桩应间隔设置，错开长度应大于1m。

2.5.1.14　混凝土板桩排墙支护工程

1. 打桩前拉好轴线内外二条控制线，控制线的间距等于桩宽度加100mm，将板桩位置偏差控制在100mm之内。

2. 宜在控制线范围内挖一条深0.5～0.8m的导向槽，打桩时采用经纬仪将桩的垂直度应控制在1%之内。

3. 矩形截面两侧有阴、阳榫的钢筋混凝土桩，打入板桩时，要注意使楔口互相咬合；第一根桩桩尖必须平直，垂直入土，打到一定深度（桩能不依靠桩架自己站立不倾倒为度）后，再接着打第二、第三根桩。打桩顺序应依次逐块进行，使板桩更紧密连接。板桩榫间缝不得大于25mm。

质 量 要 求

2.5.1.15 桩位偏差，轴线和垂直轴线方向均不宜超过50mm。垂直度偏差不宜大于0.5%。

2.5.1.16 钢筋混凝土灌注桩桩底沉渣不宜超过200mm。

2.5.1.17 钢筋混凝土灌注桩质量检测宜按下列规定进行：

1. 采用低应变动测法检测桩身完整性，检测数量不宜少于总桩数的10%，且不得少于5根。

2. 当根据低应变动测法判定的桩身缺陷可能影响桩的水平承载力时，应采用钻芯法补充检测，检测数量不宜少于总桩数的2%，且不得少于3根。

2.5.2 锚杆及土钉墙支护工程

一 般 规 定

2.5.2.1 本节中土钉墙适用于基坑侧壁安全等级为二三级的非软土场地。

2.5.2.2 当地下水位高于基坑底面时，应采取降水措施。如采用隔水措施，其适用性应经过工程实践的检验。

设 计 要 点

2.5.2.3 锚杆设计长度应符合下列规定：

1. 锚杆自由段长度不宜小于5m，并应超过潜在滑裂面1.5m。
2. 土层锚杆锚固段长度不宜小于4m。
3. 锚杆杆体下料时其外露长度应满足台座、腰梁尺寸及张拉作业要求。

2.5.2.4 锚杆布置应符合以下规定：

1. 锚杆上下排垂直间距不宜小于2m，水平间距不宜小于1.5m。
2. 锚杆锚固体上覆土层厚度不宜小于4m。

2.5.2.5 沿锚杆、土钉轴线方向每隔1.5～2m宜设置一个定位支架。

2.5.2.6 锚杆、土钉锚固体宜采用水泥浆或水泥砂浆，其强度等级不宜低于M10。

2.5.2.7 锚杆预加力值（锁定值）应根据地层条件及支护结构变形要求确定，宜取为锚杆受拉承载力设计值的0.5～0.65倍。

材 料 要 求

2.5.2.8 水泥宜选用强度等级32.5级以上普通硅酸盐水泥，必须有出厂合格证和复检单。

2.5.2.9 拌合水宜采用饮用水或无污染的自然水。

2.5.2.10 锚杆、土钉使用的钢筋、钢绞线、钢管应有出厂合格证和复检单。

2.5.2.11 土钉墙骨料一般用5～13mm粗骨料与中砂，含泥量小于3%。

施工要点

2.5.2.12 每层锚杆与土钉墙实施前应预降水到该层作业面以下0.5m，并保证降水系统能正常工作。

2.5.2.13 锚杆或土钉作业面应分层分段开挖，分层分段支护；作业面开挖后应在24h内完成支护，不宜一次挖二层或全面开挖。

2.5.2.14 锚杆钻孔的倾斜角度及土钉与墙的夹角应符合设计要求，可于锚杆钻孔前在孔口设置定位器，钻孔时使钻具与定位器垂直。土钉钢管或钢筋打入前，可按土钉打入的设计倾斜角度制作一只操作平台，紧靠土钉墙墙面安放，钢管或钢筋沿操作平台面打入。

2.5.2.15 选用套管湿作业钻孔时，钻进后要反复提插孔内钻杆，用水冲洗至出清水，再安装下一节钻杆；遇有粗砂、砂卵石土层，钻杆钻到最后一节时，为防止砂石堵塞，孔深应比设计深100～200mm。

2.5.2.16 干作业钻孔或用冲击力打入锚杆或土钉时，在拔出钻杆后应立即注浆；湿法作业钻机拔出钻杆后，外套管留在孔内间隔时间不宜过长，防止砂土涌入管内而发生堵塞。

2.5.2.17 钢筋、钢绞线、钢管不能沾有油污、锈蚀、缺股断丝；截断的钢绞线长度偏差不得大于50mm，其端部应绑扎牢固；钢绞线束外留量应从挡土、结构物连线算起，外留1.5～2.5m，钢绞线与导向架要绑扎牢固。用作土钉的钢管尾部要打扁，防止跑浆；钢管宜伸出土钉墙面100mm，钢管四周用钢筋井字架与钢管焊接牢固，井字架应固定在导向架上并压在墙面钢筋网上。

2.5.2.18 灌浆压力不得低于0.4MPa，不宜大于2MPa，宜采用封闭式压力灌浆或二次压浆。

2.5.2.19 灌浆强度达到设计强度等级70%时，方可进行锚杆预张拉的施工。

2.5.2.20 土钉墙喷射混凝土的施工宜在灌浆、挂网及端部连接牢固并通过隐蔽工程验收后立即进行。当喷射厚度大于100mm时，可以分层喷锚，两层混凝土喷射宜间隔24h。

2.5.2.21 每段分层支护体施工完后，应检查坡顶及坡面位移、坡顶沉降及周围环境变化，如有异常情况应采取必要措施及放慢施工速度，待恢复正常后方可继续施工。

2.5.2.22 土钉或锚杆灌浆体达到设计强度的70%以上方可进行开挖施工。

质量要求

2.5.2.23 按设计规定数量，现场用千斤顶做抗拉试验检测锚杆锁定力，实测抗拉值应符合设计要求。土钉采用抗拉试验检测承载力，同一条件下，试验数量不宜少于土钉总数的1%，且不应少于3根。

2.5.2.24 锚杆或土钉位置：每排锚杆或土钉抽验10%，孔距在垂直方向误差不宜大于100mm。

2.5.2.25 全数测定钻孔倾斜度，误差不应大于3%。

2.5.2.26 灌浆体、墙体强度:每天留一组试块检验28d强度。

2.5.2.27 压浆泵流量计记录的每孔注浆数量应大于理论计算浆量。

2.5.2.28 墙面喷射混凝土厚度应采用钻孔检测,钻孔数宜每$100m^2$墙面积一组,每组不应少于3点。

2.5.3 钢或混凝土支撑系统

一 般 规 定

2.5.3.1 钢或混凝土支撑必须采用稳定的结构体系和连接构造,其刚度应满足变形计算要求。

设 计 要 点

2.5.3.2 应按照空间作用协同分析方法计算支撑体系及排桩的内力与变形。

2.5.3.3 钢筋混凝土支撑构件的混凝土强度等级不应低于C20;钢结构支撑构件的连接可采用焊接或高强螺栓连接。

2.5.3.4 钢筋混凝土支撑体系在基坑平面转角处的腰梁连接点应按刚节点设计;腰梁连接节点宜设置在支撑点的附近,且不应超过支撑间距的1/3;钢腰梁与钢支撑的连接节点应设加劲板。

材 料 要 求

2.5.3.5 钢管及型钢的规格、品种、型号应符合设计要求;管段顺直,法兰片与管段应垂直,十字节应互交垂直。

2.5.3.6 混凝土支撑用钢板宜选用Q235碳素结构钢;钢筋和混凝土材料要求同普通混凝土。

施 工 要 点

2.5.3.7 施工前应熟悉支撑系统的图纸及各种计算工况,掌握开挖及支撑设置的方式、预顶力及周围环境保护的要求。

2.5.3.8 施工过程中应严格控制开挖和支撑的程序及时间,对支撑的位置(包括立柱及立柱桩的位置)、每层开挖深度、预加顶力、钢围囹与围护体或支撑与围囹的密贴度应做周密检查。

2.5.3.9 全部支撑安装结束后,仍应维持整个系统的正常运转直至支撑全部拆除。支撑拆除前应在主体结构与支护结构之间设置可靠的换撑传力构件或回填夯实。

2.5.3.10 钢结构支撑应符合下列要求:

1. 预制钢支撑的材料应经检验合格。预制管段、十字节、法兰片、斜撑应检验合格并在地面进行预拼装,符合设计要求后,才能投入基坑支撑使用(如重复使用标准节可不做试拼装)。

2. 钢支撑应安装在同一个水平面上,同一根支撑两端标高差不应大于30mm。

3. 钢支撑的支托立柱一般采用钻孔灌注桩，定位要准确，偏差控制在 $1/4D$（D 为桩径）以内；预埋格构柱的边线应与钢支撑的中心线保持平行。

4. 斜撑必须在钢支撑施加预加力后才能安装；钢支撑与斜撑连接处应焊加强钢板。

5. 应保证支撑与排桩或围囹的密贴度，当钢支撑与混凝土排桩之间的预埋件或钢支撑与钢围囹之间有间隙时，应用楔形钢板塞紧后焊牢；钢腰梁与排桩、围檩之间宜采用不低于C20 细石混凝土填充。

2.5.3.11 钢筋混凝土支撑应符合下列要求：

1. 钢筋混凝土支撑体系应在同一平面内应整体浇注。

2. 钢筋混凝土支撑施工时底部必须采用土模，不得设置混凝土垫层。

质 量 要 求

2.5.3.12 钢或混凝土支撑系统工程质量的检验应符合国家标准《建筑地基基础工程施工质量验收规范》（GB 50202—2002）表 7.5.6 的规定。

2.5.3.13 作为永久性结构的支撑系统尚应符合国家标准《混凝土结构工程施工质量验收规范》（GB 50204—2002）的要求。

2.5.4 降水排水

一 般 规 定

2.5.4.1 降水与排水是配合基坑开挖的安全措施，其设计和施工应满足边坡和支护结构设计要求，应根据场地及周边工程地质条件、水文地质条件和环境条件并结合基坑支护和基础施工方案综合分析、确定。

2.5.4.2 当在基坑外降水时，应预测其工程环境影响范围；当预测的工程环境影响情况超出有关标准或允许范围时，应采取工程措施。

2.5.4.3 对可能受到降水影响的邻近建筑物、构筑物、地下管线及公共设施，应在降水过程中进行监测。

设 计 要 点

2.5.4.4 降水工程设计应重视工程环境问题，防止产生不良工程环境影响。

2.5.4.5 设计降水深度在基坑范围内不宜小于基坑底面以下 0.5m。

2.5.4.6 当因降水而危及基坑及周边环境安全时，宜采用截水或回灌方法。截水后，基坑中的水量或水压较大时，宜采用基坑内降水。

2.5.4.7 当基坑底为隔水层且层底作用有承压水时，应进行坑底突涌验算，必要时可采取水平封底隔渗或钻孔减压措施保证坑底土层稳定。

施 工 要 点

2.5.4.8 集水明排应符合下列技术要求：

1. 排水沟和集水井宜布置在拟建建筑基础边净距 0.4m 以外，排水沟边缘离开边坡坡脚不应小于 0.3m；排水沟坡度为 0.1%～0.5%，应在基坑四角或每隔 30～40m 设置一个集水井。

2. 排水沟底面应比挖土面低 0.3～0.4m，集水井底面应比沟底面低 0.5m 以上。

3. 当基坑侧壁出现分层渗水时，可按不同高程设置导水管、导水沟等构成明排系统；当基坑侧壁渗水量较大或不能分层明排时，宜采用导水降水方法。

2.5.4.9 真空井点应符合下列技术要求：

1. 滤管直径宜采用 38～110mm 的金属管，管长 6～10m，过滤管长 1.2～2.0m；管壁上渗水孔直径为 12～18mm，呈梅花状排列，孔隙率应大于 15%。

2. 当一级井点降水不满足降水深度要求时，可采用多级井点降水方法。

3. 井点管的设置可采用射水法、钻孔法和冲孔法成孔，井孔直径不宜大于 300mm，孔深宜比滤管底深 0.5～1.0m。在井管与孔壁间及时用洁净中粗砂填灌密实均匀。投入滤料的数量应大于计算值的 85%，在地面以下 1m 范围内应用黏土封孔。

4. 井点使用前，应进行试抽水，当确认无漏水、漏气等异常现象后，应保证连续不断抽水。

5. 在抽水过程中应定时观测水量、水位、真空度，并应使真空度保持在 55kPa 以上。

2.5.4.10 喷射井点应符合下列技术要求：

1. 井点的外管直径宜为 73～108mm，内管直径为 50～73mm，过滤器直径为 89～127mm，井孔直径不宜大于 600mm，孔深应比滤管底深 1m 以上。过滤器的结构与真空井点相同。喷射器混合室直径可取 14mm，喷嘴直径可取 6.5mm，工作水箱不应小于 $10m^3$。

2. 工作水泵可采用多级泵，水压宜大于 0.75MPa。

3. 井孔的施工与井管的设置要求同真空井点，仅在点井管下部增加喷射器。

4. 井点使用时，水泵的起动泵压不宜大于 0.3MPa。正常工作水压力宜为 0.25MPa（扬水高度）；正常工作水流量宜取单井排水量。

2.5.4.11 电渗井点应符合下列技术要求：

1. 电渗井点施工同真空井点，将真空井点或喷射井点作阴极布置在基坑外围做阴极，电极棒采用 50～75mm 钢管或 ϕ20～25mm 钢筋做阳极，埋设在井点管内侧。用真空井点时，阴阳极的距离为 0.8～1m，用喷射井点时，二极距离为 1.2～1.5m。

2. 电渗井点的阳极外露地面为 20～40cm，入土深度应比井点管深 0.5～1m，以保证水位能降到所要求的深度。

3. 通电前应清除地面上阴阳极之间无关的金属和其他导电物，并保持地面干燥。

4. 电渗降水应采用间接通电法，通电 24h 后停电 2～3h 后再通电。

2.5.4.12 降水管井应符合下列技术要求：

1. 管井井管直径应根据含水层的富水性及水泵性能选取，且井管外径不宜小于 200mm，井管内径宜大于水泵外径 50mm。

2. 沉砂管长度不宜小于 3m。

3. 钢制、铸铁和钢筋骨架过滤器的孔隙率分别不宜小于 30%、23%和 50%。

4. 井管外滤料宜选用磨圆度较好的硬质岩石，不宜采用棱角状石渣料、风化料或其他黏质岩石。

5. 抽水设备的出水量应大于设计值的20%～30%。

6. 降水过程中，应定期取样测试含砂量，保证含砂量不大于2.5.4.17的规定。

2.5.4.13 降水系统施工后，应试运转，如发现抽出混水或无抽水量井管失效现象，应采取措施恢复正常或另行设置新井。

2.5.4.14 降水系统运转过程中应随时检查观测孔中水位；并采取有效措施防止土颗粒的流失。

质 量 要 求

2.5.4.15 降水与排水施工的质量检验标准应符合国家标准《建筑地基基础工程施工质量验收规范》(GB 50202—2002)表7.8.6的规定。

2.5.4.16 在基坑底任意部位，全部降水井与排水设施的实际降水深度应等于或深于设计预测的降水深度，并应稳定24h。

2.5.4.17 全部降水运行时，抽排水的含砂量应符合下列规定：

1. 粗砂含量应小于1/50000。
2. 中砂含量应小于1/20000。
3. 细砂含量应小于1/10000。

（本章主要起草人：李华）

3 住宅结构工程

3.1 基本规定

设计要点

3.1.0.1 主体结构施工工艺及施工质量应符合设计要求和相关规范规定。

3.1.0.2 施工现场应具备相应的施工技术标准、健全的质量管理体系、施工质量控制和质量检验制度。施工现场项目应具备有效的施工组织设计和施工技术方案,并经审查批准。

材料要求

3.1.0.3 主体结构所使用的原材料、构配件的品种、规格、性能等应符合设计要求和相关规范规定。

3.1.0.4 主体结构原材料、构配件应具备完整有效的质量证明文件及进场复验报告。进场材料、构配件涉及安全及使用功能的应按规定进行见证检测。

施工要点

3.1.0.5 混凝土宜采用商品混凝土,泵送浇筑、机械振捣。砌筑砂浆宜采用商品砂浆。

3.1.0.6 防水工程:地下部位平面宜用高分子复合防水卷材或改性沥青防水卷材,立面宜用聚氨酯柔性涂料;厨、卫间防水宜用柔韧性防水涂料。

质量要求

3.1.0.7 主体结构原材料、构配件进场,需经过验证、外观检查、性能检测,不合格材料严禁用于结构中。

3.1.0.8 防水工程应按规定进行淋水、蓄水试验,验证其防水效果。

3.1.0.9 混凝土结构和砌体结构施工中,应控制与渗漏及裂缝有关的质量通病。

3.2 建筑施工测量

3.2.1 施工测量

一般规定

3.2.1.1 本节适用于一般住宅工程的施工测量。

3.2.1.2　住宅工程的施工测量包括建筑物的定位、楼层轴线放样、楼层抄平等。

3.2.1.3　住宅工程的测量精度可根据设计要求，选用四等测量或一级测量。

3.2.1.4　平面及高程控制点的标桩应按有关规定埋设。

3.2.1.5　施工放样前必须熟悉设计图纸，掌握测量限差要求，并制定有效的作业方法。

3.2.1.6　测量仪器的精度应与设计要求的测量限差相适应。

设计要点

3.2.1.7　控制点位的选定，应符合下列要求：

1. 相邻控制点之间应通视良好，其视线距障碍的距离，四等测量不宜小于1.5m；一级及一级以下，宜保证便于观测，以不受旁折光等影响为原则。

2. 测距边位置的选择，应满足相应测距方法对地形等因素的要求。当采用电磁波测距时，其测距边选择：二三等控制点应建造觇标；四等控制点可视需要而定。觇标可因地制宜选用钢标、木标或混凝土标等；觇标的高度应合理、作业应安全。

3. 控制点应便于长期保存、加密、扩展和查找。

施工要点

3.2.1.8　住宅工程平面控制网可利用原控制网，并根据现场情况进行网点加密，建立多级控制网。

3.2.1.9　采用导线法或三角法进行控制网布点，控制点间的距离限差为±3cm，测角中误差±5″。

3.2.1.10　建立施工平面控制网时，一般经过初定、精测和检测三步骤。

3.2.1.11　首级控制网定向时，方位角传递应联系两个方向，水平角观测误差超限时，应在原来的度盘方向重测。

3.2.1.12　距离测量可采用电磁波测量、铟瓦尺视差法测量或普通钢尺丈量。

3.2.1.13　根据平面控制网和建筑物定位坐标值，利用极坐标或直角坐标法投测到现场，按有关要求设置标桩。

3.2.1.14　根据建筑物基准点测定建筑物控制线和内部控制网，并进行有效的保护。

3.2.1.15　建筑物内部设置标准内控点，并根据内控点，绘制轴线放样图，内控网闭合误差不应大于±2mm。

3.2.1.16　在建筑物主要阳角处设置外控线，进行内外控相互标桩。

3.2.1.17　竖向测量可利用吊线垂直法、激光铅垂仪法、天顶法，根据建筑物的高度和设计要求，选用适宜的竖向测量方法。

3.2.1.18　根据放样图，确定的各轴线与控制线的关系，测放墙、梁边线及300mm支模控制线，并根据墙、梁边线测放门窗洞口线。

3.2.1.19　内控点的设置应避开厨卫间，尽量减少内控点的数量。

3.2.1.20　楼层放样应对外墙轴线、电梯井道、楼梯轴线进行垂点控制，每层都应有检查记录和整改记录。

3.2.1.21 建筑物外廓主轴线长度差不得大于±10mm，细部轴线允许偏差不得大于±5mm。

3.2.1.22 用Ⅱ等水准测量引测场内水准控制网，每个工程项目水准控制点不得少于3处，并按标准设置标志。

3.2.1.23 由水准控制点引测建筑物平面标高控制点，建筑物平面标高控制点不宜多于2处，宜留在底层结构电梯井道或外墙阳角处。

3.2.1.24 竖向高程引测用钢卷尺，每层基准标高必须从基层拉起，宜每30m另取基准点，竖向传递偏差控制在每层不大于±3mm。

3.2.1.25 支模前在标杆上打上500mm线，用红油漆做标志，支模后应对平台标高进行复核。

3.2.1.26 浇筑混凝土前，用水准仪测楼层标志于钢筋上方0.5m处，一般小跨度每间四角各一点，大跨度应另焊抄平竖向标志。

3.2.1.27 水准仪应放在建筑物中心位置，最大测距不大于30m，前后站视差值不大于1m。

质量(精确度)要求

3.2.1.28 测量精度符合设计要求，测量仪器及量具均经过有资质的计量单位检定。

3.2.1.29 激光铅锤仪投点光斑直径不得大于5mm，投测轴线进行竖向控制点，进行复测闭合误差不大于±2mm。

3.2.1.30 经纬仪将各点连成控制轴网，以终点改为始点建立新的控制网进行检核，检核误差不大于±3mm，方可使用。

3.2.1.31 各开间尺寸进行复量，闭和误差不大于5mm，建筑物总长度误差不得大于±10mm且将误差值分解于各轴线间，减少累计误差。

3.2.2 建筑物沉降观测

一 般 规 定

3.2.2.1 本节适用于住宅工程沉降观测。

3.2.2.2 住宅楼沉降观测等级应符合设计要求。无设计要求时，高层建筑变形测量等级为二级精度，多层建筑变形测量等级为三级精度。沉降观测的观测点测站高差中误差≤0.50mm，观测点坐标中误差≤3.0mm。

设 计 要 点

3.2.2.3 建筑变形测量的等级及其精度要求见表3.2.2.3。

表3.2.2.3

变形测量等级	沉降观测	位移观测	适用范围
	观测点测站高差中误差(mm)	观测点坐标中误差(mm)	
二级	≤0.50	≤3.0	中等精度要求的建筑物和科研项目变形观测；重要建筑物主体倾斜观测、场地滑坡观测

续表

变形测量等级	沉降观测	位移观测	适用范围
	观测点测站高差中误差（mm）	观测点坐标中误差（mm）	
三　级	≤1.50	≤10.0	低精度要求的建筑物变形观测；一般建筑物主体倾斜观测、场地滑坡观测

注：录“JGJ/T 8—97”建筑变形测量规程

3.2.2.4　DSZ_2 或 DSZ_1 自动安平水准仪加 FS-1 测微器。

3.2.2.5　测量精度符合设计要求，测量仪器及工具均经过有资质的计量单位检定。

施工要点

3.2.2.6　沉降观测点（变形点）的布设应符合设计要求，同时应满足：

1. 能够反映建筑物变形特征和变形明显的部位。

2. 标志应稳固、明显、结构合理，不影响建筑物、构筑物的美观和使用。

3. 点位应避开障碍物，便于观测和长期保存。

4. 沉降观测点，应埋设于建筑物四角或沿外墙每 10～15m 处和沉降缝或伸缩缝的两侧；新旧建筑物或高低建筑物及纵横墙的交接处；不同地基接壤处；建筑物不同结构的分界处。

5. 宽度大于 15m 或小于 15m 而地质复杂以及膨胀土地区的建筑物，在承重内隔墙中部设内墙点，在室内地面中心及四周设地面点。

3.2.2.7　沉降点观测的周期：

1. 建筑物基础沉降观测在浇筑底板前和基础浇筑完应至少各观测一次。

2. 施工期间高层建筑结构阶段每增加 1～2 层宜观测一次。

3. 装修阶段每 2～3 层观测一次。

4. 施工过程中如暂时停工，在停工时及重新开工时应各观测一次，停工时间，可每隔 2～3个月观测一次。

5. 竣工验收后，由建设单位组织有资质单位继续沉降观测，第一年每季度观测一次，第二年每半年观测一次，第三年后每年一次，直至建筑物稳定为止（当沉速小于 0.04mm/d，可认为已进入稳定阶段）。

6. 观测过程中出现异常应增设观测次数或逐日连续观测，并向有关部门反映情况。

质量要求

3.2.2.8　沉降观测时，应符合下列四个固定：

1. 采用相同观测路线和观测方法。

2. 使用相同仪器和设备。

3. 固定观测人员。

4. 在基本相同环境和条件下工作。

3.2.2.9 每个工程至少有3个固定可靠的基准点。

3.2.2.10 沉降(变形)测量的等级当无规定时采用二级,闭合差为≤$0.30\sqrt{n}$。

3.2.2.11 沉降观测成果整理每次必须设有原始记录,整理后成果交建设单位归档(各项记录必须注明观测时的气象情况和荷载变化)。

3.3 基 础 工 程

3.3.1 筏形基础

一 般 规 定

3.3.1.1 本节适用于高层建筑桩基现浇承台梁板式、平板式筏形基础施工及质量验收。

3.3.1.2 基础垫层厚度不小于100mm,混凝土强度不低于C10。承台混凝土强度按设计要求,防水混凝土抗渗等级不小于0.6MPa(P6)。

3.3.1.3 地下室外墙混凝土厚度不应小于250mm,承重的内墙厚度不小于200mm(见防水规范GB 50208—2002)。

设 计 要 点

3.3.1.4 筏板与地下室外墙的接缝、地下室外墙沿高度处水平施工缝位置应在底板面向上≥300mm,且应严格按施工缝要求施工。

3.3.1.5 大体积混凝土浇筑后由专人检测结构表面温度与结构内部温度,温差控制不大于25℃,当温差超过25℃时,应采取覆盖或盛水等有效措施保温,并且应继续测温监控,直至混凝土内部温度降到外界温度为止。

材 料 要 求

3.3.1.6 基础(承台)所用的原材料规格、品种、性能应符合设计及现行规范规定,并具备有效的出厂合格证、检验报告、复试报告等。

3.3.1.7 混凝土外加剂、掺合料等应符合设计要求及规范规定,且其掺量经试验符合要求后,方可使用。

3.3.1.8 混凝土宜用商品混凝土,泵送浇筑、机械振捣。

施 工 要 点

3.3.1.9 施工工艺流程:

浇垫层 → 验桩位 → 凿桩帽 → 焊接桩锚固筋 → 放线 → 绑扎底板钢筋 → 施工缝止水钢板安装 → 质量验收 → 封模 → 浇混凝土 → 测温 → 养护

3.3.1.10 按设计要求进行桩基低应变测试和静载试验,合格后浇筑混凝土垫层。

3.3.1.11 桩位验收合格后，凿桩头、焊桩头锚固筋，锚固长度符合设计要求和相关规范规定。

3.3.1.12 按施工图绑扎承台底板筋，垫保护层垫块，每平方米不少于1块。

3.3.1.13 根据承台厚度设置铁马凳支撑承台上层钢筋，承台上层钢筋保护层大于40mm时，应附加一层防裂钢筋。

3.3.1.14 基础筏板与地下室外墙的水平施工缝宜设置通长止水钢板，接头双面满焊。

3.3.1.15 承台侧模宜留设泄水孔，浇筑混凝土时，混凝土表面泌水应全部排除。

3.3.1.16 承台混凝土浇筑按施工方案要求流水，在浇筑过程中不漏振、多振、欠振，确保混凝土连续浇筑。

质 量 要 求

3.3.1.17 高层建筑基础承台混凝土工程，施工前应拟订合理可行的施工方案和质量保证措施。

3.3.1.18 混凝土的原材料质量要求应符合设计和现行规范、标准的有关规定。

3.3.1.19 大体积混凝土必须留设测温孔（或埋设电子测温管），严格监控确保构件内外温差在25℃之内。

3.3.1.20 按规范规定制作标养抗压试块、抗渗试块，以及实体检测同条件养护试块。

3.3.1.21 防水混凝土钢筋保护层厚度必须符合设计要求和相关规范规定。

3.3.1.22 承台内柱、剪力墙插筋必须有防止位移措施。

3.3.1.23 冬雨期施工必须有防雨、防冻的技术措施和物料准备。

3.3.1.24 导墙混凝土浇筑应在底板混凝土初步沉实后浇筑，振捣时应插入底板50mm左右。

3.3.2 条形基础

一 般 规 定

3.3.2.1 本章节适用于墙下钢筋混凝土条形基础施工与质量验收。

3.3.2.2 锥形基础边缘高度 h 不小于200mm，阶梯形基础每阶高度 h 不小于300mm。

3.3.2.3 基础垫层厚度不小于100mm。

设 计 要 点

3.3.2.4 垫层混凝土强度等级不低于C10，基础混凝土强度等级不低于C20且符合设计要求。

3.3.2.5 现浇混凝土基础纵向钢筋应伸至基础底部，锚固长度符合设计要求，插筋在台阶内箍筋不少于二道。

材 料 要 求

3.3.2.6 进场钢筋应具备有效的出厂合格证、检验报告、复验报告。

3.3.2.7 水泥、砂、石、外加剂等均符合现行规范及有关技术标准要求。

施 工 要 点

3.3.2.8 施工工艺流程：

定位挖土 → 验槽 → 浇条基垫层混凝土 → 垫层上弹线 → 绑扎基础筋 → 垫块 → 插筋 → 插筋绑扎 → 支模板 → 浇混凝土 → 养护

3.3.2.9 基槽验收合格后，浇筑混凝土垫层，其厚度、混凝土强度符合设计要求。

3.3.2.10 按设计弹基础线，绑扎钢筋，垫块每平方米不少于一块，插竖向钢筋，钢筋骨架验收合格后封模板。

3.3.2.11 在浇混凝土前验收模板，同时清除垃圾杂物，浇水润湿。

3.3.2.12 基础混凝土宜分层连续浇筑完成。对于阶梯形基础，每一台阶时间间隔 1h 左右，下层混凝土初步沉实后再浇灌上层，每个台阶浇完后，表面应抹平。

3.3.2.13 锥形基础，应注意锥体斜面坡度的正确。斜面部分的模板应随混凝土浇灌分段支设并顶压紧。

3.3.2.14 混凝土浇筑 12h 后应覆盖并保湿养护。

质 量 要 求

3.3.2.15 基坑土方开挖前，建筑物定位放线，应在主轴线部分设置控制桩或标志板。

3.3.2.16 土方开挖中，应经常测量和校正其平面位置、长宽尺寸、标高和边坡应符合设计和施工方案要求。

3.3.2.17 回填土应在基础两侧同时进行且分层夯实。

3.3.2.18 插筋留出长度应符合设计要求的搭接倍数和错开位置。

3.3.3 毛石基础

一 般 规 定

3.3.3.1 适用于毛石基础砌筑、质量验收。

3.3.3.2 毛石基础，多用于北方寒冷地区的多层混合结构中。

设 计 要 点

3.3.3.3 选用的石块，其强度等级不应低于 MU20，基础用的水泥砂浆强度等级不低于 M5。

3.3.3.4 石材应质地坚硬，无风化剥落、裂纹、水锈等杂物。

材 料 要 求

3.3.3.5 毛石基础用石材质量、规格、颜色必须符合设计要求。

3.3.3.6 毛石应呈块状，其中间腰部厚度不宜小于 150mm，长度不宜大于中部厚度的 3 倍，宽度不宜大于中部厚度的 2 倍，平毛石应占全部毛石（包括乱毛石和平毛石）总数的一半以上(平毛石形状应有两个基本平行的面块)。

3.3.3.7　进场毛石必须经过加工。经过一二遍凿、剁斧,然后进行修边整理。着重于顶面、底面和两侧,达到边、角、面基本平整。

施工要点

3.3.3.8　施工工艺流程:

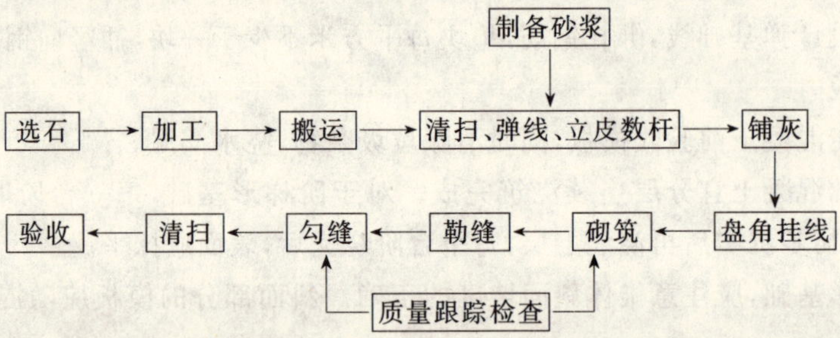

3.3.3.9　毛石基础砌筑前进行验槽。轴线、标高、宽度、槽底情况等均符合施工图要求。

3.3.3.10　垫层表面弹轴线及墙身线,立皮数杆,其间距不大于15m,所有转角处均设置皮数杆。

3.3.3.11　砌筑毛石基础的扩大部分,做成阶梯形,上级阶梯的石块应至少压砌下级阶梯的1/2,相邻阶梯的毛石应相互错缝搭接。

3.3.3.12　毛石基础砌筑第一皮石块大面向下座浆,严禁干摆毛石或在无底灰的基础面上干砌。凡顶端空处先放砂浆后用尖头向下的小石块插补。不得全用砂浆填塞形成砂窝。砌筑时,先单面挂线满槽砌筑,往上应双面挂线砌筑。基础第一皮及转角、交接和洞口处,选用较大的平毛石。

3.3.3.13　严禁先将基础两边的面石纵向排列两行,中间用碎石填塞。

3.3.3.14　毛石基础灰缝厚度20～30mm,砂浆应饱满。毛石基础的转角处及交接处应同时砌筑。不能同时砌筑时应在通长面墙中间留跳步槎。外墙接槎处离转角至少1.5m,隔墙转角处至少1m范围内不得留接槎。

3.3.3.15　毛石基础每皮毛石内每隔1～2m之间设置一块拉结石。拉结石宽度为:毛石墙接结石每0.7m^2墙面至少设置1块,且同皮内的中距不大于2m。

3.3.3.16　基础宽度等于或小于400mm时,拉结石与基础宽度相等。

3.3.3.17　基础宽度大于400mm时,可用两块拉结石内外搭接、搭接长度不应小于150mm,且其中一块长度不应小于基础宽度的2/3。

3.3.3.18　每皮石块之间上下皮垂直缝应错开,上石块要压下皮石块1/2或1/3左右。

3.3.3.19　当基础砌至最上一层毛石时,应选较大的毛石砌筑且在墙身厚的1/2处。同时及时校对轴线、标高、断面尺寸。

3.3.3.20　毛石宜平砌,每一石块要与左右、上下的石块有叠靠,与前后石块有交搭错缝,无松动、孤立的石块。

3.3.3.21　±0.00以下基础用水泥砂浆,强度等级不低于M5,稠度30～50mm,砂浆饱满度不低于80%。

质量要求

3.3.3.22 石砌体的轴线位置及垂直度允许偏差见“GB 50203—2002”表7.2.3。

3.3.3.23 石砌体的一般尺寸允许偏差见“GB 50203—2002”表7.3.1。

3.3.3.24 石材及砂浆强度等级必须符合设计要求。

3.3.3.25 抽检数量:同一产地的石材至少应抽检一组。

并检验:石材产品质量证明书,石材、砂浆检查试块试验报告。

3.3.3.26 石砌体的组砌体形式符合:拉结石每 $0.7m^2$ 不少于一块,组砌内外搭砌上下错缝、拉结石、丁砌石交错设置施工缝留置符合规范要求。砌体中无 $40mm^2$ 以上的砂窝。

3.3.3.27 基础出现松动石块,必须拆除该石块重新铺浆砌筑。

3.3.3.28 检验批主控项目全部检查,100%合格,一般项目按10%抽样检查,合格率80%以上判为合格,其余点偏差不得超过允许偏差的150%。

3.4 混凝土结构

3.4.1 模板工程

一般规定

3.4.1.1 住宅工程模板体系墙柱模板一般采用组合小钢模、木模板、夹板模板、钢框组合夹板模板、全钢大模板等,平台模板采用夹板模。

3.4.1.2 住宅工程模板施工工艺应符合设计要求和相关规范规定。

设计要点

3.4.1.3 模板及其支撑体系必须有专门的设计和施工方案。按施工图进行模板放样,绘制配板平面布置图及拼板设计图、拼装节点图。

3.4.1.4 设计应结合施工工艺并保证工程结构和构件各部分形状、尺寸和相互位置的正确。

3.4.1.5 模板及其支撑体系具有足够的承载能力,刚度和稳定性,满足混凝土自重及施工荷载的要求。

3.4.1.6 构造简单、拆装方便,便于钢筋绑扎、安装和混凝土的浇筑、养护要求,模板的设计必须有防漏浆措施。

3.4.1.7 模板设计应考虑运输、堆放和装拆过程中对模板变形的影响。模板体系的支设和拆除的顺序应严格按施工技术方案执行。

材料要求

3.4.1.8 模板体系所用钢材符合“GB 1499”中Q235等级标准。

3.4.1.9 模板体系中的配件质量应符合相应产品标准要求。

3.4.1.10 大模板面板钢板厚度应大于5mm，模板的肋和背楞宜采用型钢、冷弯薄壁型钢等制作。大模板钢吊环应采用HPB235圆钢，严禁使用冷加工钢筋制作。焊条型号、焊缝长度和焊缝高度应符合设计要求。对拉螺栓应采用不低于ϕ14圆钢，应有足够的强度承受施工荷载，螺栓连接时必须采用双螺母。

施 工 要 点

3.4.1.11 钢框组合夹板模：

1. 施工工艺流程(剪力墙暗柱、暗梁及楼板混凝土同时浇筑)：

验收钢筋骨架 → 弹线 → 拼模板 → 安阴角模 → 封模板 → 紧固螺栓 → 搭设排架 → 支楼板模 → 校正 → 验收

2. 钢框夹板模及其支撑体系应有符合工程结构形式、荷载等特性的设计和施工方案。

3. 钢框夹板模的规格、尺寸应严格遵循模板放样图。

4. 模板的制作应确保方正、平直，螺栓孔口对齐。模板拼装总高度按层高减去平台厚及平台夹板厚度，允许偏差为－5，＋0。

5. 上下模板用ϕ10圆钢插销临时连接，左右模板通过边框圆孔用U形卡拼接。

6. 墙模固定，竖楞采用40mm×60mm方钢，横楞采用ϕ48钢管，ϕ14穿墙螺栓(螺栓可重复使用)，间距按施工方案。

7. 平台板、梁采用无框竹胶板铺设，用木楞60mm×100mm方木。间距按施工方案。长度不足时，搭接≥300mm。

8. 模板支撑体系严格按设计要求。立杆位置上下层应对应。模板安装应测放模板边线、模板控制线，标高按＋50cm线为准。

9. 阳角模可采用角钢垫接，阴角模可采用定制阴角钢模。

10. 严格按施工方案要求拆除模板，底模按同条件养护试块满足"GB 50204—2002"表4.3.1要求方可拆模。

3.4.1.12 全钢模板施工：

1. 施工工艺流程：

定位放线 → 安装横墙模板 → 外墙内侧模板 → 安装门窗洞口模板 → 外墙外侧模板 → 校正 → 验收

2. 大模板安装前应进行技术交底和安全交底，并组织学习，考核上岗。

大模板应进行样板间的试安装，经检查模板的几何尺寸、接缝处理及零部件等准确后方可展开。

3. 大模板安装时，应按模板编号顺序，遵循先内侧、后外侧，先横墙、后纵墙的原则安装就位。

4. 模板安装后不平处应采取有效封堵措施，在螺栓口处贴6～8mm厚海绵条堵漏。

5. 房间阴角模用铁丝与柱筋临时固定，吊放大模后，用斜支撑调整模板位置及垂直度。

6. 横墙模板至梁底，无梁时至顶板底。梁顶板用小模作二次支模（见图 3.4.1.12-1）。

7. 纵墙模（外墙）高出内模 150mm，内侧模与顶板底平（见图 3.4.1.12-2）。

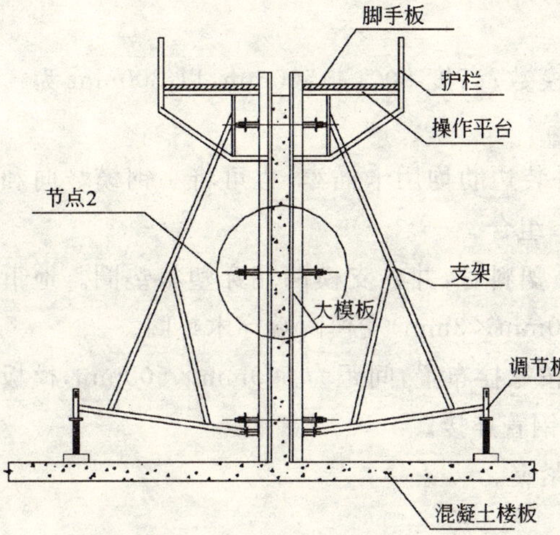

图 3.4.1.12-1 墙体大模板安装示意图

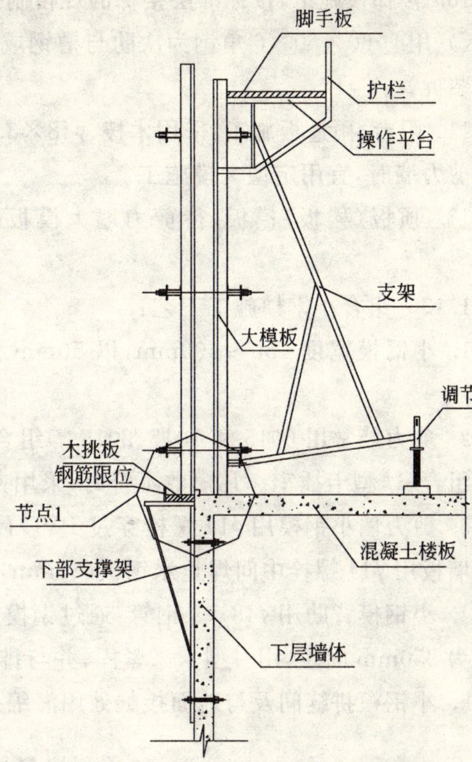

图 3.4.1.12-2 外墙大模板安装示意图

8. 外墙内模就位后，就外墙外侧模吊放在支架上，上部与墙体用铁丝临时固定，用木楔调整高度后，穿螺栓将内外墙模板连接固定（见图 3.4.1.12-3）。

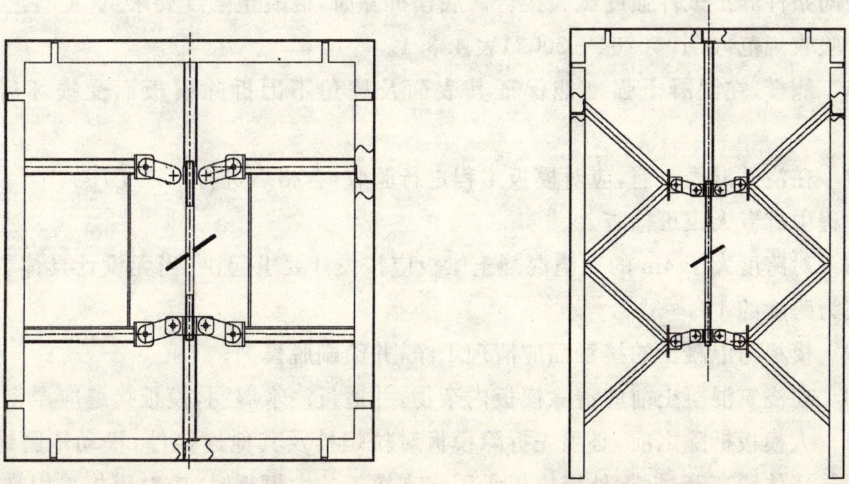

图 3.4.1.12-3 整体收支式门窗口模示意

9. 电梯井模板：筒模由 4 块面板与 4 块角膜及跟进平台共同组成。筒模搁在平台上，筒模上口与外板齐平。操作由中心转动器调节机构，能使整个筒模支模、脱模。

10. 楼梯模施工，按标准层楼梯的规格制作定型钢模。两根槽钢 [120×60×8 为主肋(旁板)，用 ∟ 60×60×6 角钢为次肋与槽钢成夹角 $\theta=60°$，焊接成楼梯模板，通过调节螺栓进行装拆。

11. 阳台、雨篷板施工：采用木棱、ϕ48×3.5 钢管支撑等组装施工(同楼板施工法)。阳台有剪力墙时，宜用定型大模施工。

12. 顶板(楼板)模板，待剪力墙大模板吊运后，按设计要求搭设支撑体系及顶板模板。

3.4.1.13　组合小钢模施工工艺：

1. 小钢模宽度 150～600mm，以 50mm 为模数；高度 900～1500mm，以 300mm 为模数。

2. 剪力墙常用 6015 和 1015、2015 等组合拼装边肋均用卡插牢，也可将小钢模竖向和横向组合，U 型卡插牢。凡模数不符时，采用方木组合。

3. 剪力墙小钢模用 ϕ14 螺栓穿过 PVC 硬质塑料管，并在支模两端穿塑料垫圈。地下防水墙板用 ϕ14 螺栓中间焊止水钢板(60mm×60mm×3mm)支模两端穿木垫圈。

4. 小钢模背肋用 ϕ48×3 钢管，通过钢模上按螺栓布置，间距为 500mm×500mm，模板端头为 250mm 间距，用弓型卡来紧固，并与排架钢管连接。

5. 小钢模拼缝间及与地面接触处用海绵条紧夹。

质 量 要 求

3.4.1.14　现浇结构模板安装的允许偏差及检验方法，见《混凝土结构工程施工质量验收规范》(GB 50204—2002)表 2.2.7。

3.4.1.15　底模及其支架拆除时的混凝土强度应符合设计要求；当设计无具体要求时，混凝土强度查同条件养护试件强度试验报告。底模拆除时，混凝土强度要求见《混凝土结构工程施工质量验收规范》(GB 50204—2002)表 4.3.1。

3.4.1.16　侧模，在混凝土强度能保证其表面及棱角不因拆除模板而受损坏后，方可拆除。

3.4.1.17　在浇筑混凝土前，应对模板工程进行验收，合格后进行下道工序施工。在浇筑混凝土全过程中有专人跟班检查。

3.4.1.18　对跨度大于 4m 的现浇混凝土梁板应按设计要求起拱；当无设计具体要求时，起拱高度宜为跨度的 1‰～3‰。

3.4.1.19　模板与混凝土的接触面应清理干净，并涂刷脱模剂。

3.4.1.20　在浇筑混凝土前应清除模板内杂物，并适量浇水湿润，模板接缝应严密。

3.4.1.21　大模板拆除之前，必须先拆除模板对拉螺栓及其他连接件，松动地脚螺栓，保证模板后倾与墙体脱离开；拆除外墙模板无固定支撑架的大模板时，应对模板采用临时固定措施。移动模板不得碰撞墙体。

3.4.1.22 吊装模板时，应有专人持证上岗指挥，模板起吊，应平稳，不得偏斜和大幅度摆动。当风力超过5级时应停止吊装作业，吊装大模板吊钩采用成品卡环，型号3.5(3500kg/个)且复核每块大模板的重量在允许负荷之内。

3.4.2 钢筋工程

一般规定

3.4.2.1 本节适用于住宅工程非预应力钢筋工程。

3.4.2.2 钢筋进场必须有产品合格证、出厂检验报告和进场复验报告。

设计要点

3.4.2.3 钢筋进场时，应按现行国家标准《钢筋混凝土用热扎带肋钢筋》(GB 1499)等的规定抽取试件作力学性能检验，其质量必须符合有关标准的规定。

3.4.2.4 对有抗震设防要求的框架结构，其纵向受力钢筋的强度应满足设计要求；当设计无具体要求时，对一二级抗震等级，检验所得的强度实测值应符合下列规定：

1. 钢筋的抗拉强度实测值与屈服强度实测值的比值不应小于1.25。
2. 钢筋的屈服强度实测值与强度标准值的比值不应大于1.3。
3. 当发现钢筋脆断、焊接性能不良或力学性能显著不正常等现象时，应对该批钢筋进行化学成分检验或其他专项检验。

材料要求

3.4.2.5 评定合格的供应商，并对供应商进行连续的管理、监督和检查。

3.4.2.6 钢筋进场时，应检查钢筋的外观质量：查标牌、钢筋平直、无损伤、表面不得有裂纹、油污、颗粒状或片状老锈以及钢筋的长度和每延米重量。

3.4.2.7 钢筋进场时要抽样复试，其质量必须符合有关标准的规定。

3.4.2.8 钢筋进场后，必须按不同的品种、规格、性能分别堆放，防止锈蚀和污染，并按ISO9001标准进行标识。

3.4.2.9 严格按配料单成型钢筋，其规格、尺寸、数量符合设计要求。

施工要点

3.4.2.10 施工工艺流程：

作业准备 → 放样料单 → 配料 → 竖向电渣压力焊 → 检验接头 → 绑扎柱、梁、剪力墙 → 检验 → 搭排架 → 支楼板(平台)模 → 绑扎楼板(平台)钢筋检验

3.4.2.11 钢筋的加工：

1. 钢筋的配料：钢筋的配料是根据构件配筋图，放样成配料单。配料需考虑钢筋在满足设计要求的前提下利于现场绑扎；

2. 钢筋代换：按强度或最小配筋率的要求进行等强度代换、等面积代换。钢筋代换应遵守现行《混凝土结构设计规范》(GB 50204—2002)并由设计单位出具变更通知单。

3. 钢筋调直：钢筋可采用冷拉、机械调直的方法。

4. 钢筋切断：断料时应将同规格钢筋根据不同长度长短搭配统筹排料，先断长料，后断短料。

5. 钢筋弯曲成型：钢筋弯曲成型时应严格遵守(GB 50204—2002)和"平法 03G101 图集"要求，根据不同的弯曲角度扣除弯曲调整值，弯曲划线宜从钢筋中线开始向两边进行。

3.4.2.12 钢筋的连接：

1. 钢筋连接必须遵守以下原则：

1) 接头宜设置在受力较小处，对受弯构件宜设置在弯距较小处(如反弯点附近)，对抗震结构宜避开梁、柱端头箍筋加密区。

2) 同一纵向受力钢筋不宜设置两个或两个以上接头，设置在同一构件内的接头应相互错开。

3) 在钢筋连接区域应采取必要的构造措施，以增加对连接区段的围箍约束。

2. 绑扎搭接连接

同一连接区段：绑扎搭接接头的连接区段为 $1.3L_1$，如图 3.4.2.12。

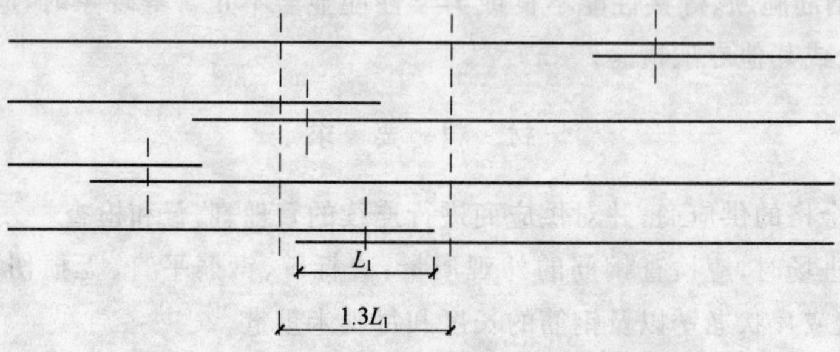

图 3.4.2.12　钢筋搭接接头连接区段

3. 机械连接：机械连接的连接区段是以接头为中心的长为 $35d$ 的范围且不小于 500mm。接头位置宜布置在受力较小处，且相互错开。接头百分率在受拉区不宜大于 50%。对承受动力荷载的结构构件以及抗震结构梁、柱端部的箍筋加密区，接头百分率不应大于 50%，且不宜采用超强接头以防止塑性铰转移。绑扎搭接接头中钢筋之间横向净距不宜小于 25mm。

4. 钢筋的焊接：

1) 闪光对焊

a. 对焊前应进行除锈和调直，根据钢种特性、气温、电压、焊机性能修正焊接参数。

b. 当调换焊工或更换焊接钢筋的规格和品种时，应先制作对焊试样(不少于 2 个)进行冷弯试验。合格后，才能成批焊接。

c. 焊接完毕后，应待接头由白红色变为黑红色才能松开夹具，平稳地取出钢筋，以免引起接头弯曲。

d. 不同直径的钢筋可以对焊，但其截面比不宜大于 1.5，并按大直径钢筋选择焊接参数。

e. 焊接场地应有防风、防雨措施。

2）电渣压力焊

a. 电渣压力焊使用于现浇钢筋混凝土结构中竖向构造中，工艺过程包括：引弧、电弧、电渣和顶压过程。

b. 焊接参数：电渣压力焊焊接参数主要包括：焊接电流、焊接电压和焊接时间，其中焊接电流：宜按钢筋端头面积取 0.8～0.9A/mm^2；焊接电压：引弧阶段，电压为 40～45V，电渣过程时，电压为 22～27V。焊接时间长短根据钢筋直径确定。电弧和电渣的时间比为 3∶1。

3.4.2.13 钢筋的绑扎与安装

1. 搭接长度的末端距钢筋弯折处，不得小于钢筋直径的 10*d*。搭接长度及构造应符合设计要求，搭接长度内应绑扎 3 点。

2. 墙、板钢筋网四周两行钢筋交叉点应每点扎牢，中间部分交叉点可相隔交错扎牢，但必须保证受力钢筋不位移；对双向受力钢筋，则需将全部钢筋相交点扎牢，绑扎时应注意相邻绑扎点的铁丝扣要成八字形，以免网片歪斜变形。

3. 墙柱插筋位置一定要固定可靠，以免造成柱轴线偏移；剪力墙两层钢筋间应设置撑铁或剪力墙限位器固定钢筋间距，以避免剪力墙钢筋位移。

4. 箍筋的接头应交错布置在四角纵向钢筋上；箍筋转角与纵向钢筋交叉点应扎牢，绑扎箍筋时，绑扣相互间应成八字形。

5. 纵向受力钢筋采用双层排列时，两层钢筋之间应垫以直径≥25mm 的短钢筋，以保持其设计的距离，箍筋的接头应交错布置在两根架立筋上。板负筋和悬挑板钢筋要有防踩踏措施。板、次梁与主梁交叉处，板筋在上，次梁的钢筋居中，主梁的钢筋在下。

6. 框架节点处钢筋穿插十分稠密时，梁顶面主筋间的净距应有 30mm 且≥1.5*d*（钢筋直径）。

7. 混凝土保护层必须符合设计和现行规范要求。

质 量 要 求

3.4.2.14 钢筋焊接接头外观必须进行全数检查，接头处不得有横向裂纹，不得有明显烧伤；对闪光对焊和电渣压力焊，接头处钢筋轴线偏移不得超过 0.1*d*，且不得大于 2mm，接头处弯折不得大于 4°，电渣压力焊焊包应饱满、均匀，焊包突出钢筋表面≥4mm。

3.4.2.15 钢筋闪光对焊接头应从每批成品中切取 6 个试样，3 个进行拉伸试验，3 个进行弯曲试验，电渣压力焊从每批成品中切取 3 个试样进行拉伸试验。

3.4.2.16 钢筋安装完毕后，应检查以下内容：

1. 根据设计图纸检查钢筋的钢号、直径、根数、间距；特别注意负筋的位置必须符合设计要求。

2. 检查钢筋接头的位置不宜设置在梁端、柱端的箍筋加密区范围内。

3. 混凝土的保护层符合现行规范、规程要求，双层钢筋应加铁马凳。

4. 检查钢筋绑扎是否牢固，有无松动变形现象。

5. 钢筋安装时，受力钢筋的等级、规格和数量必须符合设计要求。

6. 钢筋安装位置的允许偏差和检验方法符合“GB 50204—2002”表 5.5.2 中的有关规定。

7. 剪力墙钢筋绑扎，宜采用限位钢筋架控制钢筋横平竖直（见图 3.4.2.16-1、2）。

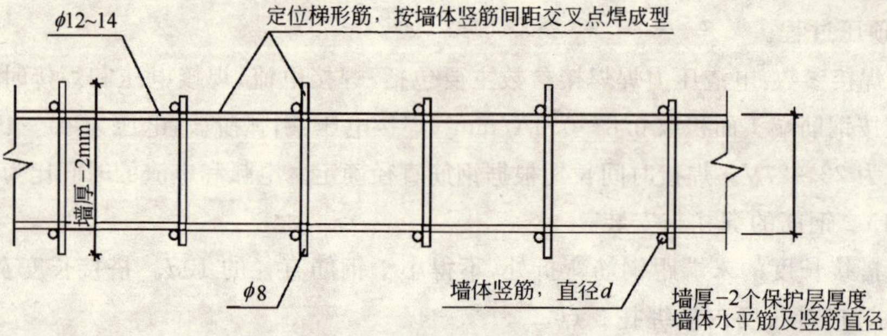

图 3.4.2.16-1　竖向钢筋限位架

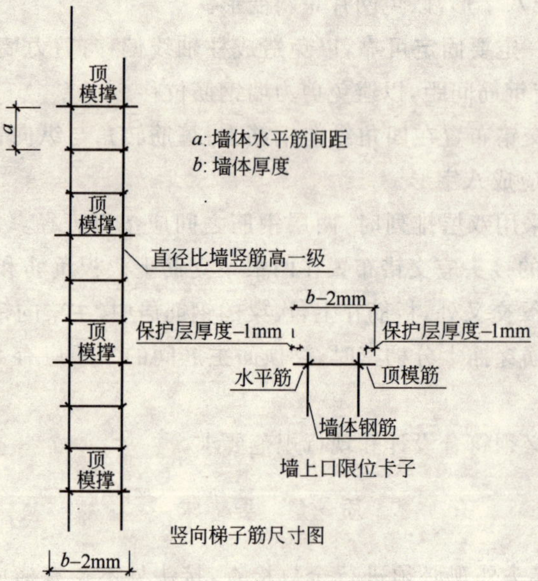

图 3.4.2.16-2　横向钢筋限位架

3.4.2.17　柱箍筋加密范围：

1. 柱两端在高度不小于矩形截面长边尺寸或圆柱截面直径、柱净高的 1/6、500mm 三者中的最大值。

2. 底层柱的柱根加密长度应不小于该层柱净高的 1/3。

3. 柱净高与截面长边尺寸之比不大于 4 的柱全高范围内。

4. 一级抗震框架角柱的全高范围内。

5. 梁钢筋伸入柱内，绑扎搭接范围内铁丝绑扎不少于 3 扣，焊接搭接头两端 100mm 内各另加二个箍筋，间距不大于 50mm。

3.4.2.18 梁箍筋加密范围：

1. 梁钢筋伸入柱内，箍筋从柱边 50mm 起绑扎。

2. 一级抗震框架梁端 2 倍梁高范围内，抗震等级 2～4 级框架梁端 1.5 倍梁高范围内，箍筋应当加密，且加密区长度不应小于 500mm。

3.4.2.19 剪力墙钢筋绑扎：

1. 剪力墙钢筋伸出结构层不小于 500mm，宜相互错开 50%搭接。钢筋绑扎应从结构层向上 50mm 开始绑扎水平受力筋，周边二排水平筋交叉点全部绑扎，其余交叉点可间隔绑扎。

2. 剪力墙双排筋之间按设计要求设置拉结筋。

3.4.2.20 楼板(平台)钢筋按设计要求在模板上排列，搁置长度按设计要求。

3.4.3 商品混凝土

一 般 规 定

3.4.3.1 本节适用于一般住宅工程的商品混凝土分项工程。

3.4.3.2 配制混凝土所用的水泥，宜采用普通硅酸盐水泥、硅酸盐水泥、矿渣硅酸盐水泥、火山灰水泥，水泥的性能需符合国家现行有关标准 GB 175 和 GB 1344 的规定。

设 计 要 点

3.4.3.3 预拌混凝土用粗细骨料应符合国家现行有关标准规定(JGJ 53、JGJ 52)。

3.4.3.4 商品混凝土用水宜采用饮用水，当采用其他水源时，需满足国标《混凝土拌合用水标准》JGJ 63 的规定。

3.4.3.5 外加剂的质量符合现行国家标准的要求，外加剂的品种和掺量必须根据混凝土的性能要求、施工及气候条件等因素进行试验确定。当使用含氯外加剂时，混凝土中氯含量应符合《混凝土质量控制标准》(GBJ 50164)的规定。

3.4.3.6 采用硅酸盐水泥或普通硅酸盐水泥拌制混凝土时，可掺用混合材料，混合材料质量应符合国家现行标准的规定，其掺量由试验确定。

材 料 要 求

3.4.3.7 用于现浇楼板的混凝土中的用水量不宜大于 180kg/m^3。

3.4.3.8 预拌混凝土中胶凝材料量不少于 300kg/m^3，根据气候条件采用矿渣水泥或普通硅酸盐水泥。

3.4.3.9 商品混凝土适量掺入粉煤灰及矿粉，粉煤灰掺量不宜超过水泥用量的 15%，矿粉掺量不宜超过水泥用量的 20%。

3.4.3.10 泵送混凝土配合比中要控制砂率为 38%左右。

3.4.3.11 主体结构泵送混凝土宜采用 5～25mm 碎石，坍落度控制在 12～18mm 之间，并根据楼层的高度、外界气温进行适时调整。

施 工 要 点

3.4.3.12 混凝土的运输：

1. 对于采用混凝土搅拌车运输混凝土，在运输过程中，搅拌车应始终不停地作慢速转动，搅动速度控制在2～5r/min。

2. 搅拌站应根据设计要求的坍落度和运距设计配合比，以确保在布料时满足坍落度要求，如发生坍落度超范围的，应作退料处理。

3. 混凝土搅拌车运输途中由于交通原因失水，搅拌站应要考虑余量。

4. 混凝土试块制作和测试混凝土坍落度应在整车混凝土的1/4和3/4之间，并在搅拌车中速旋转几周后取料。

5. 从搅拌站出料到工地现场布料的时间，在25℃以下时，不超过2h；在25℃以上时，不超过90min。

3.4.3.13 泵送混凝土配管设计：

1. 配管设计中考虑范围包括：混凝土的输送压力，收缩短管的长度，少用弯管和软管，以便于装拆维修，排除故障和清洗。水平输送管宜采用ϕ150mm泵管，垂直管应采用ϕ125mm以上泵管。

2. 垂直向上配管时，地面水平管长度一般不宜小于垂直管长度的1/4，且不短于10m，混凝土管Y形管出料口3～6m处应设置截止阀，以防止混凝土拌合物反流。

3. 混凝土输送管的固定不得直接支撑在钢筋模板上；水平管宜每隔一定距离用支架固定，以便于排除堵管、装拆和清洗管道；垂直管在每层楼板处进行固定。

4. 混凝土泵送前，应先开机用水和砂浆湿润整个管道，进行管壁润滑。其砂浆不得用于结构。

3.4.3.14 混凝土的浇筑

1. 混凝土振捣：

1）在临浇筑前应由振捣手对现场进行摸底，严禁在浇筑时乱撬钢筋，或在主筋外侧振捣。

2）正确掌握振捣时间，振捣完成的控制标准是：粗细骨料不再下沉，水泥浆已上泛表面，被振部位大至成水平状，拌合物的气泡不再冒出来。

3）振动棒插入要快、拔出要慢，下振动棒间距一般为500～600mm，插入混凝土中的深度一般为混凝土面层以下300～500mm，在钢筋较为稀疏的地方采用交错式振捣，在钢筋较为密集的地方采用行列式振捣。

2. 表面处理：混凝土浇筑的同时，采用水平仪及对角点拉线控制梁板板面标高，用2m长刮杆刮平；在混凝土浇筑至板面后，将表面浮浆与泌水剔除，用木抹子抹平；在初凝前采用铁磙滚压，混凝土终凝前采用木抹子及铁板再次抹平压光一次。

3. 混凝土养护

1）混凝土浇捣完毕后，在12h内加以湿草袋和塑料薄膜覆盖进行养护。浇水次数应能保持混凝土有足够的湿润，养护期不得少于7d。

2）混凝土强度不小于1.2MPa才允许上人，进行下道工序施工，施工荷载不能集中堆放。

3）严格控制拆承重模时间，应以混凝土同条件养护试块强度为拆模依据。

质量要求

3.4.3.15 混凝土送到浇筑地点后，如混凝土拌合物出现离析或分层现象，应对混凝土拌合物进行二次搅拌，同时检测其坍落度，所测数据应符合施工方案的要求，其允许偏差值应符合有关标准的规定。

3.4.3.16 墙柱混凝土浇捣前，先清除模板内的垃圾杂物，将模板浇水湿润，新旧混凝土接触面上要求先铺与混凝土相同水灰比的水泥砂浆接浆。

3.4.3.17 框架梁、柱结合部位钢筋十分稠密，应选用直径小的振动棒仔细振捣，其软轴的长度需大于6m。

3.4.3.18 剪力墙上门窗洞口处，两侧的混凝土应同时振捣，减少洞口位置偏移误差。不同强度混凝土的处理，按混凝土结构施工规范规定处理。

3.4.3.19 浇筑施工缝处混凝土时，必须待先浇制的混凝土强度达到1.2MPa后，并将已凝固的混凝土接缝处的的松散石子、浮浆清除，应先填30～50mm厚与混凝土成分相同的水泥砂浆，再继续浇筑混凝土。

3.4.3.20 混凝土结构验收应进行外观质量、结构实体验收，具体见表3.4.3.20。

混凝土现浇结构外观质量控制 **表3.4.3.20**

常见质量通病	主要原因分析	防治措施
露筋	1. 垫块少或漏放钢筋贴模板 2. 模板拼缝不严密漏浆 3. 振动棒碰钢筋产生移位	1. 垫块厚度、数量要符合规范要求，确保 h_0 不变。 2. 选石子粒径不超过钢筋净间距的3/4。 3. 绑扎钢筋牢固，不滑动偏位、且模板缝隙有嵌堵措施
蜂窝	1. 混凝土配合比不合理 2. 混凝土搅拌不均匀 3. 模板涂脱模剂不均匀 4. 混凝土自由高度超过规定	1. 试拌优良配合比 2. 原材料计量正确，拌合时间符合规范要求 3. 钢筋密实合理选择粗骨料且拆模不宜早脱模
孔洞	1. 混凝土浇筑不畅通 2. 洞口模板无排气孔 3. 严重漏浆	1. 控制好下料高度，保证混凝土不离析 2. 混凝土振捣方法正确，快插、慢拔，防止漏浆
夹渣	在缝隙或模板内夹有垃圾杂物，木屑、木块等	1. 在浇筑混凝土前或封模板前应检查清理、垃圾杂物 2. 在硬化混凝土上继续浇筑混凝土前应清除表面残浆、浮石、垃圾、杂物等
烂根	1. 模板根部缝隙不严、漏浆 2. 水灰比大，混凝土和易性差 3. 一次下料多，又振捣不实	1. 模板根部宜用海绵堵嵌，或其他措施封闭。 2. 控制一次下料厚度且要接浆。 3. 下料高度超过规定，应有措施，防止混凝土离析

现浇结构尺寸允许偏差和检验方法见《混凝土结构工程施工质量验收规范》(GB 50204—2002)表8.3.2-1。

3.4.3.21 混凝土结构实体检测项目：

见GB 50204—2002附录D结构实体检验用同条件养护试件强度检验。

3.4.4 现场自拌混凝土

一般规定

3.4.4.1 本节适用于混凝土现场自行搅拌，固定泵泵送浇筑。

3.4.4.2 机械配备：自动配料机、铲车(配合)、电子控制器(控制计量)、搅拌机(自动投料、出料)。

设计要点

3.4.4.3 混凝土应按国家现行标准《普通混凝土配合比设计规程》(JGJ 55)的有关规定，根据混凝土强度等级、耐久性和工作性等进行设计。

3.4.4.4 混凝土拌制前，应测定砂、石含水率并根据测试结果调整材料用量，提出施工配合比。

材料要求

3.4.4.5 对水泥的强度、安全性及其他必要的性能指标进行复试，其质量必须符合现行国家标准《硅酸盐水泥、普通硅酸盐水泥》(GB 175)等的规定。同时检查产品合格证、出厂检验报告和进场复验报告。

3.4.4.6 混凝土中掺用外加剂的质量及应用技术符合现行国家《混凝土外加剂》(GB 8076)、《混凝土外加剂应用技术规范》(GB 50119)等有关环境保护的规定。

3.4.4.7 混凝土中掺用矿物掺合料的质量符合现行国家标准《用于水泥和混凝土中的粉煤灰》(GB 1596)等的规定。矿物掺合料的掺量应通过试验确定。

3.4.4.8 普通混凝土所用的粗、细骨料的质量应符合国家现行标准《普通混凝土用碎石或卵石质量标准及检验方法》(JGJ 53)、《普通混凝土用砂质量标准及检验方法》(JGJ 52)的规定。

3.4.4.9 拌制混凝土宜采用饮用水；当采用其他水源时，水质应符合国家现行标准《混凝土拌合用水标准》(JGJ 63)规定。

施工要点

3.4.4.10 砂、石应堆放在C20混凝土硬地坪上，应分开堆放并有防雨措施。

3.4.4.11 砂、石用铲车分别装入自动配料机，混凝土配合比应由专业单位试配，由电子计量设备上料。袋装水泥用人工加料，散装水泥用电子控制装置自动上料，外加剂应精确计量。

3.4.4.12 混凝土拌合物上料顺序：

1. 石子→砂→水泥→粉煤灰→外加剂→水
2. 石子→水泥→砂

3.4.4.13 混凝土拌料的最短时间从全部材料装入搅拌筒中起，从开始到卸料，不少于120s。

3.4.4.14 混凝土搅拌后，卸入固定泵内送至浇筑位置。

质量要求

3.4.4.15 水泥进场后抽样复试，按同一生产厂家、同一品种、同一批号且连续进场的水泥，袋装不超过200t为一批，散装水泥不超过500t为一批，每批抽样不少于一次。当在使用中水泥质量有怀疑或水泥出厂超过3个月时，应进行复试并按复试结果使用。

3.4.4.16 电子计量设备上料，需调整好门斗关闭的提前量，以保证计量正确，且每天检查校正计量。

3.4.4.17 砂、石露天堆放遇下雨天应调整施工配合比、混凝土坍落度、和易性，每个台班不少于3次抽检。

3.4.4.18 计量器具必须有检定的有效期标志，计量器具灵活可靠，并设有专人定磅。

3.4.4.19 混凝土配合比通知单，换算为每盘实际使用配合比，并挂牌。

3.4.4.20 混凝土试件制作，每拌制100盘且不超过$100m^3$的同配合比的混凝土取样不得少于一次。每工作班不足100盘时，取样不得少于一次。当一次连续浇筑超过$1000m^3$时，同一配合比的混凝土每$200m^3$取样不得少于一次。每一楼层取样不得少于一次。每次取样应至少留置一组标养试件，同条件养护试件的留置组数应根据实际需要确定。

3.4.4.21 检查混凝土结构构件混凝土强度的试件，应在混凝土的浇筑地点随机抽取。

3.4.5 预应力多孔空心楼板安装

一般规定

3.4.5.1 本节适用于预应力空心楼板安装。

3.4.5.2 预应力多孔空心楼板安装前必须进行结构性能检验，合格后方能用于结构。

3.4.5.3 预应力多孔空心楼板应在明显部位标明生产单位、构件型号、生产日期和质量验收标志。

3.4.5.4 板端头用长度不短于80mm的C20预制混凝土块堵严。

3.4.5.5 预制构件不应有影响结构安全性能及使用功能的尺寸偏差。

3.4.5.6 堆放场地应平整夯实，上下垫木必须在同一位置且有排水措施。

设计要点

3.4.5.7 空心楼板安装时应有座浆（1∶2水泥砂浆）。

3.4.5.8　空心楼板安装时应按本节附图抗震节点构造设置钢筋，且在灌缝前应作隐蔽工程验收。

3.4.5.9　楼板灌缝砂浆或细石混凝土强度低于 $10N/mm^2$ 时，板面上不得上人进行施工。

材料要求

3.4.5.10 预应力多孔空心楼板，不得有裂纹、翘曲、预应力筋松动、锚固筋不得短于 60mm 且弯成 45°角。

施工要点

3.4.5.11　楼板安装流程：

楼板混凝土强度≥75％设计强度 → 清除楼板飞边 → 端头堵塞 → 弯锚固筋 → 梁或砖墙弹中线 → 测标高 → 梁或砖墙表面上浇水湿润 → 1：2 水泥砂浆逐块板座浆找平 → 安装楼板底缝宽不小于 20mm → 调正 → 锚固筋绑孔

3.4.5.12　楼板灌缝流程：

清理板缝 → 吊板或支模 → 浇水湿润 → 灌 20 厚 1：2.5 水泥砂浆 → 灌≥C20 细石混凝土 1/3 板高度安放 $\phi8$ 通长筋 → 灌混凝土 1/3 板高度时安放管线 → 灌细石混凝土 → 养护

3.4.5.13　施工工艺：

1. 楼板安装前应严格检查，楼板断裂、预应力筋松动，以及楼板强度未达到设计强度 75％的均不得安装使用。

2. 梁或砖砌体强度达到 75％可安放楼板。

3. 安装楼板前在支点处应弹出中线及楼板就位线。楼板搁置在梁上不短于 80mm，在砖墙上不短于 100mm。

4. 楼板安装前在搁置位置测水平标高，应浇水湿润。用 1：2 水泥砂浆座浆找平，找平砂浆应逐块铺垫，厚度 15～20mm。安装楼板面基本平整，搁置长度一致。

5. 板端头锚固筋弯 45°将两块的板锚固筋添加 $\phi6$ 通长连接筋，绑扎连接后，浇细石混凝土 C25 灌实。

6. 楼板底缝宽度不宜小于 20mm，板缝大于 40mm 时应按设计给予配筋。

7. 吊装楼板，起吊时要求各吊点均匀受力，下放时对准位置线，缓缓下降，稳定后再脱钩。

8. 调正楼板位置，使板搁置长度及板距符合设计要求。

质量要求

3.4.5.14　抗震地区板端连接构造见图 3.4.5.14。

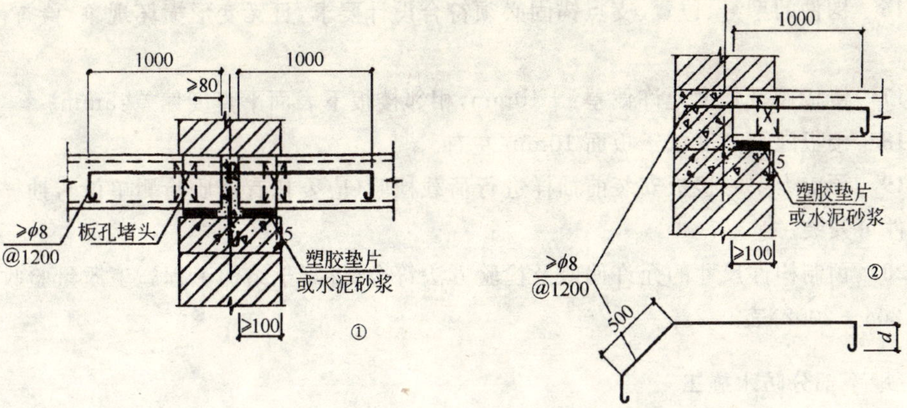

一般①、②节点适用于抗震设防烈度≤7度

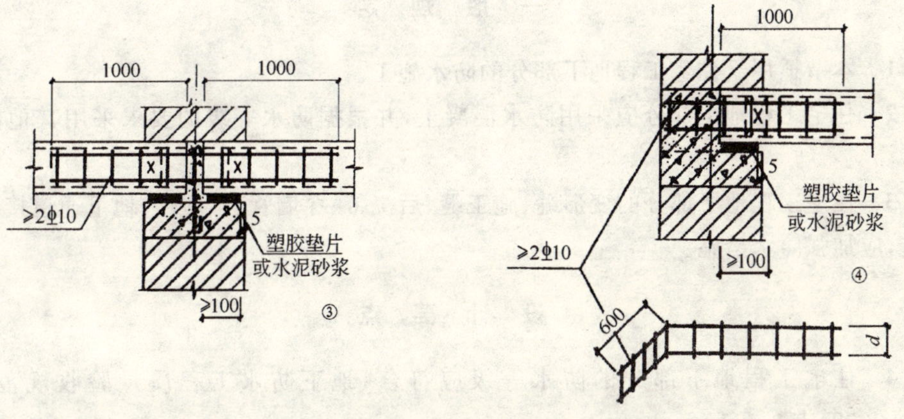

一般③、④节点适用于抗震设防烈度≤8度

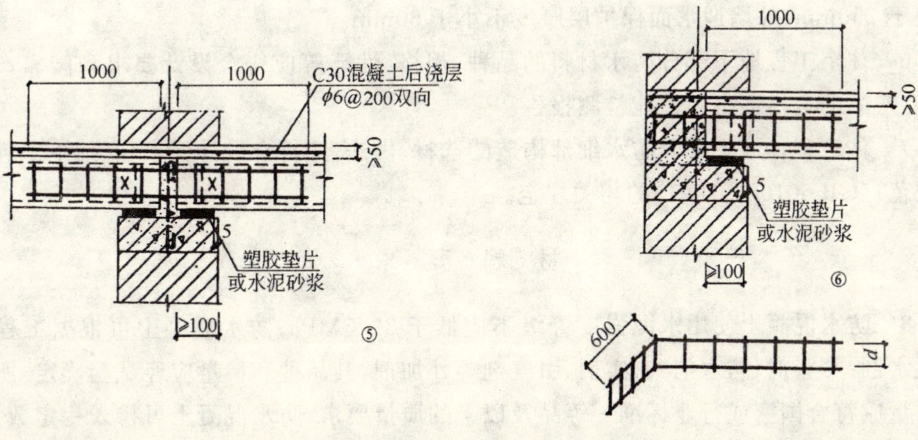

一般⑤、⑥节点适用于抗震设防烈度≤9度或高层建筑

图 3.4.5.14 抗震地区板端连接构造

3.4.5.15　标高、座浆、板堵孔、板缝宽度均符合设计要求及施工规范规定。

3.4.5.16　构件的型号、位置、支点锚固必须符合设计要求，且无变形损坏现象，检查吊装记录。

3.4.5.17　楼板搁置长度允许偏差：±10mm，相邻楼板下表面平直度偏差：5mm。

3.4.5.18　楼板灌缝高度低于板面10mm左右。

3.4.5.19　预应力空心楼板安装前抽样进行荷载检验（应委托有资质检测单位），抽样合格，该批构件可安装。

3.4.5.20　预制构件尺寸的允许偏差及检验方法符合《混凝土结构工程施工质量验收规范》（GB 50204—2002）表9.2.5。

3.4.6　地下部分防水施工

一　般　规　定

3.4.6.1　本节适用于住宅工程地下部分的防水施工。

3.4.6.2　住宅工程地下部分应采用防水混凝土，并根据防水等级的要求采用其他防水措施。

3.4.6.3　住宅工程地下部分的变形缝、施工缝、后浇带、穿墙管、预埋件、地下通道接头等细部构造，应加强防水措施。

设　计　要　点

3.4.6.4　住宅工程地下部分的防水等级应符合《地下防水工程质量验收规范》（GB 50208—2002）表3.0.1。

3.4.6.5　住宅工程地下部分的混凝土强度等级不宜小于C30，抗渗等级不小于P6，外墙厚度不小于250mm，外墙迎水面保护层厚度不小于50mm。

3.4.6.6　住宅工程地下部分防水材料的品种、规格、性能等应符合设计要求和国家产品标准，应有产品的合格证书和性能检测报告。

3.4.6.7　住宅工程地下部分防水细部构造的选材、做法，应符合设计要求和《地下工程防水技术规范》（GB 50108—2001）的相关规定。

材　料　要　求

3.4.6.8　防水混凝土使用水泥强度等级不应低于32.5MPa；防水混凝土可根据工程需要掺入减水剂、膨胀剂、防水剂、密实剂、引气剂等外加剂，其品种和掺量应经试验确定，所有外加剂质量应符合国家或行业标准一等品及以上的质量要求；防水混凝土可掺入一定数量的、二级以上粉煤灰、磨细矿渣粉、硅粉等，掺量符合国家现行规范及其有关技术标准。

3.4.6.9　防水涂料的主要技术性能指标、防水层厚度应符合《地下防水工程质量验收规范》（GB 50208—2002）表4.4.3。无机防水涂料应有较好的湿干粘结性、耐磨性和抗刺穿性，有机防水涂膜应有较好的延展性和适应基层变形的能力。

3.4.6.10 卷材应选用合成高分子防水卷材和高聚物改性沥青防水卷材，其主要物理性能符合《地下防水工程质量验收规范》(GB 50208—2002)表 A.0.1-1 和表 A.0.1-2 的要求。卷材与其胶粘剂应具有良好的耐水性、耐久性、耐刺穿性、耐腐蚀性和耐菌性。

3.4.6.11 住宅工程地下部分防水细部构造中，橡胶止水带的外观质量、尺寸偏差、物理性能应符合“HG 2288—92”；遇水膨胀橡胶条的性能指标应符合《地下工程防水技术规范》(GB 50108—2001)表 8.1.5-2 中的规定；嵌缝密封材料的最大拉伸强度不应低于 0.2MPa，最大伸长率应大于 300%。

施工要点

3.4.6.12 防水混凝土施工：

1. 预拌防水混凝土入泵坍落度宜控制在 120±20mm，入泵前坍落度损失不应大于 30mm/h，坍落度总损失值不应大于 60mm。

2. 防水混凝土拌合物在运输过程中出现离析，必须进行二次搅拌；坍落度损失值不能满足施工要求的，应加入同水灰比的水泥浆进行搅拌，严禁直接加水。

3. 防水混凝土必须采用高频机械振捣密实，振捣时间宜为 10～30s，以混凝土泛浆和不冒气泡为准，应避免漏振、欠振和超振。

3.4.6.13 防水层基层施工：

1. 防水层施工前，必须将地下水位降至基底 500mm 以下，并保持到整个防水工程施工完成。

2. 各种穿墙管线安装完，堵实，穿墙螺栓孔补平，阴阳角处应用 1∶2 水泥砂浆抹成圆弧，阴角 R 不小于 50mm，阳角 R 不小于 10mm。

3. 基层表面应保持干燥、干净、平整、牢固，空鼓、开裂及起砂等缺陷应修补处理，基层含水率不大于 10%。

4. 防水层施工，应在管根、阴阳角、变形缝等细部进行密封或加强处理。

3.4.6.14 防水层严禁在雨天、雪天施工，5 级风以上不得施工，冬期防水涂料和冷粘法卷材施工的环境温度应不低于 5℃，热熔法铺贴卷材环境温度不低于－10℃。

3.4.6.15 防水涂料施工：

1. 防水涂料的配制与施工，必须严格按涂料的技术要求进行。

2. 涂料防水层采用涂刷或喷涂，前一道涂层固化后进行下一道施工。涂刷方向相互垂直，涂层必须均匀，不得漏刷、漏涂，施工缝接缝宽度不小于 100mm。

3. 有机防水涂料宜施工在地下工程迎水面，无机防水涂料宜施工在背水面。

4. 防水涂料应先做细部构造加强层后进行大面积施工。

5. 有机防水涂料施工应及时做好保护层，做法符合《地下工程防水技术规范》(GB 50108—2001)4.4.15 规定。

3.4.6.16 防水卷材施工：铺贴高聚物改性沥青卷材应采用热熔法施工，铺贴合成高分子卷材采用冷粘法施工。

1. 铺贴卷材前，应在基面上涂刷与卷材及胶粘剂材性相容的基层处理剂，喷涂均匀，不露底。

2. 采用热熔法施工高聚物改性沥青卷材时，卷材底面不得过分热熔或烧穿卷材；采用冷粘法施工合成高分子卷材时，胶粘剂必须与卷材材性相容。

3. 铺贴时应展平压实，排除气泡和皱折，卷材与基面和各层卷材之间应粘结紧密。

4. 两幅卷材的长短边搭接均不小于100mm，采用双层卷材时，上下两层和相邻两幅卷材之间的接缝应错开1/3～1/2幅宽，且上下两层卷材不得垂直铺贴。

5. 卷材接缝处应用材性相容的密封材料封严，其宽度不小于10mm。

6. 卷材防水层外必须设置相应的保护层。

3.4.6.17 防水细部构造施工：

1. 地下室外墙水平施工缝应留在高出底板表面不小于300mm的墙面上，并采用中置式橡胶或钢板止水带，施工缝的防水构造参见《地下工程防水技术规范》(GB 50108—2001)图4.1.21。

1) 浇灌混凝土前，应清除表面浮浆和杂物，先铺净浆，再涂刷混凝土界面剂并及时浇灌混凝土。

2) 位置准确，固定牢靠，钢板止水带焊缝应满焊密实。

2. 变形缝施工：

1) 变形缝处混凝土结构的厚度不小于300mm。

2) 住宅工程变形缝防水构造形式符合《地下工程防水技术规范》(GB 50108—2001)5.1.6的规定。

3) 中置式止水带埋设位置应正确，其圆环中心与变形缝的中心线应重合。

4) 中置式止水带浇灌混凝土时，应严格防止漏振、欠振和超振，严防漏浆。

5) 宜在变形缝设置遇水膨胀橡胶条作为中置式止水带的防水补充形式。嵌缝材料嵌填应密实，与两侧粘结牢固。

3. 后浇带施工：后浇带应设在受力和变形较小部分，间距宜为30～60m，宽度宜为700～1000mm。

1) 后浇带防水构造参见《地下工程防水技术规范》(GB 50108—2001)5.2.2。

2) 住宅工程基础底板后浇带应有超前止水措施，后浇带部分垫层混凝土应加厚，并埋设外贴或中置式止水带。

3) 伸缩后浇带应在其两侧混凝土龄期达到42d后施工，高层沉降后浇带应在结构封顶14d后施工。

4) 后浇带接缝处理按施工缝处理措施，后浇带混凝土施工前应对外贴式止水带进行保护。

5) 后浇带应采用补偿收缩混凝土浇筑，其强度比两侧混凝土高一等级，养护不得少于28d。

4. 穿墙管：穿墙管道宜采用套管式防水法，套管加设止水环，其构造参见《地下工程防水技术规范》(GB 50108—2001)5.3.4。翼环与套管应满焊密实，并在施工前将套管表面清理干净，管与管的间距应不大于300mm。穿墙管相对集中时，应采用穿墙盒防水法，其构造参见《地下工程防水技术规范》(GB 50108—2001)5.3.6。

质 量 要 求

3.4.6.18 防水混凝土的强度等级和抗渗等级满足设计要求，其抗渗性能应采用标养条件下混凝土抗渗试件的试验结果评定。

3.4.6.19 防水混凝土的细部设置与构造均需符合设计要求。

3.4.6.20 涂料防水层的平均厚度应符合设计要求，最小厚度不得小于设计厚度的80%。

3.4.6.21 卷材厚度及设防层次均应符合设计要求，其搭接及密封应符合规范规定。

3.4.6.22 对基层处理及每道防水层施工均应进行隐蔽工程验收。

3.4.6.23 防水层的保护层应严格按设计要求和规范规定施工。

3.4.6.24 防水涂料固化后在涂膜上用1∶2.5水泥砂浆抹厚度不小于20mm的保护层。

3.4.6.25 防水细部构造的每道工序必须按要求进行三检和隐蔽工程验收。

1. 外墙水平施工缝处止水钢板焊接质量应满足止水要求。
2. 沉降变形缝、沉降后浇带应待主体结构完成后14d后施工。
3. 对隐蔽前的橡胶止水带、遇水膨胀止水条应采取有效的防紫外线照射措施。

3.4.6.26 住宅工程地下部分防水层施工应由相应资质的专业单位施工，施工人员持有效上岗证书。

3.4.7 地上部分防水施工

一 般 规 定

3.4.7.1 本节适用于住宅工程外墙、厨卫间防渗漏施工，防水等级应符合设计要求。

设 计 要 点

3.4.7.2 根据住宅使用功能的要求，进行外墙防水节点设计，并编制专门的施工方案。外墙、厨卫间防渗漏构造节点，应根据当地百年最大雨量及施工条件等因素来确定，应满足合理性和耐用性。外墙、厨卫间防水节点应遵循柔性密封，防排结合，主体结构防水和材料防水相结合。

3.4.7.3 防水涂膜厚度应符合设计要求，且不得少于两道设防。

3.4.7.4 基层保持干燥，含水率不大于9%，基面平整、牢固，不得有空鼓、开裂及起砂等缺陷。

材 料 要 求

3.4.7.5 住宅工程外墙防渗漏所有材料应有产品合格证书和性能检测报告，材料的品种、规格、性能等应符合国家产品的标准和设计要求。材料进场后，应按规定进行抽样见证检测，检测合格后方可使用。涂膜材料主要技术指标应符合《地下防水工程质量验收规范》(GB 50208—2002)表A.0.2-2。

施 工 要 点

3.4.7.6 外墙防水施工：

1. 干挂石材墙面应在挂件固定眼钻完后进行全墙面的涂膜施工，宜采用有机防水涂料。防水涂料的配制和施工工艺应严格遵循该种涂料的技术性能要求。

2. 外墙穿墙螺栓应按标准用 1：2 水泥砂浆进行内外两侧封堵，每侧封堵深度不小于 50mm，外墙穿墙管的防水节点做法参见本导则 3.4.6 地下防水工程施工。

3. 外墙门窗施工：

1）门窗副框与结构面左、右、上三侧用 1：2 水泥砂浆（掺入适量微膨胀剂）封堵严实，下侧用 C20 细石混凝土封堵严实，然后窗框内外侧分层粉刷。

2）窗侧边粉刷完，其面层含水率不大于 9%后，在副框外侧的窗侧边并向外翻边 80mm，涂刷两道水泥基渗透性防水涂料。

3）门窗主副框之间填嵌优质防水发泡剂，填实嵌平。

4）副框应设置在砂浆层中，主框外侧与结构面交接处，施工一道优质硅酮胶，待外墙内侧面层装修完成后，主框内侧的结构面之间也施工一道优质硅酮胶。

3.4.7.7　厨卫间防水

1. 施工工艺流程：

清理基层 → 配制底胶 → 涂刷底胶 → 涂刷附加层 → 涂刷第一层 → 涂刷第二层 → 检查、验收 → 蓄水试验 → 保护层

2. 施工前基层必须清理干净、平整，管线安装完，管道洞口、地漏用微膨胀混凝土分层捣实。

3. 突出地面的管线、地漏、排水口、阴阳角、卫生洁具根部（边沿）应抹成圆弧或钝角嵌缝，坡度符合设计要求。

4. 严格按照涂料的技术要求配制涂料，搅拌均匀。先在地面的地漏、管根、出水口、卫生洁具（边沿）阴阳角等部位，必须先行涂刷防水附加层，两侧各交界缝≥200mm。

5. 大面积涂刷，第一层固化后进行第二道涂刷，涂刷方向相互垂直。

6. 施工完毕后 24h 之内禁止踩踏、堆放东西。

质量要求

3.4.7.8　外墙防水质量要求

1. 防水层应由具备相应资质的专业单位施工，施工人员持有效上岗证书。

2. 防水层的每道工序施工均应严格执行三检制度和隐蔽验收制度。

3. 雨天应加强检查，外墙门窗安装完后，按规定做淋水试验。

4. 外墙防渗漏施工应有专门的施工方案和技术交底记录。

3.4.7.9　厨卫间防水质量要求

1. 防水层施工前，应将基层表面清理干净，若混凝土裂缝、麻面、空洞、露筋必须提前处理好。

2. 防水层高度要求，根据设计要求，无设计要求按地面向上高度（结构层）不低于 250mm，淋浴间结构层向上不低于 1800mm。

3. 防水层固化后进行蓄水试验，水位不低于 30mm，经 24h 不渗漏、无湿渍为合格，进

行隐蔽验收，监理确认。

4. 涂膜与基层粘结牢固、缝封严、无空鼓、起皮、不流淌等，管子边收头圆滑。

5. 涂膜层上做保护层或贴瓷砖、大理石、地砖等或装修施工，不得破坏防水层。

6. 厨房、卫生间防水工程质保期五年。

3.5 砌 体 工 程

3.5.1 空心砌块砌体工程

一 般 规 定

3.5.1.1 本节适用于普通混凝土小型空心砌块和轻骨料混凝土小型空心砌块（以下简称小砌块）工程的施工质量验收。

3.5.1.2 小砌块进场应有出厂质保书、生产准用证、强度检测和放射性检测报告、生产日期、企业代号及现场抽样复试报告。

设 计 要 点

3.5.1.3 施工时，所用的小砌块的产品龄期不应少于 28d。

3.5.1.4 小砌块砌筑采用主规格（390mm×190mm×190mm）以 200mm 为模数，采用配套砌块以 100mm 为模数。

3.5.1.5 强度等级和干密度应符合设计要求，外墙小砌块强度不应小于 MU7.5，内墙不应小于 MU5。砂浆强度与小砌块相匹配。砂浆的强度等级符合设计要求，宜采用商品砌筑砂浆。

材 料 要 求

3.5.1.6 小砌块主规格最小壁厚 30mm，最小肋厚 30mm；混凝土配套砌块最小壁厚 25mm，最小肋厚 30mm。

3.5.1.7 异型砌块宜定型加工，不宜现场切割组配。

3.5.1.8 水泥应采用有质保书生产的普通硅酸盐水泥或矿渣硅酸盐水泥，并按有关规定进行复试。安定性不合格水泥严禁使用。

3.5.1.9 砌筑砂浆的砂应采用中砂，洁净过筛，并符合《建筑用砂》GB/T 14684 标准。

3.5.1.10 芯柱混凝土粗骨料石子粒径为 5～15mm，构造柱石子粒径宜用 10～30mm 并符合“JGJ 53”有关规定。

3.5.1.11 石灰膏用块状生石灰熟化，其质量符合《建筑生石灰》(JC/T 497)的规定。

施 工 要 点

3.5.1.12 小砌块施工工艺流程：

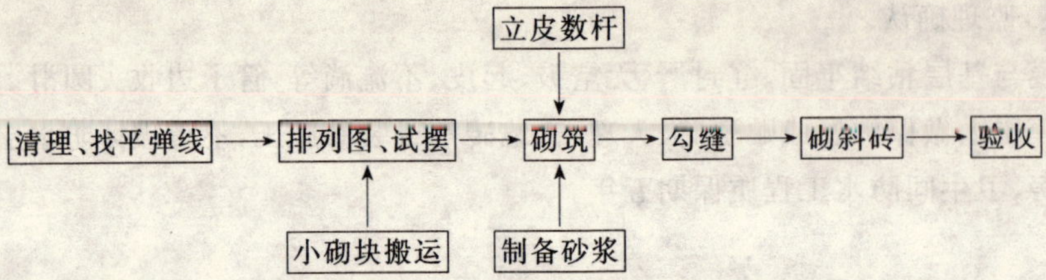

3.5.1.13 填充墙砌筑前按设计绘制平、立面排列图。排列图应注明小砌块规格尺寸、灰缝厚度、门窗洞口尺寸、过梁或圈梁的高度。按错缝搭接排列，以主、辅砌块配套。

3.5.1.14 按照排列图在填充墙位置地面和墙、柱上的砌墙线，从梁底或板底往下弹线，留出斜砖和一二皮实心砌块丁砖的位置。

3.5.1.15 除有防水的墙体浇筑混凝土导墙不低于 190mm 外，其他所有填充墙底部砌不少于三皮实心砌块，高度不低于 190mm。

3.5.1.16 龄期不足 28d 或雨淋潮湿的小砌块不得上墙砌筑。砌墙时，必须竖皮数杆、拉线，边砌边控制垂直度、平整度。

3.5.1.17 小砌块应底面朝上反砌。小砌块墙体内严禁混砌其他墙体材料。

3.5.1.18 小砌块砌筑时，上下皮孔肋应对齐，错缝搭接，竖缝相互错开 1/2 砌块。当无法对孔砌筑时，可错孔砌筑，但搭接长度不应小于 90mm，否则在水平灰缝内加设 ϕ4 钢筋网片或 2ϕ6 拉结筋，长度应不小于 500mm。

3.5.1.19 砌筑灰缝应横平竖直，全部灰缝均铺满砂浆。水平灰缝砂浆饱满度不得低于 90％，竖向灰缝砂浆饱满度不得低于 80％，并不得出现瞎缝、透明缝。

3.5.1.20 填充墙的长度大于 4m 或墙体转角处，应设置构造柱(4ϕ12，箍筋 ϕ6@200)，柱筋应上下与混凝土构件连接。构造柱边小砌块砌成马牙槎，宜一退一进，先退后进。砌筑时马牙槎上的砂浆边砌边清理。先砌墙后浇构造柱混凝土，小于 400mm 门、窗垛头宜采用现浇混凝土，混凝土强度和配筋应符合设计或构造要求。

3.5.1.21 墙拉结筋沿墙高每 400mm 设 2ϕ6，每边伸入墙身 1000mm(见图 3.5.1.21-1、2)。

注：刮号内得数值用于240墙

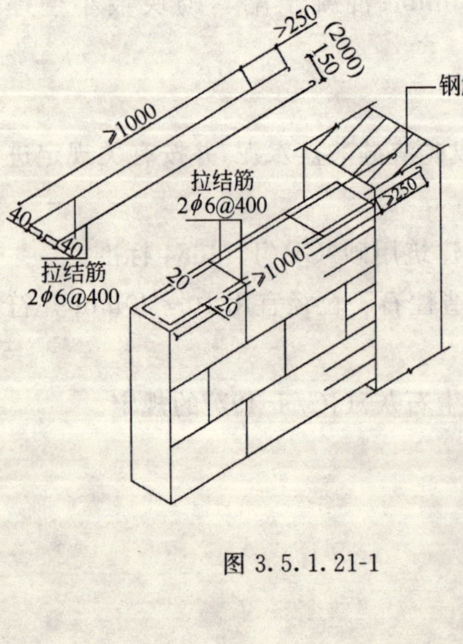

图 3.5.1.21-1

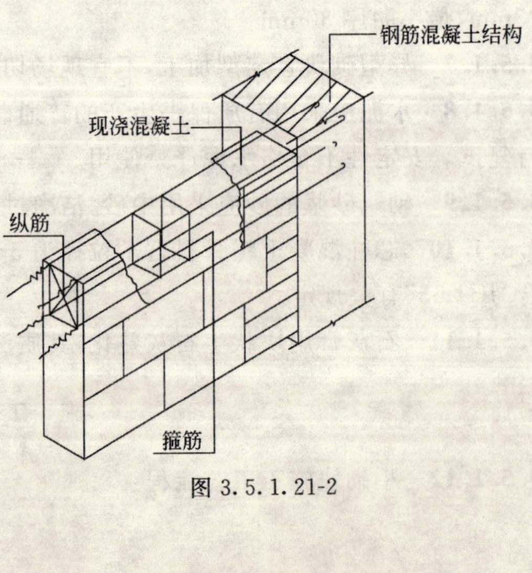

图 3.5.1.21-2

外墙面填充墙宜改为混凝土，内配构造筋，与剪力墙同时浇筑。

3.5.1.22 填充墙高度≥4m 时，在砌体中部设置圈梁配筋及混凝土强度应符合设计要求或构造要求（见图 3.5.1.22-1、2、3）。

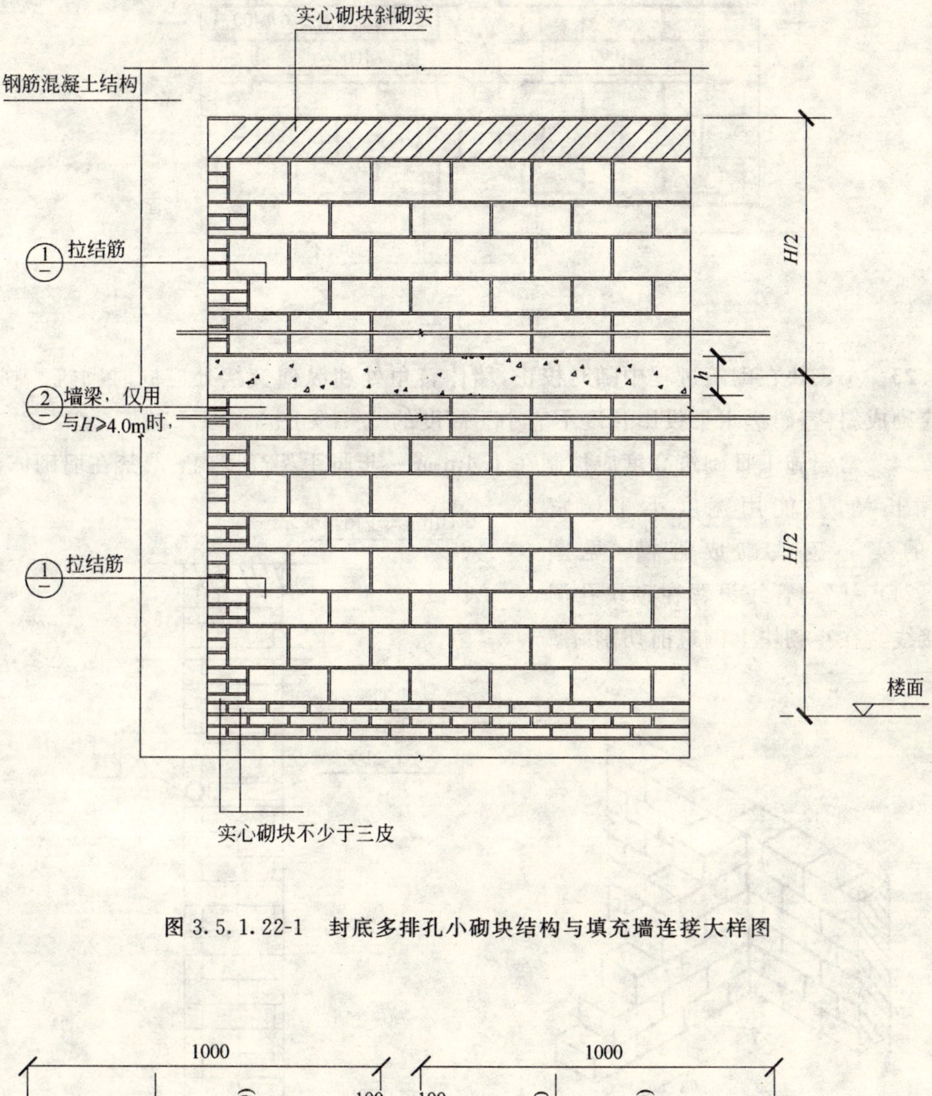

图 3.5.1.22-1 封底多排孔小砌块结构与填充墙连接大样图

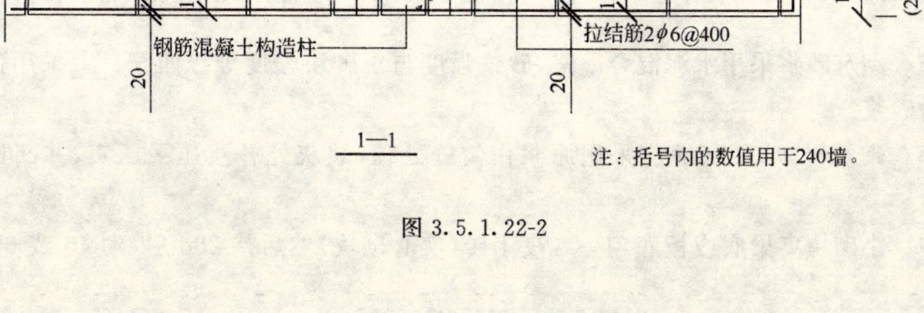

图 3.5.1.22-2

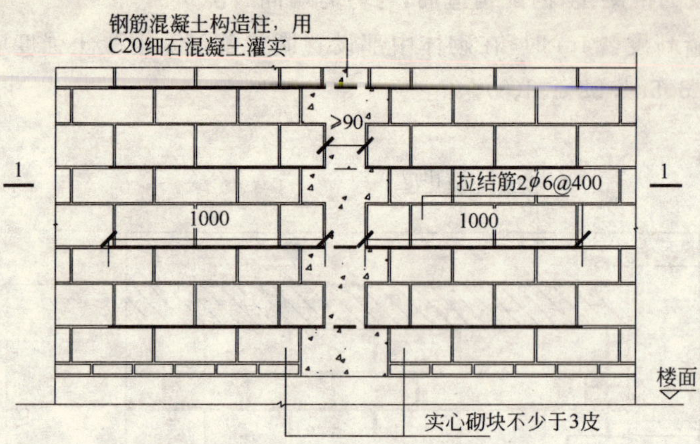

图 3.5.1.22-3

3.5.1.23　小砌块在砌筑过程中随时校正，墙体转角处和纵横交接处应同时砌筑。临时间断处应砌成斜槎，斜槎水平投影长度不应小于高度的 2/3(见图 3.5.1.23)。

3.5.1.24　常温施工日砌筑高度应控制在 1.4m 或一步脚手架高度内，严禁在墙砌体上沿水平凿长槽，只能用宽度小于墙宽 5mm 的实心砌块砌成管槽(见图 3.5.1.24)。竖向管线设置在砌块孔洞内。接线盒在小砌块上砌筑前切割好。

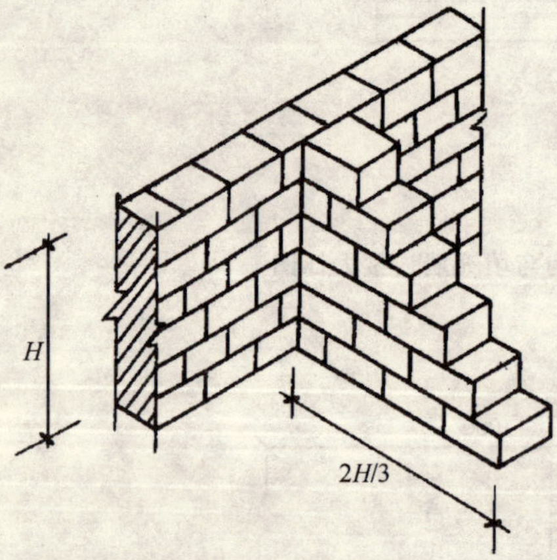

图 3.5.1.23　小砌块斜槎

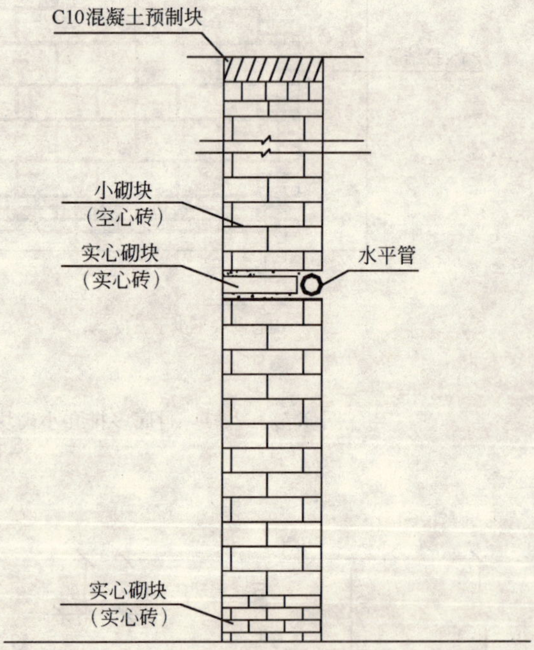

图 3.5.1.24　小砌块留槽、多孔砖留槽示意图

3.5.1.25　砌筑砂浆采用水泥混合砂浆，砂浆强度与小砌块强度等级匹配。宜采用预拌砂浆或干粉砂浆。

3.5.1.26　砌筑时，墙面灰缝应采用原浆作勾缝处理，缺灰处补浆压平压实，并凹进墙面 2mm。

3.5.1.27　小砌块离梁底或板底砌一二皮丁砖(实心砌块)然后待 28d 后，砌 45°或 60°斜砖并挤压密实。防潮层以下不宜采用空心砌块砌筑。

3.5.1.28 冬雨期施工：

冬期施工：

1. 不得用受冻小砌块砌筑和受冻的石灰膏、冻结砂。

2. 砌筑环境温度不应低于5℃。

3. 冬期施工选用普通硅酸盐水泥，强度等级不低于32.5级。

雨期施工：

1. 砌块堆放场地应有遮盖设施，被雨淋湿的砌块不得上墙砌筑。

2. 砌块表面略有潮湿，此时砂浆稠度应视实际情况适当减少，每日砌筑高度不宜超过1.2m。

3.5.1.29 小砌块砌筑砌体常见的主要通病防治措施见表3.5.1.29。

表3.5.1.29

常见质量通病	主要原因分析	防 治 措 施
抹灰面层裂缝	1. 砌块期龄不足28d 2. 潮湿砌块上墙砌筑 3. 砌墙砌完间隔时间短开始抹灰	1. 小砌块生产日期必须查明，出厂不足28d时在施工现场堆放延长其期龄，要严格认真 2. 生产厂家防雨措施不全被雨淋，运到现场必须堆放在防雨棚，待干燥后用于砌墙 3. 墙体砌完宜间隔28d后抹灰 4. 建筑物宜外墙外保温或外墙内保温，屋面保温等措施
剪力墙与填充墙结合处的垂直裂缝	1. 在结合处，钉钢丝网片不规范 2. 砌筑砂浆不饱满	1. 钢丝片每侧宽度为200mm，用装修保温钉固定，禁止用预埋木楔钉子固定 2. 墙与柱、剪力墙结合处先批界面剂，且砌筑砂浆必须饱满
砌块120墙、90墙距地面1.2～1.6m范围内水平裂缝	日砌筑高度未严格控制	1. 120mm、90mm墙日砌筑高度不超1.2m 2. 靠墙中间有二道拉结筋应通长连接设置

质 量 要 求

3.5.1.30 进场小砌块抽样复试合格后方可使用。先砌样板，经施工现场各方确认后向班组作实物交底。

3.5.1.31 填充墙砌体一般尺寸允许偏差见《砌体工程施工质量验收规范》(GB 50203—2002)表9.3.1。

3.5.1.32 小砌块砌体砌筑质量保证“对孔、错缝、反砌”。

3.5.1.33 外窗台处宜设置钢筋混凝土梁(4ϕ8 箍筋@200)。所有墙体、门窗口两侧各一孔与混凝土柱(墙)连接的第一孔，所有外墙填充墙体，顶层所有填充墙体，必须用C10轻骨料混凝土灌实。

3.5.1.34 构造筋、芯柱筋必须与主体结构连接，锚固长度不小于35d且符合设计要求。

3.5.1.35 墙拉结筋应顺直不得随意弯曲，端头设90°弯钩，保护层不小于10mm。

3.5.1.36 砂浆饱满度每楼层检查不少于3处，每次检测3块；水平灰缝饱满度不低于90%，竖向灰缝不低于80%，无透缝、瞎缝。门窗洞口后塞口和窗口位移全数检查。

3.5.1.37 砌墙240mm墙应反手拉线，370mm墙以上应双面拉线。

3.5.1.38 预制过梁底处，应砌不少于三皮实心小砌块。

3.5.1.39 水、电管线的敷设安装必须按小砌块排列图的要求与土建施工的进度密切配合，严禁事后凿槽打洞。

3.5.1.40 门、窗洞口固定连接件应预制C20混凝土块按设计位置埋入砌块内。

3.5.2 蒸压加气混凝土砌块砌体工程

一 般 规 定

3.5.2.1 本节适用于蒸压加气混凝土砌块施工、质量验收，执行标准"GB/T 11968—1997"。

3.5.2.2 蒸压加气混凝土砌块砌筑墙体时，应根据预先绘制的砌块排列图进行，并应设置皮数杆。宽、高度按施工要求选择。

3.5.2.3 蒸压加气混凝土砌块不得使用的部位：防潮层以下部位，经常受干湿交替或常受冻融循环的部位，受酸碱化学物质侵蚀的部位以及温度高于80℃的部位。

设 计 要 点

3.5.2.4 砌体施工前，必须依据施工图纸和砌块尺寸、垂直灰缝的厚度、水平灰缝的厚度等计算砌块皮数，画出排列图。

3.5.2.5 当无设计要求时，砌块排列应按下列原则：

1. 尽量采用主规格砌块排列。
2. 砌块应错缝搭接。
3. 纵横交接处，应交错搭接。
4. 必须镶砖时，砖应分散布置。

3.5.2.6 用混合砂浆砌筑时，垂直灰缝宽度不得大于20mm，水平灰缝厚度不得大于15mm。

材 料 要 求

3.5.2.7 加气块因强度较低，在运输和操作过程中严禁抛掷和倾倒，避免发生缺棱、掉角。

3.5.2.8 产品期龄应满足28d。

3.5.2.9 进场加气块持产品合格证、产品性能检测报告，现场抽样复试合格。加气块的体积密度符合设计要求。

施 工 要 点

3.5.2.10 加气块砌筑主要流程：

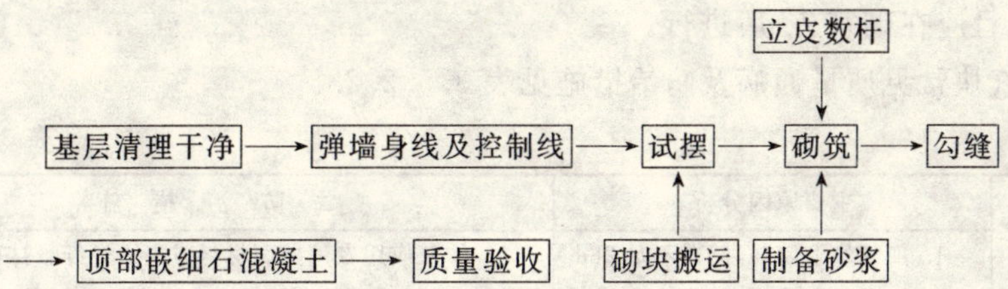

3.5.2.11 加气块施工时的含水率宜小于15%。灰缝应横平竖直，砂浆饱满。外墙转角及内外墙交接处应相互交叉搭接。

3.5.2.12 弹线、立皮数杆。墙拉结筋竖向间距为800～1000mm，拉结筋不少于2ϕ6，与块体皮数杆相符合。拉结筋长度不小于1000mm，保护层不小于10mm。山墙沿墙高1m左右的灰缝内另加通长钢筋。与外承重墙相交处，沿墙高800～1000mm左右该处用钢筋与外墙拉接，每边深入墙内≥700mm。

3.5.2.13 加气块墙底部现浇C20混凝土导墙，高度不宜小于200mm，宽度同墙身。

3.5.2.14 加气块砌筑搭砌长度不应小于砌块长度的1/3，并不少于150mm。如不满足时，应在水平灰缝中设置2ϕ6的钢筋或ϕ4网片，长度不小于500mm。墙面原浆勾缝成凹形，凹进2～3mm，缺灰处补浆压平压实。砂浆宜采用商品砌筑砂浆，水平灰缝饱满度≥80%；垂直缝饱满，不得有透缝、瞎缝。

3.5.2.15 门、窗边设置钢筋混凝土构造柱，且按规定设置预埋铁件。

3.5.2.16 加气块砌至梁、板底时，应留一定空隙，待填充墙砌完间隙至少14d后，用C20细石混凝土嵌实。

3.5.2.17 加气块在干燥季节内砌筑时，应在砌筑面适量浇水。

3.5.2.18 加气块砌筑墙体不应与其他块材混砌，但因构造需要的墙底部、顶部、局部门窗洞口处，可采用其他块材补砌。

3.5.2.19 构造柱和圈梁、过梁的设置同小砌块砌体。

3.5.2.20 切锯砌块应使用专用工具。

3.5.2.21 砌240mm墙应反手拉线，370mm以上墙应双面拉线砌筑。

质 量 要 求

3.5.2.22 质量标准依据《砌体工程施工质量验收规范》(GB 50203—2002)。填充墙砌体的一般尺寸允许偏差见表9.3.1。

3.5.2.23 加气块进场检查产品合格证书、产品性能测试报告，抽样复试合格后使用。

3.5.2.24 填充墙砌体的砂浆饱满度及检验方法，见《砌体工程施工质量验收规范》(GB 50203—2002)表9.3.3。

3.5.2.25 墙体拉结筋位置与皮数杆相符合，确保顺直。

3.5.2.26 加气块堆场有防雨措施、有排水措施。龄期不足28d及潮湿的加气块不得上墙砌筑。砌筑外墙时，不得留脚手眼。

3.5.2.27 加气块高度较大，竖缝砂浆不易饱满，砌筑时支临时夹板灌缝捣实。检查竖缝无透缝。管线槽找准位置，宜砌筑前切割。已砌好墙不得凿槽。当有变更需开槽，应用手提切割机切割管槽，且应在砌筑7d后进行。

3.5.2.28　加气块常见质量通病及防治措施见表3.5.2.28。

表3.5.2.28

常见质量通病	主要原因分析	防治措施
粉刷墙面出现裂缝	1. 加气块上墙前，龄期不足28d 2. 未用专用砂浆抹灰	1. 抹灰应用专用抹面材料或聚丙烯纤维抹面抗裂砂浆。 2. 加气块应龄期满足28d要求及潮湿加气块不上墙。
砂浆饱满度不稳定	1. 干燥季节施工，加气块的砌筑面未淋水 2. 一般砂浆砌筑	1. 视气温及干燥情况对加气块砌筑面适量淋水 2. 挑选砂浆性能良好的专用砂浆
易损坏棱角	因强度较低，搬运不注意	选择不低于B05的材料。运输、砌筑均要轻拿轻放

3.5.3　多孔砖砌体

一　般　规　定

3.5.3.1　本节适用于普通烧结多孔砖用于民用建筑砌墙工程。

3.5.3.2　多孔砖砌体结构用于多层住宅楼层的承重结构或高层建筑的填充墙。

3.5.3.3　多孔砖砌筑前应浇水湿润，不应使用干砖和含水率达到饱和状态的砖砌筑。

设　计　要　求

3.5.3.4　多孔砖不宜用于冻胀环境和条件的地区，防潮层以下的砌体，以及错层结构和水池、水箱等。

3.5.3.5　多孔砖外墙的室外勒角处应作水泥砂浆粉刷。

3.5.3.6　施工中应准确预留槽洞位置，不得在已砌墙体上凿槽打洞。

材　料　要　求

3.5.3.7　烧结多孔砖品种、规格尺寸、强度等级符合设计要求且有出厂合格证书和进场抽样复试报告，及主规格砖配合使用的砖如半砖、七分头等配套供应。

3.5.3.8　砌筑砂浆强度、稠度、分层度符合设计要求。

3.5.3.9　多孔砖在运输装卸中不得倾倒或抛掷。

施　工　要　点

3.5.3.10　施工工艺流程：

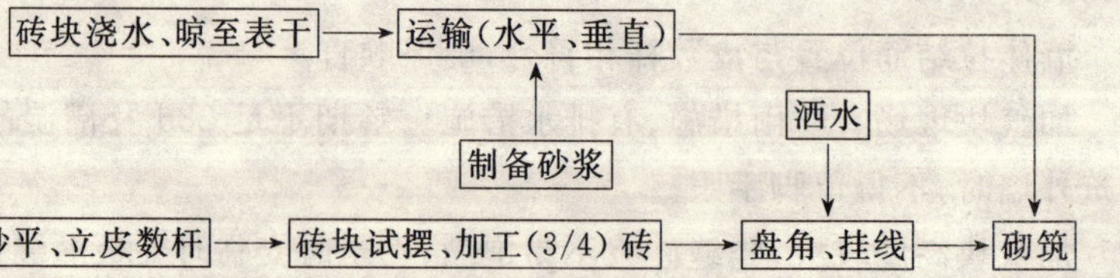

3.5.3.11　常温条件下，砖应提前1～2d浇水，砖的含水率宜控制在10%～15%。

3.5.3.12 砌筑前弹线(两面墙身线和控制线),然后试摆,不够整砖配辅砖。

3.5.3.13 多孔砖墙底部先砌不少于三皮实心砖。砌到梁底或板底留出空隙(一二皮实心砖和 45°～60°实心斜砖斜砌挤紧)。

3.5.3.14 组砌方法正确,上下错缝,砂浆饱满,内外搭砌、横平竖直,不得有通缝。砖柱不得采用包心砌法。砌筑宜采用一顺一丁或梅花丁砌筑形式。多孔砖的孔洞应垂直于受压面砌筑。

3.5.3.15 砌体宜采用"四一"砌筑法——一铲灰、一块砖、一挤揉、添一刀头缝灰。采用铺浆法砌筑时,必须挤压,灰浆铺长不得超过 500mm。

3.5.3.16 盘角:砌筑前应先盘角,每次盘角不超过五皮砖,盘角时仔细对照皮数杆的砖层、标高。控制好灰缝大小。皮数杆立在转角处、交接处,间隔不超过 15m。

3.5.3.17 砌一砖墙,反手挂线;一砖半以上,双面挂线。如长墙几个人均使用一根线时,中间应设几个支线点。砌砖墙要"上跟线、下跟棱,左右相邻对平"。

3.5.3.18 砌体的转角处和交接处应同时砌筑,必须留槎处应砌成斜槎,斜槎水平投影长度不应小于高度的 2/3(见图 3.5.3.18)。

3.5.3.19 临时间断处,不能留斜槎时,除转角处外,可留直槎,但直槎必须做成凸形,并加设拉结钢筋。间距沿墙高不应超过 500mm,伸入墙身内应不小于 500mm。对抗震 6 度、7 度的地区拉结筋伸入墙内不应小于 1000mm,末端应有 90°弯钩。

3.5.3.20 构造柱留马牙槎同小砌块墙体,并沿墙竖向间距 500mm 设置 2ϕ6 拉结筋。深入墙身不少于 1000mm(见图 3.5.3.20)。

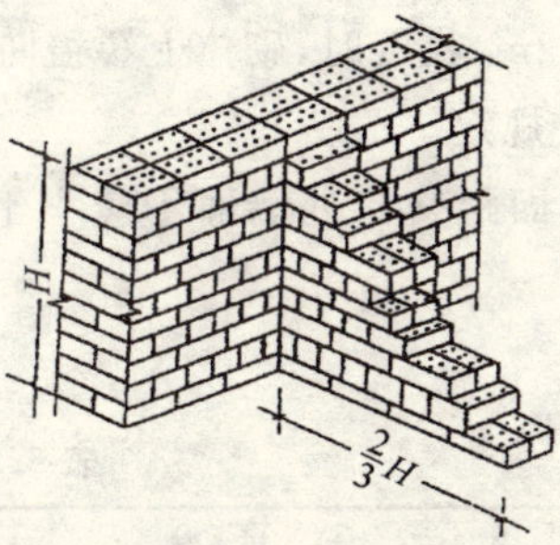

图 3.5.3.18 多孔砖斜槎形式

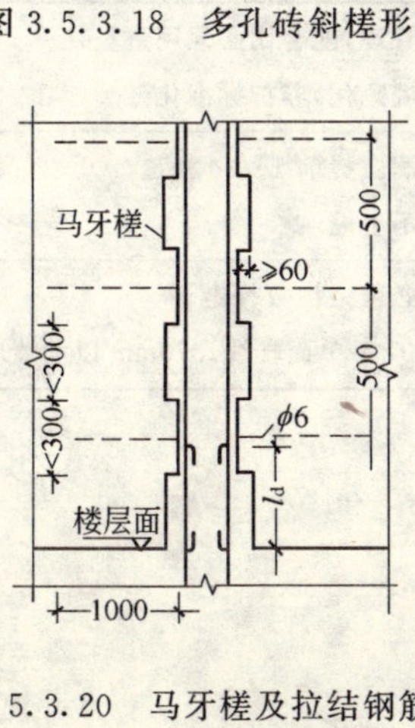

图 3.5.3.20 马牙槎及拉结钢筋布置

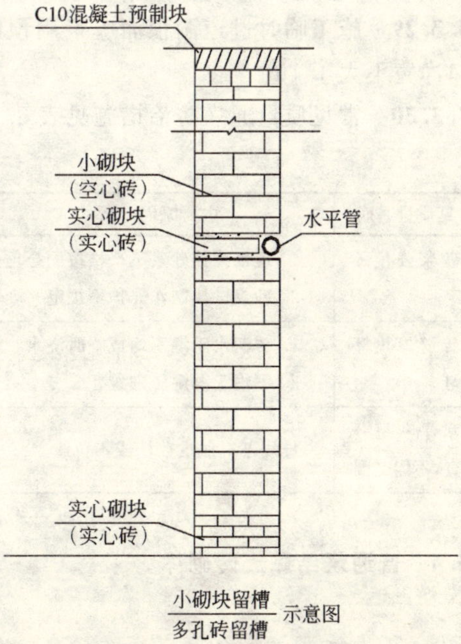

$\frac{\text{小砌块留槽}}{\text{多孔砖留槽}}$示意图

图 3.5.3.21

3.5.3.21 管槽留设应找准位置,在砌筑前切割,不得在已砌墙体上凿槽打洞,严禁砌体上凿水平槽、斜槽。当无法避免时,宜在管线位置上,用事先加工好的实心砖砌筑留槽或将管埋于局部现浇混凝土中(见图 3.5.3.21)。

3.5.3.22 门窗洞口的砌筑:

1. 门窗洞口砌筑一般有先立门框后砌筑和先砌筑后嵌樘子两种情况。常用后立门框。

2. 后立门框,门窗洞口一般比门框外包宽 25mm。木砖安放(套框做法不放木砖)根据门框高度,燕尾木砖经防腐处理后预埋,小头在外、大头在内。洞口高 1.2～2.0m,每边放 3 块,高 2～3m,每边放 4 块,在洞口上下四皮砖中间均匀分布。

质 量 要 求

3.5.3.23 砖砌体的位置及垂直度允许偏差应符合"GB 50203—2002"表 5.2.5 的规定。

3.5.3.24 砖砌体的灰缝应横平竖直,厚薄均匀。水平灰缝厚度宜为 10mm,但不应小于 8mm,也不应大于 12mm。砂浆饱满度不得小于 80%,竖向灰缝不得出现透缝、假缝。

3.5.3.25 砖砌体的一般尺寸允许偏差应符合"GB 50203—2002"表 5.3.3。

3.5.3.26 砌筑完一层时,应校核砌体的轴线和标高,偏差可在圈梁顶面上校正。

3.5.3.27 墙面勾缝应横平竖直、深浅一致、搭接平顺。外墙应采用加浆勾缝,宜采用细砂拌制的 1∶1.5 水泥砂浆,勾凹缝深宜 4～5mm。内墙可采用原浆勾缝,随砌随勾成凹形,深 2～3mm。

3.5.3.28 雨期施工:砖含水率不宜超过 15%后,现场砖堆场应有防雨措施。砂浆稠度经试验适当减少,增加砂含量。砌筑高度每日不宜超过 1.2m,收工时,砌体上覆盖防雨布。冬期施工:执行《建筑工程冬期施工规程》(JGJ 104)的有关规定。

3.5.3.29 施工临时过道洞顶面应采用预制过梁,其侧面距交接处墙面不应小于 500mm,洞口净宽不大于 1m。

3.5.3.30 常见质量通病防治措施见表 3.5.3.30。

表 3.5.3.30

常见质量通病	主要原因分析	防 治 措 施
砂浆强度不稳定	1. 现场搅拌砂浆不严格按配合比 2. 砂浆试块制作养护不规范	1. 强化质量管理,配合比必须用重量比 2. 制作试块规范化,养护标准化
砖缝厚度不均匀	1. 砖洇水干湿不均或临时浇水 2. 下雨天淋湿砖砌筑	1. 砖浇水湿润应提前 1～2d 浇透 2. 被淋雨砖不上墙
水平灰缝不顺直,不能交圈	挂线不对照皮数杆或不拉线	1. 砌筑灰缝必须跟皮数杆走。 2. 240mm 墙反手单面挂线,370mm 以上墙应双面挂线

3.5.4 普通烧结黏土砖砌体

一 般 规 定

3.5.4.1 本节适用于住宅工程烧结普通砖实心砖砌体。

3.5.4.2 砖砌体工程应在地基或基础工程验收合格后，方可施工。

3.5.4.3 砖基础施工前，应在建筑物的主要轴线部位设置标志板(龙门板)。标志板上应标明基础，墙身和轴线的位置及标高。

3.5.4.4 砌筑砖砌体时，在常温下，砖应提前1～2d浇水湿润，以水渗入砖内15mm左右为宜。

3.5.4.5 砂浆配合比由试验室确定，按重量比。

设 计 要 点

3.5.4.6 砌体所用材料的品种及强度等级、外观质量等级，必须符合设计要求。

3.5.4.7 240mm厚承重墙的每层墙的最上一皮砖、砖砌体的台阶水平面及挑出层，应整砖丁砌。

材 料 要 求

3.5.4.8 砌体工程所用的材料、半成品均应按国家现行规范质量标准及有关规定进行检验或验收。

3.5.4.9 砌体所用的砖品种及强度等级，必须根据设计要求选用。

3.5.4.10 水泥强度等级不低于32.5级。砂为中砂，石灰膏经充分熟化。能替代石灰膏新材料经复试合格后使用，宜采用商品砂浆砌筑。

施 工 要 点

3.5.4.11 施工工艺流程：

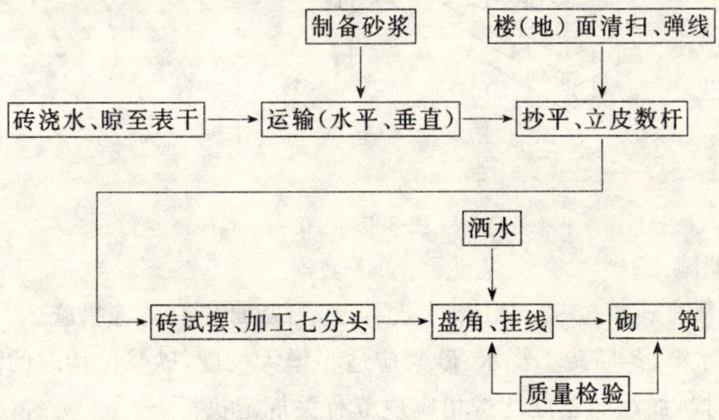

3.5.4.12 确定组砌方法：采用满丁满条，里外咬槎，上下层错缝，灰缝饱满。

3.5.4.13 基础大方脚的摞底尺寸及收退方法必须符合设计图纸规定。大方脚转角处，应按规定放七分头(3/4)，其数量为一砖半厚墙放3块，二砖墙放4块，以此类推。

3.5.4.14 砌筑前，在垫层表面应清扫干净，洒水湿润。先盘墙角，每次盘角不应超过五层砖，并随时吊线找正。

3.5.4.15 砌体施工时，应正确设置皮数杆。皮数杆上应标明砖皮数，灰缝厚度及竖向构造的变化部分。

3.5.4.16　砌墙应挂线，砌一砖厚及其以下的砖墙应单面反手挂线。砌一砖厚以上的砖墙应双面挂线。线长不大于15m，且中间应加支线点。

3.5.4.17　砌筑不同深度的基础时，应按先深后浅顺序砌筑。

3.5.4.18　砖墙砌筑前，必须清除基础面上的杂物后，校核轴线，弹墙身线和墙身控制线以及门窗洞口、附墙垛、构造柱等位置线。

3.5.4.19　砖墙的砌筑应在防潮层上或其他基层上，根据轴线进行排砖。两山墙排丁砖，前后檐纵墙排条砖。每层承重墙上的最上一皮砖，最下一皮砖及墙身挑出部位的砖层，均应丁砖砌筑。

3.5.4.20　砌墙首先从墙角开始，盘角挂线，对错缝用的七分砖要求规格整齐，竖缝一致。砖砌体的转角处和交接处应同时砌筑。对不能同时砌筑而必须留槎时应砌成斜槎，斜槎水平投影长度不应小于高度的2/3(见图3.5.4.20)。

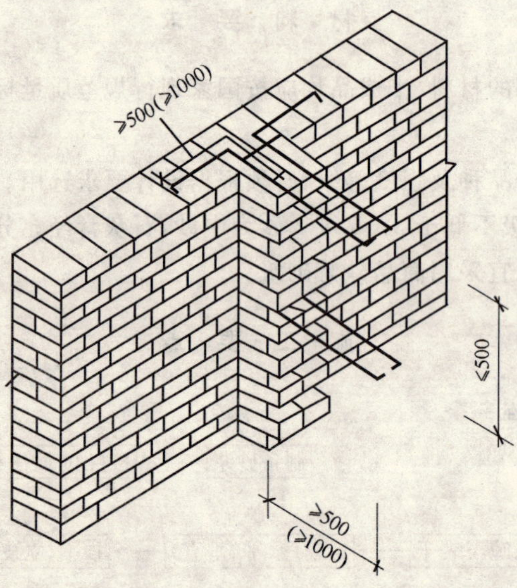

图3.5.4.20

3.5.4.21　冬雨期施工：

1. 水泥宜用普通硅酸盐32.5MPa水泥拌制，石灰膏应有防冻措施。

2. 砖应清除冰霜，冬期砖不浇水，砂浆应适当增大稠度，砂浆使用时的温度不低于5℃。砂浆掺抗冻剂或材料加热的温度均按相应规范有关规定执行。

3.5.4.22　雨期施工时应防止基槽浸水和雨水冲刷砂浆，砂浆稠度应适当减小。每天砌筑高度不宜超过1.2m，收工时，应有所砌砌体防雨淋措施。

3.5.4.23　木砖预埋时应小头在外，大头在内，且应防腐处理。洞口高度1.2m以内，每边设两块，高1.2～2m，每边设3块，高度2～3m，每边放4块，在洞口上下口四皮砖处放置木砖，中间均匀分布。

3.5.4.24　构造柱做法：在砌筑前，根据设计图纸将构造柱位置进行弹线，砌砖墙时与构造柱连接砌成马牙槎。先砌墙后浇混凝土，每个马牙槎沿高度尺寸不宜超过30cm。马牙槎应先退后进，拉结筋沿墙高 500mm 设置 2ϕ6 水平拉结筋，伸入墙内不应小于 1m，末端应有 90°弯钩。

3.5.4.25 冬期施工同多孔砖要求。

质量要求

3.5.4.26 砌筑砂浆宜采用商品砂浆或干粉砂浆。原材料应符合设计要求和验收规范规定。

3.5.4.27 砖砌体的灰缝应横平竖直，厚薄均匀。水平灰缝厚度宜 10mm，但不应小于 8mm，也不应大于 12mm。砂浆饱满度，水平灰缝不低 80%，竖向灰缝饱满无亮缝。

3.5.4.28 基础砌筑前，应检查垫层的平整度。对第一层灰缝大于 20mm 处，必须用 C10 细石混凝土找平。

3.5.4.29 砖砌体的允许偏差应符合《砌体工程施工质量验收规范》(GB 50203—2003)。

3.5.5 配筋砌体

一般规定

3.5.5.1 本节适用于配筋砌块砌体的施工工艺、质量验收。

设计要点

3.5.5.2 构造柱主筋保护层用砂浆垫块控制，不小于 15mm，主筋伸入基础和圈梁内。先砌墙后浇马牙槎混凝土。

3.5.5.3 配筋砌块砌体水平灰缝中的钢筋锚固长度不宜小于 50d，其水平或垂直弯折段长度不宜小于 20d 和 150mm，钢筋搭接长度不小于 55d。配筋砌块砌剪力墙，应采用专用的小砌块砌筑砂浆和专用的小砌块灌孔混凝土。

材料要求

3.5.5.4 钢筋的品种、规格和数量应符合设计要求。

3.5.5.5 构造柱、芯柱、组合砌体构件、配筋砌体、剪力墙构件的混凝土或砂浆的强度等级应符合设计要求。

施工要点

3.5.5.6 墙拉结筋固定牢固，长度符合设计要求，位置正确，施工中不得任意弯折，端头有 90°弯钩。

3.5.5.7 设置在潮湿或有化学侵蚀性介质的环境中的砌体灰缝内的钢筋应采用防腐涂料保护，无漏刷、无起皮脱落现象。

3.5.5.8 网状配筋砌体中，钢筋网及放置间距应符合设计规定。

3.5.5.9 小砌块砌筑 120mm 及 90mm 墙体，拉结筋靠近墙体中部宜通长设置。构造柱拉结筋从马牙槎边标起长度。当墙上门窗洞边长度不足1000mm时，则伸至洞边处。

3.5.5.10 构造柱及芯柱内的钢筋必须与圈梁基础或基础梁钢筋连接。在柱与圈梁相交处柱箍筋应加密。加密区范围在梁上下不应小于450mm或1/6层高。箍筋间距不宜大于100mm。接头采用绑扎时，搭接长度宜为35d，绑扎接头范围内箍筋间距不大于100mm。

3.5.5.11 对配筋混凝土小型空心砌块砌体、芯柱混凝土应在装配式楼盖处贯通，不得减少芯柱断面尺寸。

质 量 要 求

3.5.5.12 构造柱位置及垂直度的允许偏差应符合"GB 50203—2002"表8.2.4。

3.5.5.13 墙与构造柱连接处应砌成马牙槎，高度不宜超过300mm，且沿高每500mm设置2ϕ6水平拉结筋，每边伸入墙内不宜小于1000mm。

3.5.5.14 设置在砌块水平灰缝内的钢筋，应居中置于灰缝中，砌体外露面砂浆保护层的厚度不应小于15mm。

3.5.5.15 柱与墙连接的马牙槎内混凝土、砖墙灰缝的砂浆都必须密实饱满。水平灰缝砂浆饱满度不得低于80%。

3.5.5.16 构造柱浇灌混凝土前，必须将砌体留槎部位和模板浇水湿润，将模板内的杂物清理干净，并在结合面处注入适量与构造柱混凝土相同成份的去石子水泥砂浆。振捣时，应避免触碰墙体。

（本章主要起草人：陈岗、樊裕伟、张海军、黄超、滕楠丹、倪泳）

4 地面和楼面工程

4.1 基本规定

设计要点

4.1.0.1 室外地面和室内底层地面的基本构造层应为面层、垫层和地基;楼层地面的基本构造层宜为面层和楼板。当底层地面和楼层地面的基本构造层不能满足使用或构造要求时,可增设结合层、隔离层、填充层和找平层等其他构造层。

4.1.0.2 建筑物的底层地面标高,当无地下室时,应高出室外地面 300mm,当有使用的特殊要求或建筑物预期较大沉降量等其他原因时,可适当增加室内外高差。

4.1.0.3 变形缝不得设置在户内。

4.1.0.4 当地面的垫层内埋有管线时应进行标注和说明,以防二次装修施工时损坏。

4.1.0.5 底层地面的垫层宜选用混凝土垫层,否则应设置防潮层。

4.1.0.6 厕浴间的地面宜比其他房间地面低 20mm。地面与墙面连接处隔离层应翻边,其高度不宜小于 250mm。

4.1.0.7 地面的隔声性能应符合《民用建筑隔声设计规范》中住宅建筑的要求。

4.1.0.8 采暖房间的地面,当架空或悬挑部分直接对室外,应采取局部保温措施。

4.1.0.9 底层地面的混凝土垫层应设置缩缝,其间距宜小于 6m 并设在门洞口处。

4.1.0.10 水磨石、水泥砂浆等整体面层的分格缝应与垫层的缩缝对齐。木地板类、块材类面层当长度超过 2m 时,应在墙边设置伸缩缝,缝宽不小于 5mm。

4.1.0.11 厕浴间和厨房间的近水区域应设置地漏,地漏四周应适当增加隔离层材料。地漏不应设在门口或人行通道上。地面应设朝向地漏的排水坡面,坡度不应小于 1.0%。

4.1.0.12 穿楼板的管子根部与混凝土之间预留凹槽,深 10mm,宽 10mm。凹槽内嵌填密封膏。

4.1.0.13 厕浴间穿楼板的管根宜增设套管,一般套管长度高出面层顶 20mm,套管周边预留深 10mm、宽 10mm 的凹槽,凹槽内嵌填密封膏。套管内径应比立管外径大 2~5mm,空隙间嵌填密封膏。

4.1.0.14 楼板的设计应考虑对板面裂缝的控制。

施工要点

4.1.0.15 面层施工前,应按施工操作工艺先进行样板间的施工,并由业主代表和监理工程师对施工样板进行检查验收，得到确认后再展开大面积施工。

4.1.0.16　厕浴间的防水层和面层施工完成后应分别进行蓄水试验，蓄水高度最浅处应不少于20mm，蓄水时间每次不少于24h。以最终无渗漏时为合格，方可正式验收。

4.1.0.17　每一间屋子的面层只能用相同品种、相同强度的水泥。

4.1.0.18　当利用经分层压实的压实填土做地基时，应根据设计要求进行分层填土、压实和检测，填土质量应符合现行国家标准《地基与基础工程施工质量验收规范》(GB 50202)的有关规定，基土表面的允许偏差应符合施工质量验收规范的要求。

4.1.0.19　地面各层的施工环境温度应符合相应材料的工艺要求，当无要求时，应符合施工质量验收规范的规定。

4.2　基　　层

4.2.1　垫层

4.2.1.1　灰土垫层

一　般　规　定

1. 本节适用于地面、道路、台阶、散水、室外坡道及室内地坪的灰土垫层工程。

2. 灰土垫层是熟化石灰与土料的拌合物铺设而成。

3. 垫层下的基土应均匀密实，并不受地下水浸湿。施工前应对其下一层进行检查，将虚土和有机杂物清除干净，并对预埋管线、表面标高、尺寸进行隐蔽工程验收，合格后方可铺设。

设　计　要　点

4. 灰土垫层的厚度和材料配比应由设计人根据基土情况和地面受力要求而选定，厚度不应小于100mm。

5. 用于小区车行道、停车场的灰土垫层的压实系数应由设计人给定。

6. 当灰土垫层下遇有湿陷性黄土、膨胀土、软土流砂时，或地下水位较高冬季有可能受冻时，设计人应按具体情况确定相应措施予以处理。

材　料　要　求

7. 土料应选用黏土或粉土，土内不得含有有机杂物，使用前要过筛，使土颗粒粒径不大于15mm；灰料应选用充分熟化的石灰，使用前要过筛，使灰料颗粒粒径不大于5mm。

8. 土料和灰料按设计要求的体积比进行配制，拌合要均匀。

9. 灰土施工时，应适当控制含水量，如水分过多或不足时，应晾干或洒水润湿。

施　工　要　点

10. 施工工艺主要流程：

灰土混合拌匀 → 弹线、设标志 → 基坑(槽)验收清理 → 分层虚铺灰土 → 夯实 → 验收

11. 灰土垫层应分层铺设，虚铺厚度应根据夯压机具而定，一般不超过250mm；铺设中用木耙找平，用尺或标准杆检查。

12. 灰土垫层的夯压应夯夯相连、行行相连、纵横交叉、夯压遍数应根据设计要求的干土质量密度或现场试验确定。

13. 灰土垫层施工中留接槎时应符合规定：上下两层灰土的接槎距离不得小于500mm。接槎时应将槎子垂直切齐。

14. 灰土垫层最上一层施工完后，应拉线用尺检查标高和平整度，高的地方用铁锹铲平，低的地方补打灰土，直至符合施工质量验收规范的有关规定。

15. 灰土垫层施工完后，应及时进行下一道工序的施工，否则应临时遮盖，防止日晒雨淋，夯实后的灰土，3d内不得受水浸泡。

质 量 要 求

16. 灰土体积比和密实度应符合设计要求，密实度试验应按分层取样，每层都应有相应的检测报告。

17. 灰土垫层的质量应符合施工质量验收规范的要求。

4.2.1.2 砂垫层和砂石垫层

一 般 规 定

1. 本节适用于地面、道路、台阶、散水、室外坡道及室内地坪的垫层工程。

2. 垫层下的基地应均匀密实。施工前应将虚土和有机杂物清除干净，并对预埋管线、标高和尺寸进行隐蔽工程验收，合格后方可铺设。

设 计 要 点

3. 砂垫层或砂石垫层的厚度和材料级配应由设计人根据基土情况和地面受力要求而选定，一般砂垫层的厚度不应小于60mm，砂石垫层的厚度不应小于100mm。

4. 用于小区车行道、停车场时，砂垫层或砂石垫层的压实系数应由设计人给定。

5. 当垫层下遇有湿陷性黄土、膨胀土、软土流砂时，设计人应按具体情况确定相应措施予以处理。

材 料 要 求

6. 砂垫层应选用天然级配材料，砂石垫层中石子的最大粒径不得大于垫层厚度的2/3，并不宜大于50mm。砂、石材料应质地坚硬。

7. 砂石材料中不得含有草根、垃圾等有机杂物，砂石的含泥量不大于5%。

施 工 要 点

8. 施工工艺主要流程：

基坑(槽)验收清理 → 级配砂石拌匀 → 分层铺筑 → 洒水 → 夯实 → 找平验收

9. 砂石应分层铺设,虚铺厚度应根据夯压机具而定,一般以150～200mm为宜。分层铺筑时应按先深后浅的顺序进行,搭接接头上下层应错开500mm以上,接头处应充分压实。垫层铺设前应设置标高控制线,分层铺设时应用标准杆控制虚铺厚度和总厚度。

10. 铺筑施工中应保持砂石的最佳含水量。

11. 夯实时应一夯压半夯,边缘和转角处应用人工补夯密实。

12. 施工时应分层找平,夯压密实,下层密实度经检验合格后方可进行上层施工。

13. 最后一层夯压密实后,表面应拉线找平。

14. 垫层施工完后应采取保护措施以防被水浸泡或人为扰动,并应适当洒水润湿。

质 量 要 求

15. 砂石的材质和密实度应符合设计要求,并应有相应的检测报告。

16. 砂垫层和砂石垫层的质量应符合施工质量验收规范的要求。

4.2.1.3 炉渣垫层

一 般 规 定

1. 本节适用于室内楼面垫层工程。

2. 炉渣垫层是用炉渣或用水泥、石灰与炉渣的拌合料铺设而成。

3. 炉渣垫层施工前,应将下一层表面的杂物清除干净,对其标高、尺寸和预埋管线经隐蔽工程验收合格后方可进行施工。

设 计 要 点

4. 炉渣垫层的材料配比应根据设计要求并采用体积比,其厚度不应小于60mm。

5. 当炉渣垫层厚度大于120mm时应分层铺设,每层压后的厚度不应大于虚铺厚度的3/4。

材 料 要 求

6. 炉渣进场前要进行材料验收,炉渣内不应含有有机杂质和未燃尽的煤块。

7. 炉渣使用前应过两遍筛,第一遍过大筛,筛孔为40mm,以控制炉渣粒径不大于40mm;第二遍过小筛,筛孔为5mm,主要筛去细粉末,保证粒径5mm以下的颗粒不超过总体积的40%。

8. 筛好的炉渣在施工前应浇水闷透,水闷时间不得少于5d。

9. 水泥石灰炉渣垫层的石灰为熟化石灰,使用前应充分熟化过筛,控制熟化石灰颗粒粒径不大于5mm;水闷前,应用石灰浆或熟化石灰浇水与炉渣拌合均匀。

10. 水泥的强度等级不应小于32.5级,不同品种、不同厂家的水泥不得混用。

施 工 要 点

11. 施工工艺主要流程:

处理地基表面 → 材料混合均匀 → 虚铺 → 夯实 → 找平验收

12. 按事先弹好的+50cm水平线，根据设计垫层厚度用尺量出垫层的上表面标高，拉小线做好找平墩，一般找平墩的间距为2m左右；有泛水的房间按坡度找出最高点和最低点的标高，同样做成找平墩，用来控制垫层的表面标高。

13. 将闷透的炉渣按体积比与水泥、石灰干拌均匀后，再加水拌合，加水量要严格控制，以防铺设时表面出现泌水现象。

14. 铺炉渣垫层时，先在铺设基层面上洒水湿润，再撒1：0.5水泥浆，涂刷均匀成水泥浆结合层。装铺炉渣熟料时先按找平墩用铁锨粗略找平，再上大杠细找平，全部或分段铺好后滚压，直至滚压平整出浆，厚度符合设计要求；对墙根、边角、管根周围不宜滚压处，应用木拍板拍打平实。如垫层厚度较大时宜分层铺压或用平板振捣器振平振实。

15. 炉渣垫层一般不留施工缝。如房间大必须留置时，应用木方或木板挡好留槎处，保证直槎密实。接槎时应在接槎处刷水泥浆结合层，使先后炉渣垫层接合良好。

16. 炉渣垫层铺设完成后应注意养护，待其凝固后方可进行下一道工序。

质 量 要 求

17. 炉渣垫层的材质和配合比应符合设计要求，并应有相应的检测报告。

18. 炉渣垫层的质量应符合施工质量验收规范的要求。

4.2.1.4　混凝土垫层

一 般 规 定

1. 本节适用于地面、道路、台阶、散水、室外坡道及室内地坪的混凝土垫层工程。

2. 垫层下的地基应平整、密实、均匀，其标高、尺寸和预埋管线均应经隐蔽工程验收合格后方可进行垫层施工。

设 计 要 点

3. 混凝土垫层的强度等级由设计人给定，且不应低于C10；其最小厚度不应小于60mm。

4. 垫层的伸缩缝设置应符合设计要求，当设计无要求时应符合施工质量验收规范的有关规定。

材 料 要 求

5. 混凝土垫层中的砂应为中砂或粗砂，含泥量不大于5%，石子应为卵石或碎石，粒径5～32mm，含泥量不大于2%。水泥的强度等级不应小于32.5级，并应经进场复试且检验合格。

6. 混凝土的拌制应采用机械搅拌，严格控制搅拌程序，保证混凝土的质量。

施 工 要 点

7. 施工工艺主要流程：

基层清理 → 混凝土搅拌 → 混凝土浇筑 → 找平 → 养护

8. 垫层施工前应对其下一层表面进行清理，并应有防水和排水的措施。如果是干燥的非黏性土应用水润湿，表面不得留有积水。

9. 按基准标高拉好控制线，根据设计垫层厚度用尺量出垫层的上平标高，拉小线做好找平墩以控制垫层的表面标高。

10. 混凝土垫层应连续浇筑，并及时振捣。一般采用平板式振捣器，当垫层厚度超过200mm时，应采用插入式振捣器。

11. 混凝土振捣密实后，参照小线用标杆检查垫层的表面标高，然后用大杠刮平，表面再用木抹子搓平。

12. 已浇筑完的混凝土垫层，应及时覆盖和浇水，待强度达到1.5MPa后才可进行下一道工序施工。

质量要求

13. 混凝土垫层的材质和配合比应符合设计要求，并应有相应的检验报告。

14. 混凝土垫层的质量应符合施工质量验收规范的要求。

4.2.2　找平层

一般规定

4.2.2.1　当基层的平整度和强度不满足上一层做法的要求时应设置找平层。

4.2.2.2　在预制楼板上铺设找平层时，必须按《建筑地面工程施工质量验收规范》(GB 50209—2002)中的有关规定，做好板缝间的填嵌和板端间的防裂构造处理。

4.2.2.3　有防水要求的楼面工程，在铺设找平层前，应检查地漏标高，并对立管、套管等穿过楼板处的节点间，用水泥砂浆或细石混凝土将四周稳牢堵严，进行密封处理。对管根、墙根处应抹成圆弧形。

设计要点

4.2.2.4　找平层的材料及做法应由设计人明确，当有坡度要求时应注明坡向和坡度。

4.2.2.5　找平层的厚度：当采用水泥砂浆时不应小于15mm，当采用细石混凝土时不应小于30mm。

施工要求

4.2.2.6　施工工艺主要流程：

基层清理 → 找标高、弹线 → 材料拌制 → 找平层铺设 → 找平 → 养护

4.2.2.7　找平层施工前，其下一层应密实、平整，标高、坡度及基层质量经验收且合格。底层表面要求粗糙，并应预先湿润。

4.2.2.8　找平层施工前，应在四周墙上弹好＋50cm水平控制线，并根据建筑做法及设计要

求确定找平层顶面标高及坡度，并在墙上弹好顶面标高控制线。小房间在房间四周贴灰饼，大房间应冲筋，且间距不大于 2m。

4.2.2.9 在满足最小厚度的条件下，用拌好的水泥砂浆或细石混凝土铺设，用长刮平，用木抹子拍实、搓平，铺设前应先刷素水泥浆，并随刷随铺。

4.2.2.10 待表层反水后略撒砂子干面灰，待灰面吸水后用长刮杠刮平，随即用木抹子搓平，然后用铁抹子轻轻抹压面层。

4.2.2.11 终凝后及时洒水养护，待强度达到 1.5MPa 后方可上人进行下道工序的施工。

质量要求

4.2.2.12 找平层的材质及强度等级应符合设计要求，并应有相应的检验报告。

4.2.2.13 找平层表面密实度应满足下一道工序的施工要求。

4.2.2.14 找平层的坡向和坡度应满足设计要求。

4.2.2.15 找平层的质量应符合施工质量验收规范的有关规定。

4.2.3 隔离层

一般规定

4.2.3.1 有水经常浸湿的地段，应设置隔离层；隔离层应采用防水涂料类材料，并不得含有苯类稀释溶剂。

4.2.3.2 隔离层施工前应对其下一层进行检查验收，当确认满足施工工艺的要求时方可施工。

设计要点

4.2.3.3 隔离层的材料和厚度应由设计指明，坡向和坡度应在图中注明。

4.2.3.4 防水涂料厚度应符合《地下防水工程质量验收规范》(GB 50208—2002)的规定。

4.2.3.5 涂料防水层的平均厚度应符合设计要求，最小厚度不得小于设计厚度的 80%。

材料要求

4.2.3.6 隔离层的材料进场后应经过抽样复试且合格才准许使用。

4.2.3.7 隔离层的材料应符合室内环境的防污染要求。

4.2.3.8 用于厕浴间的防水隔离层应采用涂刷型防水材料。

施工要求

4.2.3.9 施工工艺主要流程：

清理基层 → 刷底胶 → 附加层涂刷 → 第一遍涂刷 → 第二遍涂刷 → 验收 → 做保护层

4.2.3.10 隔离层施工前应先将阴阳角抹成圆弧状，待基层含水率符合要求后均匀涂刷基层处理剂。

4.2.3.11　突出地面的管根、地漏、排水口、阴阳角应先做好附加层增补处理。

4.2.3.12　正式施工时，应按照各种材料做法的施工工艺要求进行。对突出地面的管根、阴阳角部位应向上涂刷，高度应高出面层200～300mm或按设计要求的高度铺涂。

4.2.3.13　隔离层施工完成后应加强成品保护，对突出地面的管根、地漏、排水口、卫生洁具等处的周边防水层不得碰损。

质量要求

4.2.3.14　隔离层的材料性能应符合有关标准的规定，产品应附有出厂合格证、产品检测报告，并经进场抽样复试且合格。

4.2.3.15　防水隔离层的厚度应符合设计要求，坡向和坡度正确，排水应通畅。

4.2.3.16　防水隔离层经24h的蓄水试验检查不漏水。

4.2.3.17　隔离层的质量应符合施工质量验收规范的有关规定。

4.2.4　填充层

一般规定

4.2.4.1　填充层应采用保温材料和吸声材料等铺设而成，以满足保温、隔热、隔声等功能要求。

4.2.4.2　填充层施工前应对基层进行检查、清理，对伸出板面的管道根部应采用细石混凝土填嵌牢固。

设计要点

4.2.4.3　填充层材料的密度和导热系数、强度等级或配合比均应由设计人给定，厚度和材料自重应符合设计要求。

材料要求

4.2.4.4　用于填充层材料的密度和导热性应符合设计要求，并应有质量证明文件。

4.2.4.5　用于填充层材料的抗压强度应满足施工的需要，否则生产厂家应注明施工中应采取的保护措施。

施工要点

4.2.4.6　施工前要按工艺要求进行技术交底并设置水平控制线，以保证最小厚度满足设计要求。

4.2.4.7　对埋于填充层的管线事先应固定，并经过隐检验收且合格。

4.2.4.8　施工中应严格按要求进行，材料的密度、含水量要严格控制。

4.2.4.9　采用松散材料铺设填充层时，应分层铺平拍实；采用板状材料铺设填充层时，应分层错缝铺贴。

4.2.4.10 施工后应避免踩压和雨淋，应及时验收并覆盖。

质 量 要 求

4.2.4.11 填充层材料的质量证明文件应齐全有效。

4.2.4.12 填充层的强度、厚度应符合设计要求。

4.2.4.13 板块状填充层应压实、无翘曲，板缝应填嵌密实。

4.2.4.14 填充层的质量应满足施工质量验收规范的要求。

4.3 整 体 面 层

4.3.1 水泥砂浆面层

一 般 规 定

4.3.1.1 本节适用于地面、道路、台阶、散水、室外坡道及室内地面的水泥砂浆面层工程。

4.3.1.2 施工前应对基层进行隐蔽前的检查验收，并做好记录。

4.3.1.3 面层施工前应做好防雨措施，防止面层水泥砂浆终凝前被水淋。

4.3.1.4 冬期施工时，环境温度应不低于5℃。

设 计 要 点

4.3.1.5 水泥砂浆面层的材料比例、厚度和强度等级应在图纸中明确。当面层有坡度要求时，设计人应注明坡度和坡向。

4.3.1.6 当面层下是非混凝土类的材料做法时，面层的最小厚度应不小于20mm，强度等级不应小于M15。

材 料 要 求

4.3.1.7 水泥采用硅酸盐水泥及普通硅酸盐水泥，其强度等级不应小于32.5级，砂应为中砂，含泥量不应大于3%。

4.3.1.8 水泥砂浆的配比宜为1∶2，施工时宜采用机械搅拌，要求拌合均匀，颜色一致。

施 工 要 点

4.3.1.9 施工工艺主要流程：

基层清理 → 接浆 → 砂浆拌和 → 砂浆铺设 → 压实抹平 → 抹光 → 养护

4.3.1.10 室外地面应找好标高；室内墙面四周弹好+50cm水平线，穿过楼板的立管应封堵严密，室内门框已安装就位并做好了防污染保护。

4.3.1.11 施工前，应弹好+50cm相对标高水平线，同时对各种立管和套管、孔洞的周边应用豆石混凝土封堵严密，室内门框和楼地面预埋件等应施工完毕，预留沟槽或地面找坡处应找好坡度和标高。

4.3.1.12　在施工前一天应将基层清理干净，将影响面层厚度的凸出部分剔除平整，以保证面层厚度不少于20mm，在基层表面洒水润湿并不得有积水。

4.3.1.13　涂刷素水泥结合层或界面剂，并保证在铺面层时结合层均匀、湿润。

4.3.1.14　冲筋贴灰饼：一般在地面四周做灰饼，大房间应相距1.5m～2m增加冲筋。

4.3.1.15　铺水泥砂浆压头遍：水泥砂浆，稠度应小于35mm，用木抹子赶铺拍实，用木杠按贴灰饼和冲筋标高刮平，用木抹子搓平，待反水后略撒1：1水泥砂子干面，吸水后用铁抹子溜平。

4.3.1.16　当水泥砂浆地面凝结至人踩上去有脚印但不下陷时，用铁抹子压光。

4.3.1.17　当水泥砂浆地面凝结至人踩上去稍有脚印但不下陷，抹子抹压不再有抹子纹时，用铁抹子把第二遍压光时留下的抹子纹压平、压光，达到交活的程度，压光应在终凝前完成。

4.3.1.18　抹踢脚板：有墙面抹灰层的踢脚板，底层砂浆和面层砂浆分两次抹成，无墙面抹灰层的只抹面层砂浆，踢脚板的厚度、高度应符合设计要求。

1. 踢脚板抹底层水泥砂浆前应清理基层、洒水湿润，并拉通线检查墙面平整度、套方、贴灰饼，抹1：3水泥砂浆，用刮板刮平，搓压平整，扫毛淋水养护。

2. 踢脚板抹面层砂浆：底层砂浆硬化后拉线贴粘靠尺板，抹1：2水泥砂浆、抹压平整，用角抹子溜直压光。

4.3.1.19　地面水泥砂浆终凝后24h开始洒水养护，并保持表面湿润，养护时间不少于7d，抗压强度达到1.5MPa以上方可上人行走。

质　量　要　求

4.3.1.20　水泥、砂的材质必须符合设计要求，并应有相应的检验报告。

4.3.1.21　水泥砂浆面层的强度必须符合设计要求，并应有相应的检验报告。

4.3.1.22　面层与下一层的结合必须牢固、无空鼓，面层表面无裂纹、脱皮、麻面和起砂现象。

4.3.1.23　踢脚板高度一致，出墙厚度均匀，与墙面结合牢固，局部如有空鼓，长度应不大于200mm，且在一个检查范围内不多于两处。

4.3.1.24　楼梯踏步的宽度和高度应符合设计要求。同一梯段相邻踏步高度差不应大于10mm，每踏步两端宽度差不应大于10mm，楼梯踏步的齿角应整齐，防滑条应顺直。

4.3.1.25　当地面有地漏和排水坡度的应符合设计要求。

4.3.1.26　水泥地面的质量应符合施工质量验收规范的要求。

4.3.2　水泥混凝土面层

一　般　规　定

4.3.2.1　本节适用于地面、道路、台阶、散水、室外坡道及室内地面中一般混凝土垫层兼面层和细石混凝土面层的施工。

设 计 要 点

4.3.2.2 水泥混凝土面层的厚度和强度等级应根据使用荷载情况由设计在图纸中明确。

4.3.2.3 当面层有坡度要求时，设计人应注明坡度和坡向。

材 料 要 求

4.3.2.4 一般混凝土垫层兼面层的强度等级应不小于C15，细石混凝土的强度应不小于C20。

4.3.2.5 石子粒径为5～15mm，且不大于面层厚度的2/3。含泥量不大于3%。

4.3.2.6 砂子为粗砂，含泥量不大于5%。

4.3.2.7 水泥宜用强度等级32.5级以上的硅酸盐水泥。冬期施工应用42.5级以上的水泥。

施 工 要 点

4.3.2.8 施工工艺主要流程：

基层表面清理 → 基层表面湿润 → 贴灰饼、冲筋 → 混凝土搅拌 → 混凝土浇筑 → 抹平压光 → 养护

4.3.2.9 浇灌混凝土前应将基层表面清理干净，不得有浮浆块和油污。经隐蔽工程检查合格并留有相关记录。

4.3.2.10 室外地面浇灌混凝土应提前对基层进行洒水湿润；室内地面浇灌混凝土的前一天对基层进行洒水湿润。

4.3.2.11 根据＋50cm水平基准线在房间四周做出灰饼，净宽超过3m的房间在中间应冲筋，冲筋间距不大于2m。灰饼和冲筋均应采用细石混凝土。

4.3.2.12 室内地面浇灌混凝土前，在基层表面涂刷素水泥浆或界面剂，并做到随刷随铺混凝土。

4.3.2.13 铺混凝土要用长刮杠刮平，振捣密实，表面塌陷处应用混凝土铺平，然后用木抹子拍实搓平并用长刮杠找平。再在混凝土面层上干撒1∶1水泥砂子面灰，待灰面吸水后用木抹子搓平。

4.3.2.14 经3次压光后，使其表面压实、压平、压光，不见抹纹，压光应在混凝土终凝前完成。

4.3.2.15 踢脚板施工同水泥砂浆面层的要求。

4.3.2.16 混凝土终凝后24h开始洒水养护，并保持表面湿润，养护时间不少于7d，抗压强度达到1.5MPa以上方可上人行走。

4.3.2.17 冬期施工应保证环境温度在0℃以上，使面层不致受冻；正常施工中应做好防雨保护措施，以防面层表面终凝前淋水。

质 量 要 求

4.3.2.18 水泥、砂、石的材质和水泥混凝土面层的强度必须符合设计要求，并应有相应的检验报告。

4.3.2.19　水泥砂浆面层的强度必须符合设计要求，并应有相应的检验报告。

4.3.2.20　面层与下一层的结合必须牢固、无空鼓，面层表面无裂纹、脱皮、麻面和起砂现象。

4.3.2.21　踢脚板高度一致，出墙厚度均匀，与墙面结合牢固，局部如有空鼓的长度不大于200mm，且在一个检查范围内不多于两处。

4.3.2.22　楼梯踏步的宽度和高度应符合设计要求。同一梯段相邻踏步高度差不应大于10mm，每踏步两端宽度差不应大于10mm，楼梯踏步的齿角应整齐，防滑条应顺直。

4.3.2.23　当地面有地漏和排水坡度的应符合设计要求。

4.3.2.24　水泥地面的质量应符合施工质量验收规范的要求。

4.3.3　水磨石面层

一　般　规　定

4.3.3.1　本节适用于高级现制水磨石楼地面工程。

4.3.3.2　水磨石面层施工前应对基层表面进行清理，对基层表面的平整度和标高进行检查，凸出部位进行处理，以保证水磨石面层的厚度不少于30mm。

4.3.3.3　水磨石面层施工应在基层验收合格后进行，并做好防雨淋的措施。墙面四周应弹好＋50cm水平线，安装好门框并加以防护，地面上应封堵的孔洞应提前封堵严密。

设　计　要　点

4.3.3.4　水磨石面层的颜色和图案应由设计人提出，并进行样板确认。

4.3.3.5　面层的分格不宜大于1000mm×1000mm，或按设计要求。

材　料　要　求

4.3.3.6　水磨石面层的水泥强度等级不应小于32.5级；石渣应选用坚硬可磨的白云石或大理石加工而成，粒径为6～15mm，使用前应过筛、水洗净晾干备用。

4.3.3.7　玻璃条采用平板普通玻璃而成，厚度不少于3mm，宽度为10mm；铜条厚1.5mm以上，宽度10mm。

4.3.3.8　颜料采用耐光耐碱矿物颜料，并不得使用酸性颜料。

施　工　要　点

4.3.3.9　施工工艺主要流程：

基层处理 → 浇水湿润 → 冲筋及踢脚线找规矩 → 镶分格条 → 接浆 → 拌制石渣灰 → 养护 → 磨光酸洗 → 打蜡

4.3.3.10　在地面抹底灰前一天将基层浇水润湿。

4.3.3.11　拌制1∶3干硬性水泥砂浆底子灰，要求配合比准确、拌合均匀。

4.3.3.12　地面结合层冲筋：根据墙上＋50cm的水平线，下反尺量至地面标高，留出面层厚度，沿墙边拉线做灰饼，并用干硬性水泥砂浆冲筋，冲筋间距一般为1～1.5m，有坡度要求的地面应按要求找坡。

4.3.3.13 踢脚板安装前应根据墙面抹灰厚度，在阴阳角处套方，拉线确定踢脚板厚度，按底层灰的厚度冲筋，间距1.5m。

4.3.3.14 地面结合层施工：先将基层水清扫干净，然后刷1∶0.5水泥素浆，并及时将拌制好的干硬性水泥砂浆铺摊平整、密实，利用灰饼和灰筋用木抹子搓平，用2m靠尺检查表面平整度直至符合规范要求。结合层铺设完后，于次日浇水养护，待强度达到1.5MPa后方可上人进行下一道工序的施工。

根据踢脚板的冲筋，先刷水泥素浆一道，随即将1∶3水泥砂浆底灰用铁抹子抹压上墙，当灰较厚时可分两次，直至与筋面平，用短板刮平，用木抹子搓成麻面并划毛。

4.3.3.15 镶分格条

1. 按设计要求进行分格弹线。

2. 采用玻璃分格条时应在排好分格尺寸后，先在镶条处抹一条50mm宽的彩色面层水泥砂浆带，然后带线将玻璃分格条镶压在水泥砂浆带中；采用铜分格条时，应先在两端下部1/3处打眼，穿入22＃铅丝，然后用铁抹子在分格条底口抹素水泥浆八字角，八字角高5mm，底宽10mm，分格条交叉处用座浆方法固定。用毛刷蘸水顺分格条轻刷一遍，然后拉5m通线检查分格条顺直，其偏差不得超过1mm。镶条后12h开始浇水养护，养护时间不少于2d，在此期间严加保护，不得损坏。

4.3.3.16 面层施工

1. 面层水泥石渣配合比应先通过样板选定。在大量拌制时应计量准确、拌合均匀，并预先准备好同色别的大粒石渣，筛洗晾干并按分格数每格一包备用。

2. 将基层养护水清扫干净，先用与面层颜色相同的水泥浆均匀涂刷在基层表面，随即将拌好的水泥石渣先分格条边，后分格中间铺抹，压实抹平，特别是边角处应抹压至出浆。水泥石渣应高出分格条1～2mm，然后用滚碾横竖碾压，出浆后用备好的大粒石渣按每格一包进行干撒，对分格条两侧及交叉点处应适当多撒，再用滚碾碾压，压至出浆为止。

3. 碾压完成2h后，用铁抹子将压出的浆抹平，于次日进行浇水养护，常温养护5～7d。冬期施工时应保证环境温度在5℃以上，养护时间也应适当增加。

4. 踢脚板处先将底层表面用水湿润，在阴阳角及上口用靠尺按水平线找好规矩，贴好靠尺板，涂刷与面层颜色相同的素水泥浆，随即将踢脚板水泥石渣浆上墙、抹平，压实，再用水将表面水泥轻轻刷去，露出石子。

5. 磨光：

1）水磨石面开磨应进行试磨，以不掉石渣为准。

2）第一遍磨光：用粒度60～80＃粗砂轮石机磨，应磨出分格条和石粒，随磨随用压力水冲洗，配棕刷从室内向室外赶着冲刷，清洗干净后，干撒一层同色水泥粉，并进行反复揉搓，以起到封堵砂眼的作用。次日继续浇水，养护2～3d。

3）第二遍磨光：用粒度120～180＃砂轮石机磨，磨完冲洗后擦同色水泥素浆，次日继续浇水养护2～3d。第三遍磨光：用粒度180～240＃细砂轮石机磨，边角处用人工磨，并用油石出光。普通水磨石面层磨光遍数不应少于三遍，高级水磨石应适当增加遍数及提高油石的细度。

4）踢脚板可用手工方法或立面磨石机操作，经三遍磨光后应石粒磨平，阴阳角倒圆、踢脚板上口平直光亮。

6. 清洗：经油石出光后，即撒草酸粉洒水，用油石进行擦洗，露出面层本色，用清水洗净，再采用洗衣粉溶液清洗，最后用清水冲刷后撒锯末扫干。

7. 打蜡：打蜡前先对水磨石表面进行认真清扫、擦净，然后晾干。用干净的布沾稀糊状的成蜡，均匀涂擦在磨石面上，用打蜡机二遍出光。

4.3.3.17　水磨石面层施工完成后应严禁重物砸、碾，如在其上进行施工时，应用纸板铺垫，以防污染和砸坏。

质　量　要　求

4.3.3.18　面层所用材质的品种，强度(配比)及颜色应符合设计要求。

4.3.3.19　面层与基层结合必须牢固，无空鼓、裂纹等缺陷。

4.3.3.20　踢脚板高度、出墙厚度符合设计要求，与墙面结合牢固。

4.3.3.21　同一梯段相邻踏步的宽度和高差不大于 10mm，防滑条顺直，棱角整齐。

4.3.3.22　水磨石面层的质量应符合施工质量验收规范的要求。

4.4　板　块　面　层

4.4.1　室外砖面层

一　般　规　定

4.4.1.1　室外砖面层的面层材料一般为预制混凝土砖、毛面花岗石板、广场砖、碎拼天然片石、嵌草水泥砖等。

4.4.1.2　室外砖面层的使用功能为小区内车行道或停车场时，应按道路工程的要求增加基层的承载能力，其中包括垫层的厚度和密实度。

4.4.1.3　面层铺贴前应对基层进行检查验收，基层的平整度和标高应符合要求。

4.4.1.4　面层施工时环境温度应在 0℃以上，并严禁雨天施工。

设　计　要　点

4.4.1.5　室外砖面层的强度、颜色、规格和铺设范围、标高控制由设计人提出明确要求，其中应考虑雨、雪天气防滑和防积水及小区绿化等因素。

4.4.1.6　室外砖面层下的垫层的厚度和密实度应由设计人根据使用荷载提出相应要求。

材　料　要　求

4.4.1.7　铺设砖面层的水泥强度等级不应小于 32.5 级，水泥砂浆用砂应采用中(粗)砂，嵌缝用中(细砂)。

4.4.1.8 水泥类预制块材应有出厂合格证和产品检验报告,强度等级:当用于小区内车行道或停车场时不应低于 C25,仅用于广场、通道等人行部位时不应低于 C15。吸水率均不宜大于 8%。

施 工 要 点

4.4.1.9 施工工艺主要流程:

基层清理定位 → 砂浆拌制 → 基层湿润 → 面层铺筑 → 灌缝养护 → 清扫

4.4.1.10 根据标高找水平,钉木桩拉边线及定位线。

4.4.1.11 基层处理:当基层为混凝土类应刷水灰比为 0.5 的水泥素浆,当基层为灰土等散料类应洒水湿润。

4.4.1.12 铺设找平层:用 1∶3 干硬性水泥砂浆,参照标高控制线铺设找平层,随铺随撒素水泥粉。

4.4.1.13 根据定位线铺地面砖,用橡皮锤敲击砖面使其与地面压实,随铺随清理面砖表面。

4.4.1.14 嵌填砖缝:预制混凝土块、毛面花岗岩石板等用 1∶1 干石灰粗砂拌匀后扫缝洒水封缝,广场砖、碎拼天然片石用 1∶2 水泥砂浆灌缝。

4.4.1.15 铺贴完毕养护 2d 后,上人清扫干净。

质 量 要 求

4.4.1.16 各种面层所用的板块品种、质量必须符合设计要求,并有材质合格证明文件及检测报告。

4.4.1.17 面层与下一层粘结牢固,无空鼓。

4.4.1.18 面层表面洁净,接缝平直,砖无裂纹等表面缺陷。

4.4.1.19 砖面层的质量应符合施工质量验收规范的规定。

4.4.2 室内砖面层

一 般 规 定

4.4.2.1 砖面层的面层材料一般为陶瓷锦砖、缸砖、陶瓷地砖和水泥花砖,本节仅适用于在水泥砂浆结合层上铺贴上述材料的做法。

4.4.2.2 面层铺贴前应对基层进行检查验收,基层的平整度和标高应符合要求,基层的抗压强度不应小于 1.5MPa。

4.4.2.3 对铺设的房间检查净空尺寸,套方正,画出排版图。

4.4.2.4 预制式现浇楼地面时,应严格掌握板面标高,地漏周围铺贴先试铺,先计算好块数进行加工,试铺合格后再正式粘铺。

设 计 要 点

4.4.2.5 室内砖面层的材料、颜色和图案应由设计人提出，并进行样板确认。

材 料 要 求

4.4.2.6 铺设砖面层的水泥强度等级不应小于32.5级，砂应采用中(粗)砂，嵌缝用中(细)砂。陶瓷锦砖和陶瓷地砖的吸水率不应大于4%，其他地砖的吸水率不宜大于8%。

施 工 要 点

4.4.2.7 施工工艺主要流程：

基层清理、弹线 → 刷素水泥浆 → 铺砂浆 → 铺贴 → 灌缝 → 养护 → 清洗

4.4.2.8 施工环境：

1. 墙面弹好+50cm水平控制线。

2. 顶棚刮腻子、墙面抹灰及墙裙施工已完成。

3. 穿地面的套管已就位，门框装完并做好了防护。

4. 砖面层与其他面层做法的交接方法已确定，铺设样板已经确认。

5. 基层表面应清扫干净。基层表面不宜光滑，否则应进行凿毛处理或涂刷界面剂。

6. 对砖的规格尺寸、外观质量、色泽等进行预选并分类。

4.4.2.9 将缸砖、陶瓷地砖和水泥花砖预先进行浸水湿润，晾干待用。

4.4.2.10 根据水平控制线下反做灰饼、冲筋，并留出面层的厚度。

4.4.2.11 刷水泥素浆结合层，水泥素浆的水灰比为0.5。

4.4.2.12 铺设找平层：用1∶3干硬性水泥砂浆，参照灰饼、灰筋的高度铺设找平层，用木抹子拍实并抹成毛面，并严格控制平整度。

4.4.2.13 拉上定位线，按照定位线铺贴面砖：用1∶1的水泥砂浆摊在瓷砖背面，再将砖铺贴在地面上，用橡皮锤敲击砖面使其与地面压实，高度与地面标高线吻合。随铺随擦去表面水泥浆。

4.4.2.14 镶贴踢脚板：

1. 踢脚板用砖一般采用与地面块材同品种、同规格、同颜色的材料，踢脚板的立缝应与地面砖缝对齐，铺设时先在房间墙面两端头阴角处各镶贴一块砖做基准，然后挂线铺贴踢脚砖。

2. 铺贴前砖应先浸水湿润后晾干，墙面刷水湿润。

3. 砖背面朝上抹粘结水泥砂浆(配合比1∶2)，使砂浆粘满整块砖为宜，及时粘贴在墙上，砖上棱找线并立即拍实，随之将挤出的砂浆刮掉，将砖表面及上口擦净。

4.4.2.15 整幅地面铺贴完毕养护2d后可上人进行水泥嵌缝。

4.4.2.16 铺贴完毕应养护7d后方准上人行走，并派专人看管以防砸压造成瓷砖损坏。

质 量 要 求

4.4.2.17 各种面层所用的板块品种、质量必须符合设计要求，并有材质合格证明文件及检测报告。

4.4.2.18 面层与下一层粘结牢固，无空鼓。

4.4.2.19 面层表面洁净，接缝平直，砖无裂纹等表面缺陷。

4.4.2.20 砖面层的质量应符合施工质量验收规范的规定。

4.4.3 大理石面层和花岗石面层

一 般 规 定

4.4.3.1 本节适用于住宅工程室内大理石面层和花岗石面层的铺设。

4.4.3.2 施工前应将垫层表面清理干净，对垫层的质量进行检查，强度、平整度和预留高度应满足铺设要求。

设 计 要 点

4.4.3.3 面层的厚度由设计人给定，面层的结合层宜采用干硬性水泥砂浆，厚度为10～15mm。

4.4.3.4 大理石、花岗石铺贴前应先放出大样图(排版)，并做样板，经设计人确认后按样板施工。

材 料 要 求

4.4.3.5 大理石板和花岗石板的规格、品种、颜色、花样应符合设计要求，材料的硬度和室内放射性需经有资质的检测部门检测认可。

4.4.3.6 水泥应采用强度等级为32.5级以上的普通硅酸盐水泥或矿渣硅酸盐水泥。

4.4.3.7 砂采用中砂或粗砂，含泥量不应大于3%。

施 工 要 点

4.4.3.8 施工工艺主要流程：

列出排版图→基层处理→弹线→试铺→铺砂浆结合层→板材铺贴→嵌浆擦缝→清洗打蜡

4.4.3.9 作业条件：

1. 板材进场应经检验合格，按不同色差分类并侧立堆放，板下应加垫方木。

2. 室内抹灰、地面垫层、水电设备管线等均应施工完成。

3. 房内四周墙上已弹好+50cm水平控制线，地面弹好十字线。

4. 铺设方案已确定，板材据此进行试铺，经验收确认后将板材编号，分类并就近码放，并在板材背面及侧面均匀涂刷隔离剂。

4.4.3.10 依据墙面+50cm水平控制线，找出面层标高并抬高3mm在墙上弹好水平线，处理好房间与楼道不同面层做法的标高与接缝。

4.4.3.11 刷水泥浆结合层：在铺设施工前，再次将基层清扫干净，用喷壶洒水湿润，刷水灰比为 0.5 的素水泥浆一道。

4.4.3.12 铺砂浆结合层：根据水平线定出地面找平层厚度，从房间四周取中拉十字控制线，随刷水泥浆随铺 1∶3 干硬性水泥砂浆找平层，铺设顺序是由里向门口，由墙根向中间，铺好后用大杠刮平，再用抹子拍实找平。

4.4.3.13 铺大理石或花岗石板块：

1. 先将板块预先浸湿晾干后备用。

2. 按照先里后外沿控制线铺设的原则，按照试拼编号铺砌第一块板，对好纵横缝，用橡皮锤敲击木垫板，振实砂浆至铺设高度后，将板块掀起移至一旁，检查砂浆上表面与板块之间是否相吻合，如发现有空虚之处，应用砂浆填补。

3. 正式铺砌前在水泥砂浆找平层上满浇一层水灰比为 0.5 的素水泥浆，将板块平放，四角同时下落，用橡皮锤轻击木垫板，根据水平线用水平尺找平，铺完第一块向两侧和后退方向顺序镶铺，随铺随用布擦净板块表面使无残灰。板块间应接缝平直，不留缝隙。

4. 踢脚板粘贴：根据踢脚板出墙厚度的要求将墙面两端头阴角处各固定一块，其上棱高度在同一水平线上，出墙厚度一致。然后沿两块踢脚板上棱拉通线，逐块依顺序摆放并用石膏稳牢，然后用 1∶2 稀水泥砂浆灌在踢脚板与墙面间的缝内，随灌随将溢出的砂浆擦净。待灌入的水泥砂浆终凝后，用与踢脚板相同颜色的稀水泥浆擦缝。

5. 面层铺砌完成 2d 后进行灌浆擦缝。选择与面材相同颜色的矿物颜料与水泥拌合均匀调成 1∶1 稀水泥浆，用浆壶徐徐灌入板缝，可分数次进行直至灌满，1h 后用布蘸原稀水泥浆擦缝，与板面擦平，同时将板面上水泥浆擦净。然后面层加覆盖保护。

4.4.3.14 当各工序完工不再上人时方可打蜡，方法参见水磨石面层，达到光滑洁净。

质 量 要 求

4.4.3.15 石材面层所用板块的品种、质量应符合设计要求。

4.4.3.16 面层与下一层应粘结牢固，无空鼓。

4.4.3.17 面层表面洁净，接缝严密平直，色泽一致，块料无裂缝、缺棱、掉角等缺陷。

4.4.3.18 石材面层的质量应符合施工质量验收规范的规定。

4.4.4 预制板块面层

一 般 规 定

4.4.4.1 本节所称预制板块仅限于室内预制水磨石板块面层。预制板块面层分水泥砂浆结合层和预制板块面层。

4.4.4.2 施工前应对基层进行检查验收，基层强度应不小于 1.5MPa，基层表面标高、平整度和质量应符合规范要求。

设 计 要 求

4.4.4.3 预制板块面层的材料、颜色、图案应由设计人提出，并进行样板确认。

材 料 要 求

4.4.4.4 水泥应采用强度等级 32.5 级以上的普通硅酸盐水泥或矿渣硅酸盐水泥。

4.4.4.5 砂应用中砂或粗砂,含泥量不大于 3%。

4.4.4.6 预制水磨石块应进行进场检验,强度要满足设计要求,凡有裂缝、掉角和表面有缺陷的板块应剔出,验收后要分规格、颜色立着码放在垫木上。

施 工 要 点

4.4.4.7 施工工艺主要流程:

基层清理、弹线 → 贴灰饼、冲筋 → 刷素水泥浆 → 铺砂浆 → 块材铺贴 → 灌缝 → 养护 → 清洗

4.4.4.8 作业条件:

1. 墙上四周弹好+50cm 水平线。
2. 室内墙、顶抹灰已做完。
3. 穿过楼地面的管洞已封堵密实,门框已安装就位并做好了保护。
4. 预制水磨石板块经挑选合格后,预先用水浸湿阴干,并在铺装点附近码放好。

4.4.4.9 定基准线:根据+50cm 水平线找出板面标高,根据板块厚度找板下标高弹出水平线,然后从房间四周取中拉十字线,按照图纸要求分段、分块布置,根据实际绘制施工大样图。

4.4.4.10 拌制 1∶3 干硬性水泥砂浆和水灰比为 0.5 的素水泥浆。

4.4.4.11 将基层表面清扫干净后洒水湿润,刷素水泥浆结合层,随刷随铺水泥砂浆。

4.4.4.12 先在已确定的十字线交叉处最中间的一块作为标准块试铺。铺设时水泥砂浆找水平线,用杠尺刮平再用铁抹子拍实抹平,然后铺放磨石板,用橡皮锤敲击板中间,振实砂浆至铺设高度后,将试铺合适的预制水磨石板掀起移于一旁,检查砂浆上表面是否与磨石板相吻合,如有虚铺处应垫齐并满浇一层素水泥浆结合层,再铺预制水磨石板,铺时要四角同时落下,用橡皮锤轻敲,用水平尺或直尺找平找正。

4.4.4.13 标准块铺好后,应向两侧和后退方向顺序逐块铺砌,按设计要求留置板缝,并拉通线对缝子的平直度进行控制,保证安装好的预制磨石板整齐平稳,横竖缝对齐。

4.4.4.14 预制板块面层的踢脚板施工可参见大理石面层和花岗石面层的踢脚做法。

4.4.4.15 预制水磨石板铺贴 2d 后,经检查表面无断裂、空鼓后,用 1∶1 水泥细砂加水制成的稀水泥浆灌缝,并随时将溢出的水泥浆擦净,当灌至 2/3 高度后再用与磨石板相同颜色的水泥浆灌严,最后铺上锯末养护 7d。

4.4.4.16 成品保护:在工程验收前对水磨石板块面层进行清理、擦净、打蜡。

质 量 要 求

4.4.4.17 面层所用板块的品种、质量应符合设计要求。

4.4.4.18 面层与下一层应粘结牢固,无空鼓。

4.4.4.19 面层表面洁净,接缝严密平直,色泽一致,块料无裂缝、缺棱、掉角等缺陷。

4.4.4.20 石材面层的质量应符合施工质量验收规范的规定。

4.4.5　塑料板面层

一 般 规 定

4.4.5.1　本节中塑料板面层是指塑料板块材、塑料卷材用胶粘剂在水泥类基层上铺设。

4.4.5.2　塑料板材应存放在干燥、洁净的库房里，远离热源，并防止日晒、雨淋。

4.4.5.3　塑料板面层的施工应注意环境温度、湿度的影响，并注意通风和防火。

设 计 要 点

4.4.5.4　塑料板面层的规格、颜色应由设计人注明，当采用拼花或拼色处理时，应在设计图纸中画出排板图，并且要考虑与其他房间不同面层做法的接缝处理。

材 料 要 求

4.4.5.5　塑料板面层材料及胶粘剂的选用应符合现行国家标准《民用建筑工程室内环境污染控制规范》(GB 50325)的规定。

4.4.5.6　面层材料应平整、色泽均匀、厚薄一致，板内不允许有杂物和气泡，颜色、厚度符合设计要求。

4.4.5.7　胶粘剂应按基层材料和面层材料使用的相容性要求，通过试验确定并且有效期符合要求。

施 工 要 点

4.4.5.8　主要施工工艺：

基层清理 → 弹线定位 → 试铺 → 刷底子胶 → 铺贴 → 擦缝 → 验收

4.4.5.9　作业条件：

1. 室内墙面、顶棚的装修工程已完，管线、灯具已安装完并经验收合格。

2. 地面基层必须清扫干净，含水率不大于8%，室内相对湿度不应大于80%，环境温度不应低于10℃。

3. 铺贴前应先作样板，对于有拼花要求的地面应由设计给出大样图。

4. 基层应平整、坚硬、干燥、洁净，并经过验收且合格。

4.4.5.10　房间长、宽方向弹十字中心线(或弹对角斜线)。

4.4.5.11　胶粘剂：配料前由专人对材料进行检查，如发现胶粘剂中有变色、杂质、过期等现象时不得使用。

4.4.5.12　刷胶前，对拆去包装的塑料板应用干净的擦布进行清擦，将塑料板后面的粉尘及滑石粉等清净，以保证粘结效果。

4.4.5.13　基层表面均匀刷一道结合层底胶。

4.4.5.14　将塑料板背面朝上，用油刷子在塑料板粘贴的地面及塑料板的背面涂刷一道胶，此胶要刷得薄而均匀，不得漏刷，待胶稍干燥不粘手时，按已弹好的墨线铺贴，然后用磙子沿铺好的塑料板一侧向另一侧磙压，以使其压实并赶出气泡。依此类推，直至铺贴完成。

4.4.5.15 对于半硬质聚氯乙烯面层的铺贴，应在铺贴前用丙酮：汽油＝1：8混合溶液进行脱脂除蜡，干后再进行铺贴。

4.4.5.16 对于软质塑料板的铺贴，应在铺贴前进行预热处理，一般将其放在75℃左右的热水中浸泡10～20min，至板面全部柔软伸平后取出晾干。

4.4.5.17 塑料踢脚板：地面铺贴后，弹出踢脚上口线，并分别在房间的两端铺贴踢脚板后，挂线粘贴。注意踢脚板上口及踢脚板与地面交接的阴角的滚压，以涂刷的胶压出为准并及时将胶痕擦净。

4.4.5.18 擦光上蜡：铺贴好塑料地面及踢脚后，用墩布擦干净、晾干，然后用上光软蜡满涂1～2遍，稍干后用净布擦拭，直至表面光滑、光亮。

4.4.5.19 成品保护：塑料地面铺贴完后应设专人看管，非工作人员严禁入内，必须进入室内工作的应穿拖鞋，凡使用木梯、木凳时，腿下应包布头保护，防止划伤地面。家具摆放应抬起轻放，严禁拖拽。

质 量 要 求

4.4.5.20 材料应符合设计要求和现行国家标准的规定，面层与基层应粘结牢固，不翘边、不脱胶、无溢胶。

4.4.5.21 塑料板面层应表面洁净，色泽一致，拼缝处的图案、花纹吻合，阴阳角处粘贴密实、方正。

4.4.5.22 塑料板面层的质量应符合施工质量验收规范的规定。

4.4.6 地毯面层

一 般 规 定

4.4.6.1 本节适用于各种类型的地毯铺装工程。

设 计 要 点

4.4.6.2 地毯的种类、铺设方式应由设计人确定，对不同类型的建筑地面连接处的做法应提出具体要求。

材 料 要 求

4.4.6.3 地毯和衬垫的品种、规格、颜色，主要性能和技术指标必须符合设计要求，应有出厂质量证明文件。

4.4.6.4 胶粘剂应采用环保无毒、不霉、快干，对地面有足够粘结强度的胶粘剂，胶粘剂应有出厂合格证及使用说明书，并注明生产日期和有效期。

4.4.6.5 铝（铜）压条应采用厚度为2mm左右的铝合金（铜）材料制成，应具有足够的刚度。

施　工　要　点

4.4.6.6　主要施工工艺：

基层处理 → 弹线套方、分格定位 → 地毯剪裁 → 钉倒刺板条 → 铺衬垫 → 铺地毯 → 细部处理 → 检验

4.4.6.7　作业条件：

1. 在地毯铺设之前，室内装饰工作必须完毕。

2. 基层要求表面平整、光滑、洁净、干燥，强度不少于 1.5MPa，含水率不大于 8%。

3. 应事先把踢脚板做好，踢脚板下口离开地面的高度应根据地毯的厚度而定，以便将地毯毛边掩入踢脚板下。

4. 应做出样板，待质检部门检查合格后方可组织施工。

4.4.6.8　活动式铺设：按照房间的尺寸下料，沿墙四周修齐，压入踢脚板下。

4.4.6.9　固定式铺设：

1. 找规矩：按照设计图纸对各个不同部位和房间的具体要求进行。

2. 地毯剪裁：根据房间尺寸、形状用裁边机断下地毯料，每段地毯的长度要比房间长出 2mm 左右，裁好后卷成卷编上号放入对号房间。

3. 钉倒刺板挂毡条：沿房间或走道四周踢脚板边缘，用高强水泥钉将侧刺板钉在基层上（钉朝向墙的方向），其间距约 40cm。将衬垫采用点粘法刷 903 胶，粘在地面基层上，衬垫要离开倒刺板 10mm 左右。

4. 铺设地毯：将裁好的地毯虚铺在垫层上，然后将地毯卷起，在拼缝处缝合，用塑料胶纸贴于缝合处，保护接缝处不被划破或勾起，然后将地毯平铺，用弯针在接缝处做绒毛密实的缝合。固定地毯时，应先将地毯的一条长边固定在倒刺板上，毛边掩到踢脚板下，用地毯撑子拉伸地毯，直至拉平为止。然后将地毯固定在另一条倒刺板上，掩好毛边。长出的地毯用裁割刀割掉。一个方向拉伸完毕，再进行另一个方向的拉伸，直至四个边都固定在倒刺板上。

5. 用胶粘法固定地毯时，应将地毯拼缝处补一条 10cm 宽的麻布带，用胶粘剂粘贴，然后将胶粘剂涂刷在基层上，适时粘接，固定地毯。

4.4.6.10　地毯铺设完毕，固定收口条后，应用吸尘器清除浮尘，并将地毯面上脱落的绒毛等杂物彻底清理干净。

4.4.6.11　踢脚板的铺设可根据其材料见本文相应章节的内容。

4.4.6.12　成品保护：

1. 地毯等材料进场后要注意成卷堆放，不得压出死褶。

2. 地毯铺完后，应防雨淋、水泡，房间设专人看管，非工作人员严禁入内，必须进入室内工作的应套鞋套。

3. 必须在上面施工时，应采用塑料薄膜覆盖，以防污染。

质　量　要　求

4.4.6.13　各种地毯的材质、规格、技术指标必须符合设计要求，地毯与基层的固定必须牢

固，无松弛、卷边、翻起等缺陷。

4.4.6.14 地毯的拼缝应表面平整、密实、图案和花纹应相互吻合。

4.4.6.15 地毯面层的质量应符合施工质量验收规范的要求。

4.5 木 竹 面 层

4.5.1 实木地板面层

一 般 规 定

4.5.1.1 本节适用于民用建筑地面的实木地板面层的施工。

设 计 要 点

4.5.1.2 当底层地面铺设实木地板面层时应采取防潮措施。

4.5.1.3 要考虑与其他房间不同面层做法的接缝处理。

材 料 要 求

4.5.1.4 龙骨及毛地板宜采用红白松，规格尺寸应按设计要求，使用前应进行干燥和防腐处理。

4.5.1.5 实木地板包括拼花木地板和长条木地板两种，应在加工厂加工，含水率不应超过10%，并有出厂合格证明。

4.5.1.6 地板条使用前应认真挑选，剔除有节疤、劈裂、腐朽、弯曲及加工尺寸不合格的板材。

施 工 要 点

4.5.1.7 施工工艺主要流程：

基层清理 → 作业准备 → 放线安木搁栅 → 铺毛地板 → 铺实木地板刨平磨光 → 清理验收

4.5.1.8 作业条件：

1. 地板铺设前应清理基层，不平处应剔除或用水泥砂浆找平，基层表面应干燥，表面平整度应满足验收规范的要求。

2. 暖、卫管道试水、打压完成，并已经验收合格。

3. 墙、顶抹灰完，门框安装完，房间四周墙上已弹好+50cm水平控制线。

4. 外门窗玻璃已安装完。墙面抹灰的表面允许偏差不大于3mm。

4.5.1.9 拼花地板应先试拼、找方，挑好的板材应整齐码放在干燥环境下，板材下应垫方木。

4.5.1.10 木搁栅的截面尺寸、间距和稳固方法应由设计单位注明，间距不宜大于400mm。

木搁栅与墙之间应留出 30mm 的缝隙。

4.5.1.11　毛地板铺设时，其板间缝隙不应大于 3mm，毛地板与墙之间应留 10mm 的缝隙。

4.5.1.12　长条木地板铺钉时接头企口要放在搁栅木条中央，相邻木地板的接头应错开并各自在一条线上。如采用钉子固定，除最后一块外均不得明钉，最后一块明钉应砸扁钉帽并冲入板内。

4.5.1.13　拼花木地板与毛地板间应铺设一层防潮卷材。

4.5.1.14　长条木地板和拼花木地板与墙间应留 8～12mm 的缝隙。

4.5.1.15　当采用粘接法铺设拼花木地板时，胶粘剂应符合室内环保的要求。

4.5.1.16　木地板面层应刨平磨光，无刨痕、戗槎和毛刺等现象，图案清晰，色泽均匀，拼花符合设计要求。

4.5.1.17　木踢脚应提前刨光，背面应开成凹槽并经防腐处理，踢脚板中间凹槽处每隔 1m 钻直径 6mm 的通风孔，踢脚板每隔 750mm 用明钉钉在防腐木块上，钉帽应砸扁冲入木板内。踢脚板的接头应固定在防腐木块上，阴阳角交角处应切割成 45°角后再进行拼装。

4.5.1.18　成品保护：

1. 铺钉地板和踢脚板时，应注意不得损坏地面基层和基层下预埋管线、钢筋等，也不得损坏墙面抹灰和木门框。

2. 木地板铺设时应注意施工环境的温湿度变化，合理留设伸缩量，并严防水淋和热烤，防止板材开裂和变形。

3. 地板磨光后及时刷油和打蜡，并采取有效保护措施以防后续施工损坏或污染地板。

质　量　要　求

4.5.1.19　木材的材质和铺设时的含水率以及防腐、防蛀处理等，必须符合现行国家标准《木结构工程施工质量验收规范》(GB 50206)的有关规定。

4.5.1.20　木搁栅、毛地板和垫木必须做防腐、防蛀处理。

4.5.1.21　板材和胶应符合《民用建筑工程室内环境污染控制规范》(GB 50325)的规定。

4.5.1.22　木地板图案清晰，清油面层颜色均匀一致。

4.5.1.23　木地板接缝严密，粘钉牢固、表面洁净。

4.5.1.24　木地板面层的质量应符合施工质量验收规范的规定。

4.5.2　复合地板面层

一　般　规　定

4.5.2.1　本节适用于实木复合地板和中密度(强化)复合地板。

设　计　要　点

4.5.2.2　当底层地面铺设复合地板面层时应采取防潮措施。

4.5.2.3　要考虑与其他房间不同面层做法的接缝处理。

材 料 要 求

4.5.2.4 龙骨、毛地板：龙骨采用红白松，毛地板采用细木工板，规格尺寸应按设计要求，经干燥和防腐、防蛀处理，含水率应小于12%。

4.5.2.5 衬垫所用材质应符合设计要求，其技术等级及质量要求均应符合国家现行行业标准的规定。

4.5.2.6 实木复合地板：图案和颜色应符合设计要求，并具有产品的出厂合格证，其技术等级及质量要求均应符合国家现行行业标准的规定。

4.5.2.7 踢脚板：花纹和颜色应与面层相同，背面经防腐处理。

4.5.2.8 所用材料均应符合国家现行标准《民用建筑工程室内环境污染控制规范》(GB 50325—2001)的规定。

施 工 要 点

4.5.2.9 施工工艺主要流程：

基层清理 → 作业准备 → 安木搁栅 → 铺毛地板 → 铺实木复合地板 → 清理验收

4.5.2.10 作业条件：

1. 加工定货的成品、半成品材料已经进场检验，符合设计图纸及相关规范的要求。
2. 楼地面基层表面质量经验收，符合相关质量验收规范的规定。
3. 房间内顶、墙抹灰已完，给排水和采暖、空调工程已完成。
4. 门窗玻璃已安装完成。
5. 弹好+50cm 水平控制线或踢脚顶面控制线。

4.5.2.11 木搁栅应进行防腐处理，木搁栅间距不应大于400mm，搁栅和墙间应留出不少于30mm 的缝隙，木搁栅的安装方法由设计单位注明，搁栅表面应平直，水平允许偏差不超过3mm。

4.5.2.12 采用双层木地板铺装时，宜采用18mm 的细木工板做毛地板。毛地板与木搁栅用镀锌钉固定，钉距不大于300mm，板间缝隙不大于3mm，板间高差不大于1mm，毛地板与墙之间留10mm 的缝隙。

4.5.2.13 铺复合地板前应将毛地板面清扫干净，由设计单位明确隔潮材料，隔潮材料只可对接并用胶带粘接。当采用企口粘接方式时，地板榫槽处胶粘剂应涂刷均匀、不得漏涂，拼装应严密无缝，拼装时挤出的胶液应即刻擦净，板面上不得有胶痕。板端接缝应间隔错开，错距不小于300mm 并各在一条直线上。地板与墙面应留不少于10mm 缝隙。

4.5.2.14 当基层平整度满足要求时，可将复合地板直接铺在基层上。此时应先将基层清擦干净，去除灰尘砂粒，待基层晾干后铺设一层松软隔潮材料做底垫，底垫只可对接不得搭接，留出2mm 缝用塑料胶带粘接。铺复合地板的要求同上。

4.5.2.15 踢脚板安装：当采用实木踢脚板时，应在踢脚板背面开槽，并每隔1m 钻直径6mm 的通风孔，踢脚板背面应做好防腐处理。踢脚板应用钉子钉在墙上的木砖上，当无法下木砖时可在墙上打眼下木楔，钉子间距不大于75cm，踢脚板阴阳角交角处应切割成45°角后拼接，踢脚板的接头处固定点距接头不应大于5cm。接头处平整度不大于0.5mm，缝隙不大于0.5mm。

4.5.2.16　实木复合地板铺完后应清扫干净，擦净溢胶，用吸尘器吸去灰尘、砂粒后打蜡。

4.5.2.17　成品保护：

1. 铺钉地板和踢脚板时，应注意不得损坏地面基层和基层下预埋管线、钢筋等，也不得损坏墙面抹灰和木门框。

2. 地板施工应保证施工环境的温度、湿度。施工完应适时通风，并严防水淋和热烤，防止地板开裂或起鼓。

3. 采取有效保护措施以防后续施工损坏、污染地板。

质量要求

4.5.2.18　复合地板面层所用材料的技术等级和质量要求应符合国家标准。

4.5.2.19　木搁栅、毛地板和垫木必须做防腐、防蛀处理。

4.5.2.20　板材、胶、底垫材料应符合《民用建筑工程室内环境污染控制规范》(GB 50325)的规定。

4.5.2.21　复合地面图案清晰、颜色一致、接缝严密、表面洁净。

4.5.2.22　复合地板面层的质量应符合施工质量验收规范的规定。

4.5.3　竹地板面层

一般规定

4.5.3.1　本节适用于民用建筑地面的竹地板面层的施工和质量验收。

设计要点

4.5.3.2　当底层地面铺设竹地板面层时应采取防潮措施。

4.5.3.3　应考虑与其他房间不同面层做法的接缝处理。

材料要求

4.5.3.4　竹地板应经严格选材、硫化、防腐、防蛀处理，并采用具有商品检验合格证的产品，其技术等级及质量要求均符合国家现行行业标准《竹地板》(LY/T 1573)的规定。

4.5.3.5　地板：龙骨采用红白松木，毛地板采用细木工板，规格尺寸应按设计要求，龙骨应经干燥和防腐、防蛀处理，含水率应小于12%。

4.5.3.6　衬垫所用材质应符合设计要求，其技术等级及质量要求均应符合国家现行行业标准的规定。

4.5.3.7　竹地板：加工的成品为顶面刨光、侧面带企口的半成品地板。板的厚度、长度尺寸一致，同一批材料竹种，花纹及颜色一致，规格品种符合设计要求，具有出厂合格证和产品说明书，其技术等级及质量要求均应符合国家现行行业标准《竹地板》(LY/T 1573)的规定。

4.5.3.8 竹踢脚板：宽度、厚度符合设计要求，花纹和颜色与地板相同，其含水率应小于12%，背面应做好防腐处理。

4.5.3.9 所用材料均应符合国家现行标准《民用建筑工程室内环境污染控制规范》(GB 50325—2001)的规定。

施 工 要 点

4.5.3.10 工艺主要流程：

检验质量 → 作业准备 → 防腐、防火、防蛀处理 → 安装木搁栅 → 铺毛地板 → 铺竹木地板 → 刨光磨平 → 验收

4.5.3.11 作业条件：

1. 加工定货的成品、半成品材料已经进场检验，符合设计图纸及相关规范的要求。
2. 楼地面基层表面质量经验收，符合相关质量验收规范的规定。
3. 房间内顶、墙抹灰已完，给排水和采暖、空调工程已完成。
4. 门窗玻璃已安装完成。
5. 弹好+50cm水平控制线或踢脚顶面控制线。

4.5.3.12 木搁栅应进行防腐处理，木搁栅间距不应大于40cm，搁栅和墙间应留出不少于30mm的缝隙，木搁栅的安装方法由设计单位注明，搁栅表面应平直，水平允许偏差不超过3mm。

4.5.3.13 采用双层木地板铺装时，宜采用18mm厚的细木工板做毛地板。毛地板与木搁栅用镀锌钉固定，钉距不大于300mm，板间缝隙不大于3mm，板间高差不大于1mm，毛地板与墙之间留10mm的缝隙。

4.5.3.14 铺竹地板前应将毛地板面清扫干净，由设计单位明确隔潮材料，隔潮材料只可对接不得搭接，对接处留2mm宽缝隙并用塑料胶带粘接。当竹地板与毛地板固定时，应从板的侧边凹槽处斜向用圆钉钉入毛地板中，钉帽要砸扁不外露，钉长为板厚的2倍，如有条件也可用30mm长气钉固定。竹地板固定点数量：板长为600mm不得少于2点，长1000mm不得少于3点，长1500mm不得少于4点，长1500mm以上的不得少于5点。竹地板榫槽处刷胶粘剂应均布，不得漏涂，拼装要严密无缝，拼装时挤出的胶液应即刻擦净，板面上不得留有胶痕。板端接缝应间隔错开，错距不小于300mm，并各在一条直线上。地板与四周墙体间应留10mm宽缝隙。

4.5.3.15 竹地板面层应刨光磨平，无刨痕、戗槎等现象。

4.5.3.16 踢脚板安装：当采用竹踢脚板时应提前刨光，在踢脚板背面开槽，并每隔1m钻直径6mm的通风孔，踢脚板背面应做好防腐处理。踢脚板应用钉子钉在墙上的木砖上，当无法下木砖时可在墙上打眼下木楔，钉子间距不大于75cm，踢脚板阴阳角交角处应切割成45°角后拼接，踢脚板的接头处固定点距接头不应大于5cm。接头处平整度不大于0.5mm，缝隙不大于0.5mm。

4.5.3.17 成品保护

1. 铺钉地板和踢脚板时，应注意不得损坏地面基层和基层下预埋管线、钢筋等，也不得

损坏墙面抹灰和木门框。

2. 地板施工应保证施工环境的温度、湿度。施工完应适时通风，并严防水淋和热烤，防止地板开裂或起鼓。

3. 采取有效保护措施以防后续施工损坏、污染地板。

质 量 要 求

4.5.3.18　竹地板面层所用材料的技术等级和质量要求应符合国家标准。

4.5.3.19　木搁栅、毛地板和垫木等应做防腐、防蛀处理。

4.5.3.20　木搁栅安装应牢固、平直。

4.5.3.21　板材、胶、底垫材料应符合《民用建筑工程室内环境污染控制规范》(GB 50325)的规定。

4.5.3.22　竹地板面层缝隙均匀，表面洁净、接头位置错开。

4.5.3.23　竹地板面层的质量应符合施工质量验收规范的规定。

(本章主要起草人：田成钢)

5 门 窗 工 程

5.1 基 本 规 定

设 计 要 点

5.1.0.1 门窗工程应根据设计要求进行现场放样，有专门的放样图和安装施工方案。

5.1.0.2 门窗框、扇及玻璃的品种、规格、尺寸、数量应符合设计要求。

5.1.0.3 门窗配件的品种、规格、质量应符合设计要求。

5.1.0.4 门窗边框与洞口间隙应符合设计要求与施工规范的规定。

5.1.0.5 门窗玻璃宜采用中空玻璃。

材 料 要 求

5.1.0.6 进场门窗应根据设计要求进行验收检查，合格的门窗应分型号、规格堆放整齐，并有防雨措施。

5.1.0.7 进场门窗应具备产品合格证书、性能检测报告(抗风压性能、空气渗透性能和雨水渗透性能)。

5.1.0.8 进场门窗应有有效的成品保护措施。

施 工 要 点

5.1.0.9 门窗安装前，检查门窗洞口尺寸及标高是否符合设计要求，按图纸要求尺寸弹好门窗中心线，并根据室内＋50cm 水平基准线，向上量出窗下口标高，吊线找直，每层必须保持窗下口标高一致，立面门窗垂直方向一致。

5.1.0.10 门窗安装固定后，应先进行隐蔽工程验收，合格后按设计要求处理框与墙体间缝隙。

5.1.0.11 门窗扇玻璃应在洞口墙体表面湿作业装饰完工验收后安装。

5.1.0.12 门窗安装完，验收合格后，整理技术资料归档。

质 量 要 求

5.1.0.13 门窗表面应洁净，竣工前应对成品进行保护，且开启灵活。

5.1.0.14 防雷装置必须符合设计要求，经防雷检测验收合格。

5.1.0.15 门窗框、副框和扇的安装必须牢固，连接件规格、数量符合设计要求。

5.1.0.16 门窗框与墙体间隙缝嵌填材料符合设计要求且饱满。采用密封胶密封应粘接牢固，表面应光滑、顺直、美观。

5.2　铝合金门窗安装

一 般 规 定

5.2.0.1　铝合金门窗包括无副框门窗、钢副框门窗、铝合金副框门窗，住宅工程宜采用有副框门窗。

5.2.0.2　本节适用于铝合金门窗(含副框)安装、玻璃安装、打密封胶、质量验收。

5.2.0.3　铝合金框安装前要采取保护措施，中立框、中槛框用塑料带捆缠严密。边框、上下槛要用胶带粘贴三面进行保护。

设 计 要 点

5.2.0.4　铝合金门窗成品及其附件规格、等级、品种、型号、质量必须符合设计要求和“GB 84788482”产品标准，并具有出厂合格证，材质检验报告书。

5.2.0.5　铝合金门窗的抗风性能、空气渗透性能和雨水渗透性能均符合设计和国家现行规范的规定。

材 料 要 求

5.2.0.6　铝合金的材质应符合《铝合金建筑型材》(GB/T 5237)规定的热挤压型材要求。并由型材供货单位提供型材检测报告和产品质保书。门窗组装厂对硬度和膜厚进行检测。

5.2.0.7　门窗外表洁净、平整、光滑，无毛刺、无焊渣、焊瘤、锤印；镀膜、涂色均匀，大面应无划痕、碰伤；铝合金门窗所用的五金配件应与门窗型号相匹配。所用的附件宜采用不锈钢件，若用其他材质，必须进行防腐处理。

5.2.0.8　铝合金门窗应拆包检查，按图纸要求核对型号，检查外观质量和表面的平整度。如发现有劈棱、窜角和翘曲不平、外观色差大等缺陷时，必须进行处理，经修整鉴定合格后方可安装。

5.2.0.9　铝合金门窗氧化膜色彩应一致。

施 工 要 点

5.2.0.10　施工工艺流程：

弹线找规矩 → 门窗洞口处理 → 按图纸编号运至安装地点 → 拆包检查 → 门窗副框装固定件

→ 副框安装、与结构固定 → 嵌砂浆、细石混凝土 → 主框与副框连接 → 嵌缝、填保温材料

→ 清理 → 安装五金配件 → 安装玻璃 → 打密封胶 → 质量检验

5.2.0.11　门窗安装应按三线尺寸(垂直线、水平线、进出线)、门窗洞口尺寸(见表5.2.0.11)安装门窗副框，用斜木楔嵌入框受力处作临时固定。用线锤校正，必须达到上下

一致，横平竖直，进出一致。门窗口的水平位置应以楼层+50cm水平线为准，往上量出窗下口标高，弹线找直，每层窗下口线应在同一水平线。

表 5.2.0.11

墙面室面材料	宽度		高度		门窗框与室面间密封间隙(mm)
	门窗框	洞口	门窗框	洞口	
墙面贴面砖	B	$B+60$	H	$H+60$	5～8
墙面贴大理石	B	$B+100$	H	$H+100$	

5.2.0.12 门窗副框定位后，用射钉或其他形式与墙体连接牢固。门窗副框上、左、右三侧用1：2水泥砂浆嵌实，下口用C20细石混凝土嵌实，然后对窗侧边按规定进行分层抹灰（见图5.2.0.12）。

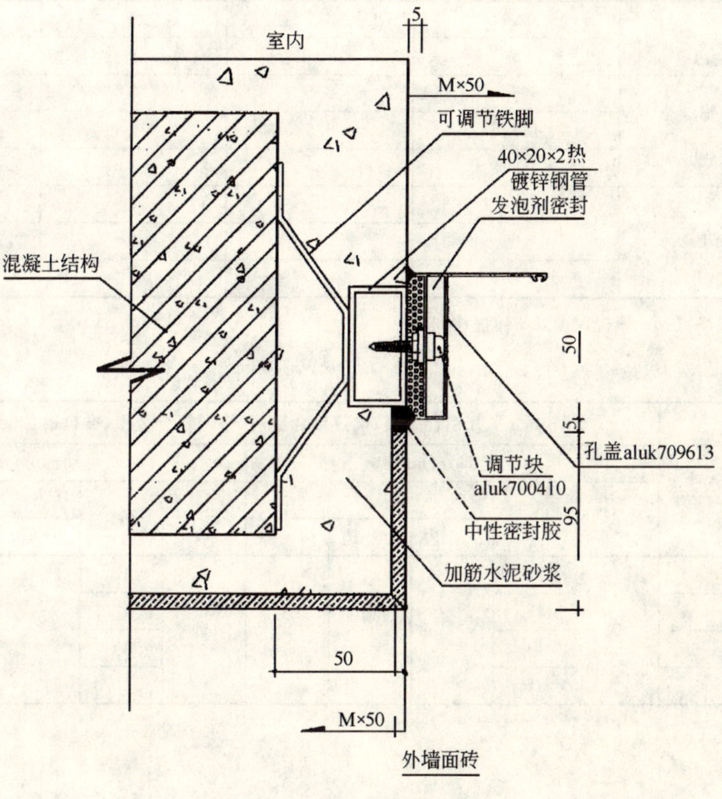

图 5.2.0.12 主副框连接图

5.2.0.13 门窗主框安装好后，外墙饰面砖或其他装饰材料与铝合金门窗框接触部位保持5～8mm间隙，形成槽，打防水硅酮膏。

5.2.0.14 外墙面层装饰前在抹灰层上，从副框外边向外涂刷水泥基渗透型无机防水涂料二道，宽度不小于180mm。

5.2.0.15 主框与副框连接采用塑料调节块，用不锈钢自攻螺栓固定，其标准必须符合“GB 845—85”、“GB/T 30985—2000”。主副框间留出5mm空隙，应填充发泡剂，确保防水、阻燃的要求。

5.2.0.16　钢副框上焊防雷接地，经隐蔽验收后，方可进行下道工序施工。外窗台砂浆面比副框低于10mm留出面砖厚度，坡度为10%。

5.2.0.17　铝合金门窗制作表面要平整，节点严密坚固，不变形，规格尺寸准确，窗下槛制作要留2～3个椭圆形泄水孔，严禁在下槛框角上开槽口做泄水孔。

5.2.0.18　门窗框扇所注密封胶要平直均匀、不间断、不漏抹、无胶刺，外表平整光洁。

5.2.0.19　玻璃装配：装配玻璃前，必须在窗扇下嵌处，放置减震垫块后，玻璃方能放入扇内，并在玻璃四边放置橡胶条使玻璃定位不移动。根据工艺要求，打胶或嵌密封条。打胶应平滑密实，嵌密封条应严实稳固，宜采用工厂化装配玻璃（见表5.2.0.19-1、2，图5.2.0.19-1、2）。

表 5.2.0.19-1

门窗种类	玻璃厚度（mm）	配合尺寸（mm）		
		$a \geqslant$	$b \geqslant$	$c \geqslant$
平开铝合金门、推拉铝合金门	5、6	2.5	6	4
	8	3	8	5
平开铝合金窗、推拉铝合金窗	3	2.5	5	3
	4、5、6	2.5	6	3
	8	3	8	3
弹簧门	5	2.5	6	5
	6	3	6	6
	8	3	8	8

注：a—镶嵌口净宽；b—镶嵌深度；c—镶嵌槽间距

表 5.2.0.19-2

门窗种类	平开铝合金门、推拉铝合金门、平开铝合金窗、推拉铝合金窗									
玻璃(mm)+A+玻璃(mm)	固定部分(mm)					可动部分(mm)				
	$a \geqslant$	$b \geqslant$	$c \geqslant$			$a \geqslant$	$b \geqslant$	$c \geqslant$		
			下边	上边	两侧			下边	上边	两侧
3+A+3	5	12	7	6	5	5	12	7	3	3
4+A+4		13					13			
5+A+5		14					14			
6+A+6		15					15			

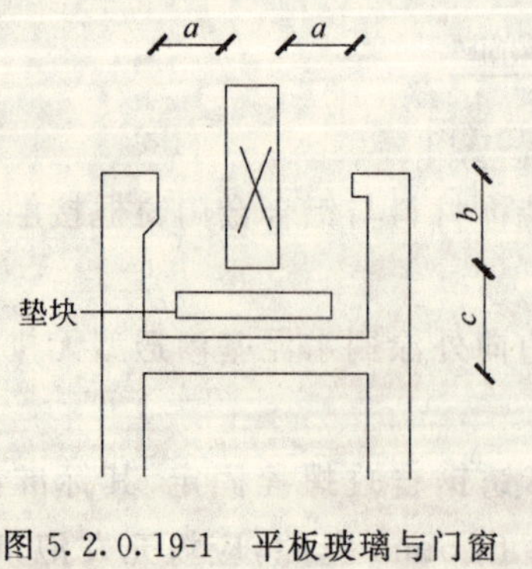

图 5.2.0.19-1　平板玻璃与门窗玻璃槽的配合尺寸

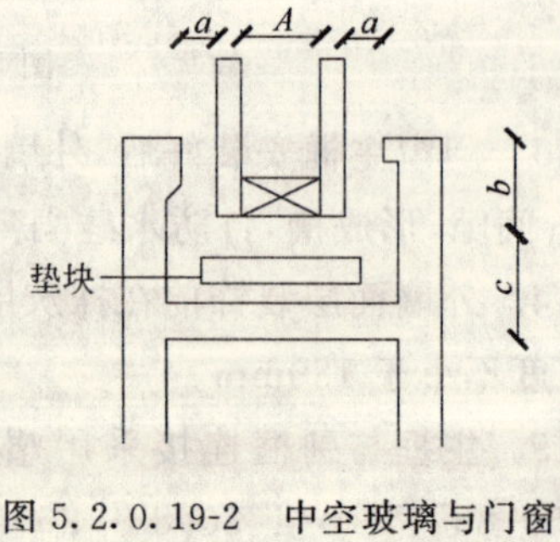

图 5.2.0.19-2　中空玻璃与门窗玻璃槽的配合尺寸

5.2.0.20 铝合金门窗安装的允许偏差和检验方法见《建筑装饰装修工程质量验收规范》(GB 50210—2001)表5.3.12。

质 量 要 求

5.2.0.21 铝合金门窗的质量分级、技术要求及适用范围见表5.2.0.21。

表5.2.0.21

技术要求 / 质量等级	抗风压性能(kPa)	空气渗透性能($m^3/m \cdot h$)	雨水渗透性能(Pa)	保温性能	隔声性能(dB)	色彩、色差、光亮度、造型、制作	牢固、不腐蚀、不老化、不褪色、不失光	适用范围
高档窗	≥3.5	≤0.5	≥500	满足	≥35	优良	优良	高档楼、堂、馆、所、别墅、豪华住宅
中档窗	≥3.0	≤1.5	≥350	满足	≥30	较好	较好	公共建筑、宾馆、写字楼、公寓楼
普通窗	符合当地要求	符合当地要求	符合当地要求	满足	≥25	一般	一般	普通多层住宅

5.2.0.22 铝合金门窗提供出厂合格证、产品验收凭证、性能检测报告。抗风压、水密性、气密性应进行复试，高档门窗还应进行空气隔声性能、保温性能复试。

5.2.0.23 副钢框安装(无副框时主框安装)图示：

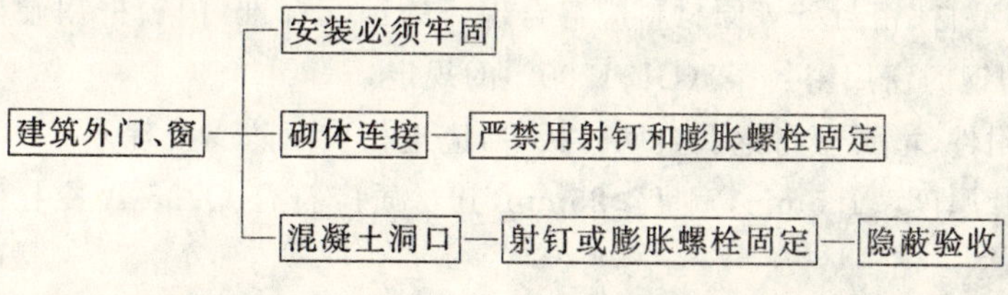

5.2.0.24 铝合金推拉门窗开关应不大于100N，推拉灵活，平开窗开关力应不大于50N，滑撑安装位置正确，开关灵活。

5.2.0.25 铝合金的推拉门、窗扇必须有防脱落装置。玻璃安装要用密封胶，严禁用密封膏。砂浆抹灰不得与铝合金框边接触，留出空隙用发泡剂或柔软材料填塞。

5.2.0.26 钢副框安装固定件(不锈钢或镀锌铁片)厚≥1.5mm，宽度≥25mm，距框边界、不得大于180mm，中间距离不得大于500mm。固定片与副框连接用抽芯铆钉铆接(或焊接)。

5.2.0.27 成品保护：

1. 门窗在运输、安装及后道工序施工过程中，应有可靠的防污染、防碰撞、防火花溅伤的措施。已安装好的门窗扇的洞口，不准用作运输通道和堆放或悬挂东西。

2. 室内清理的垃圾不得从窗户往外倒。清理门窗时，不得用硬物擦磨或锤击。

3. 应有防止现场电焊、气焊的火花烫伤门窗表面的措施。

5.3 塑钢门窗安装

一 般 规 定

5.3.0.1 本节适用于塑钢门窗安装、玻璃安装工艺、质量验收。

5.3.0.2 塑钢型材应符合《门窗框用硬聚氯乙烯型材》(GB 8814)的规定。进厂的塑钢型材应堆放在环境干燥的室内，不得堆放露天雨淋。

5.3.0.3 门窗组装厂必须备有主要检测设备(角强度试验机、落锤冲击机、低温冷冻箱、电热鼓风箱)。

5.3.0.4 在制作加工过程中，型材、构件或成品都必须堆放在专用钢架和手推车上。型材、构件、成品接触的金属面必须采用各种非金属材料进行包扎或衬垫。

5.3.0.5 塑钢门窗成品质量应符合“JG/T 3017”、“JG/T 3018”的规定。

设 计 要 点

5.3.0.6 塑钢门窗的品种、类型、规格、尺寸、开启方向、安装位置、连接方式及填嵌密封处理应符合设计要求，内垫增强型钢的壁厚及设置符合国家现行产品标准的质量要求。

材 料 要 求

5.3.0.7 塑钢门窗的型材和衬钢，其规格、壁厚必须符合设计要求，衬钢应与型材内腔紧密吻合。采用的异型材、密封条等原材料应符合现行的国家标准《门窗框用硬聚氯乙烯型材》(GB 8814)和《塑钢门窗用密封条》(GB 12002)的规定。

5.3.0.8 门窗附件、增强型材钢及金属衬板等，应进行表面防腐处理。

5.3.0.9 固定片厚度≥1.5mm，宽度≥25mm，其材质应符合 Q235-A 冷扎钢板，表面应进行镀锌处理。

5.3.0.10 玻璃的品种、规格及质量应符合国家现行产品标准的规定，并有产品出厂合格证，中空玻璃应有检测报告。玻璃垫块应选用邵氏硬度为 7090(A)硬橡胶或塑料。

5.3.0.11 密封用嵌缝膏应具有弹性和粘接性。

施 工 要 点

5.3.0.12 施工工艺流程：

弹线找规矩 → 门窗洞口处理 → 门窗安装 → 门窗外观检查 → 框四周防水、嵌缝 → 安装五金配件 → 清理

5.3.0.13 检查门窗洞口尺寸，留出安装框间隙及墙体饰面材料的厚度。其间隙应符合塑料门窗安装及验收规程(JGJ—103—96)表 2.2.2 规定。

5.3.0.14 塑钢门窗安装应在室外粉刷湿作业均完成后进行。

5.3.0.15 门下框无门槛的平开门框的高度应比洞口高度大 30mm，以便埋入地面。门框

下部应用 ϕ10mm 螺杆将两边框临时固定。带下框平开或推拉门门窗高度比洞口小5～10mm。

5.3.0.16 安装门窗框时，按线就位，上下在同一直线上，找好垂直度及标高，用木楔临时固定，检查正侧面垂直及对角线均合格，然后用自攻螺钉固定片固定。

5.3.0.17 固定片的位置应距窗角、中竖框、中横框不大于 150～200mm，中间距离不得大于 600mm。用膨胀螺栓将固定片与主体结构固定好。砖墙或砌块墙应预埋 C20 混凝土块。

5.3.0.18 门窗拼装不得有焊角开裂和型材损坏，要平直，不得有下垂、翘曲变形等缺陷。

5.3.0.19 安装五金配件时，在相应位置的型材内增设 3mm 厚金属衬板。

5.3.0.20 紧固端头及拼樘料与门窗框间的缝隙应采用防水硅酮胶密封处理。门窗框与洞口之间的缝隙内腔应采用闭孔泡沫塑料、发泡聚苯乙烯等弹性材料分层填塞。门窗外侧水泥砂浆找平时，框留出宽为 6～8mm，深为 8～10mm 的槽，用防水硅酮胶密封。图参见"JGJ 103—96"规程 4.2.6 窗下框与墙体的固定图和 4.2.11 窗安装节点图。

5.3.0.21 玻璃安装：玻璃不得与玻璃槽直接接触，并应在玻璃四边垫上不同厚度的玻璃块。其垫块位置宜按"JGJ 103—96"图 4.2.13 承重垫块和定位垫块的布置。边框上的垫块应采用聚氯乙烯胶加以固定。玻璃的品种、规格、尺寸、色彩、图案、涂膜朝向和质量等级应符合设计要求和规范要求。

质量要求

5.3.0.22 门窗安装的允许偏差符合《塑料门窗安装及验收规程》(JGJ 103—96)表 4.2.5 的规定。

5.3.0.23 门窗的外观、外形尺寸、装配质量、力学性能应符合国家现行标准的有关规定。门窗的抗风压、空气净透、雨水渗透三项基本物理性能应符合《PVC 塑料门》(JG/T 3017)、《PVC 塑料窗》(JG/T 3018)中对这三项性能分级的规定及设计要求，并附有该等级的质量检测报告。

5.3.0.24 密封条装配后应均匀、牢固；接口应粘接严密，无脱槽现象。

5.3.0.25 装卸门窗，应轻拿、轻放；吊运门窗其表面应采用非金属软质材料衬垫，并有牢靠平稳的着力点。

5.3.0.26 塑料门窗部件、配件等在运输、保管和施工过程中，应采取防止其损坏或变形的措施，并应设有防雨措施。运输门窗，应竖立排放并固定牢靠。樘与樘之间应采用非金属软质材料隔开，五金配件也相互错开，以免相互磨损及压坏五金件。

5.3.0.27 门窗框防水渗漏措施、防雷接地同铝合金门窗。

5.3.0.28 门窗框固定片与结构连接应全数检查隐蔽验收记录。

5.3.0.29 塑料门窗安装质量要求和检验方法见《塑料门窗安装及验收规程》(JGJ 103—96)表 6.0.4。

5.3.0.30 塑钢门窗在安装过程中及工程验收前，应采取防护措施，不得污损。严格防止出现电、气焊火花烧伤或烫伤面层。

5.3.0.31 安装双层玻璃时，其夹层内侧应干燥洁净。门窗扇关闭紧密，开关灵活。

5.4 木门安装

一般规定

5.4.0.1 本节适用于木门的安装(普通木门、高级装修木门、防盗兼防火门)施工工艺和质量验收。

5.4.0.2 木门的木材品种、材质等级、规格、尺寸、框扇的线型及人造木板的甲醛含量应符合设计要求。

5.4.0.3 木门应放置在通风、干燥的地方，严禁与酸、碱盐类物质接触，并防止雨水侵入。

设计要求

5.4.0.4 木门的木材品种、材质等级、规格、尺寸、框扇的线型及人造板的甲醛含量符合设计、规范要求。

5.4.0.5 门框安装必须牢固，门扇安装应开关灵活，关闭严密，不倒翘。

5.4.0.6 防盗方面主要技术指标：

1. 安全级别为 A 级：15min，符合《防盗安全门通用技术条件》(GB 17565—1998)。

2. 木质门扇表面材料内应有薄钢板结构层。单层钢板结构的门扇其钢板厚度不小于 2mm，双层钢板结构的门扇其钢板厚度不小于 0.5mm。

3. 木质防火门技术指标：耐火极限等级 B 级：0.9h，符合《建筑设计防火门通用技术条件》(GB 14101—93)。

4. 门上的锁、合页、插销等五金配件其熔融温度不低于 950℃。

材料要求

5.4.0.7 门应采用烘干的木材，含水率应符合《建筑木门、木窗》(JG/T 122)的规定。

5.4.0.8 门窗框所用料规格、接榫拼合，间距与安装等应符合设计图纸的要求。木门的防火、防腐、防虫处理应符合设计要求。

5.4.0.9 净光的框扇，不应有刨痕、波浪、毛刺和锤印等；割角应严实平整，拼缝紧密，线型必须符合设计图纸的要求。

5.4.0.10 门的割角、拼缝应严密平整。门框、扇裁口应顺直，刨面应平整。

5.4.0.11 门必须安装牢固，并应开关灵活，关闭严密、无倒翘。

5.4.0.12 木门制作适宜用红松、杉木、水曲柳等木材制作。

施工要点

5.4.0.13 施工工艺流程：

弹线找规矩 → 定门框位置 → 定安装标高 → 门框安装样板 → 门框安装 → 门扇安装 → 清理

5.4.0.14 普通木门安装：墙体中用于门框的预埋件、木砖和其他连接件应符合设计要求。

5.4.0.15 高级装修木门安装：木门框采用套框安装，墙体与门框两侧各有 10mm 间隙，用发泡剂填充（发泡胶的使用：立梃长度方向 3 点，每点≥240cm^2）。

5.4.0.16 五金及其配件的种类、规格、型号必须符合图纸要求，并与门窗框扇相匹配。

5.4.0.17 门框靠墙、靠地的一面应刷防腐涂料，其他各面及扇均应涂刷清油一道。刷油后应通风干燥。

5.4.0.18 木框的安装应符合图纸要求的型号及尺寸，并注意门扇的开启方向，以确定门框安装的裁口方向。门框安装高度应按室内＋50cm 线控制。

5.4.0.19 安装木门前，必须按照图纸或对应清单，复测洞口尺寸，检查洞口状况，确认无误后方能安装。洞口尺寸符合“GB 5824—86”国标规定。

5.4.0.20 套框对洞口要求：高度、宽度、墙厚的允许偏差均为 10mm。当门洞设计在无墙垛的位置时，由于整体装配式门框安装构造与常规的洞口安装构件不同，门扇尺寸将相应缩小。单边无墙垛时，门扇净宽缩小 30～45mm，无顶垛时，门扇净高缩小 30mm。

5.4.0.21 推拉门扇必须有防脱落措施，扇与框的搭接量应符合设计要求。

5.4.0.22 门锁安装：一般高出地面 900～950mm 并应错开中冒头。夹板门的门锁，要在夹板中预先留置安锁垫木的位置。

质 量 要 求

5.4.0.23 普通木门：安装的留缝限值、允许偏差和检验方法见《建筑装饰装修工程质量验收规范》（GB 50210—2001）表 5.2.18。

5.4.0.24 高级装修套框门安装（见表 5.4.0.24-1、2）。

T 型门安装允许偏差和检验方法 **表 5.4.0.24-1**

项次	项目	标准及允差	检查工具与方法
1	框的正、侧面垂直度	≤3mm	线坠、直尺
2	门扇大面与框留缝	0.5～1.5mm	塞尺
3	装饰贴脸拼角平密程度	好	目测
4	双扇门对口留缝宽度	1.5～2.5mm	塞尺
5	门扇下缝	5～7mm	塞尺
6	门关闭时，门锁与锁扣板间隙	基本无松动	手感
7	锁面板、把手、铰链	无锈斑脱皮	目测
8	其他五金件、塑料件	完好、无缺	目测
9	发泡胶的使用（立梃长度方向 3 点）	每点≥240cm^2	

齐口木门安装允许偏差 **表 5.4.0.24-2**

项次	项目	标准及允差	检验工具与方法
1	框的正、侧面垂直度	≤3mm	线坠、直尺
2	框与扇、扇与扇接触处高低差	≤2mm	直尺
3	门扇与框立梃间留缝	1.5～2.5mm	塞尺
4	双扇门对口留缝	1.5～2.5mm	塞尺

续表

项 次	项 目	标准及允差	检验工具与方法
5	门扇与框上缝宽度	1.0～1.5mm	塞 尺
6	装饰贴脸拼角平密程度	好	目 测
7	门扇下缝	5～7mm	塞 尺
8	铰链与框扇高低差	≤1mm	直 尺
9	锁面板、手把等五金件等	无明显锈斑脱皮	目 测
10	其他小五金、塑料件等	完好、无缺	目 测
11	门关闭后，门锁与锁扣板间隙	基本无松动	手 感
12	发泡胶的使用（立梃长度方向 3 点）	每点≥240cm^2	

5.4.0.25 木门窗制作的允许偏差和检验的方法见“GB 50210—2001”表 5.2.15。

5.4.0.26 安装在卫生间、浴室等房间木门，必须采取防潮的措施，门框底角安装时用硅胶密封处理。

5.4.0.27 墙体厚度是指抹灰或装饰完成后总厚度。（单面贴瓷砖的墙厚等于毛墙加 15mm，双面瓷砖则加 30mm）。

5.4.0.28 木门表面不得用尖锐物和硬物碰撞。门扇上不得悬挂东西。

5.4.0.29 门扇关闭或开启时，不得强行推拉卫生间、浴室等门，虽经防潮处理，但也应该避免水浸泡。

5.4.0.30 木门的结合处和安装配件处不得有木节或已填补的木节。木门如允许限值以内的死节及直径较大的虫眼时，应用同一材质的木塞加胶填补。

5.4.0.31 胶合板门、横楞和上下冒头应各钻两个以上的透气孔，透气孔应畅通。

5.4.0.32 防盗兼防火门：

1. 制作单位必须具备公安部颁发的防盗门及防火门的型式检验合格证。

2. 木质门应对所采用的人造板、胶粘剂、阻燃剂和涂料的甲醛和其他有害物质释放含量进行复检，应符合国家现行要求。

3. 实木门框选用硬杂木符合《高级木门窗木材的质量要求》的规定。

4. 门框含水率应小于 14%，门扇料含水率应小于 12%。

5. 木质门扇的内层应用不燃性材料填实，门框与门扇搭接的裁口处宜留密封槽，镶嵌不燃性材料制成的密封条。

6. 实木门框在合页和锁扣板连接处，必须安装平机螺栓加强钢板。

7. 防盗兼防火门启动灵活，推力不大于 80N。

（本章主要起草人：陈裕、吴耀、程岗、刘瑛）

6 屋面工程

6.1 基本规定

设计要点

6.1.0.1 本导则所指的住宅屋面防水等级为Ⅲ级或Ⅱ级，防水层合理使用年限分别为10年或15年，对应防水要求分别按照一道或二道防水设防。

6.1.0.2 根据所用材料和使用功能的不同，住宅屋面可以划分为卷材防水屋面、涂膜防水屋面、刚性防水屋面、瓦屋面、架空隔热屋面等。

6.1.0.3 屋面类型的选择和构造设计，应根据当地百年最大雨量，考虑防水等级、使用要求、屋面结构形式、气候及施工条件等因素，在满足可靠性、耐用性和经济性的同时，突出体现维护的方便性，重要部位应有详图。屋面水落管管径与数量、保温层厚度等，应通过计算确定。

6.1.0.4 屋面热工性能应满足住宅所在地区现行的居住建筑节能设计标准。所用材料要详细注明对品种、规格和性能的要求。

6.1.0.5 屋面防水节点设计应遵循柔性密封、防排结合、材料防水与构造防水相结合的原则，根据影响屋面变形因素，采用防水卷材、防水涂料、密封材料或刚性防水材料等互补并用的方式，使节点设防能够满足基层变形的需要。

6.1.0.6 上人屋面、易积灰屋面宜采用刚性保护层，架空隔热屋面或倒置式屋面的卷材防水层上可不设保护层。保护层材料应根据屋面性质和使用要求选择确定。

6.1.0.7 为保证刚性保护层胀缩时不损坏防水层，水泥砂浆、块材或细石混凝土保护层与防水层之间应设置隔离层，刚性防水层与柔性防水层间宜设置隔离层。

材料要求

6.1.0.8 屋面工程所采用的防水、保温隔热材料应有产品合格证书和性能检测报告，材料的品种、规格、性能等应符合国家产品标准和设计要求。

6.1.0.9 材料进场后应进行抽样复验并提出试验报告，经抽样检验合格后方可使用。抽样复验的见证取样、数量、检验项目和检验方法应符合有关标准规范的规定。

6.1.0.10 对复合防水屋面，防水涂料与防水卷材应采用相容类材料。

施工要点

6.1.0.11 屋面工程必须按照设计要求施工，施工中应严格遵循有关标准规范的规定，并对屋面细部构造(天沟、檐沟、檐口、水落口、泛水、变形缝和伸出屋面管道的防水构造)重点管理,施工时不得擅自改变防水构造设计。

6.1.0.12 屋面工程施工前,施工单位应进行图纸会审,并编制屋面工程施工方案或制定相应的技术措施。

6.1.0.13 当下道工序或相邻工程施工时,应对已完成施工的部分采取相应的保护措施。

6.1.0.14 屋面保温层和防水层严禁在雨天、雪天和风力达 5 级以上(含 5 级)时进行施工,不得在超过材料使用允许温度范围的情况下施工,并注意防火。

6.1.0.15 施工时应做好成品保护,不得污染墙面。操作人员应穿软底鞋在防水层上操作,施工机具和建筑材料应轻拿轻放,严禁在防水层上拖动,不得损坏防水层。

质 量 要 求

6.1.0.16 屋面工程质量检查验收应按照现行国家标准《屋面工程质量验收规范》(GB 50207—2002)的要求进行,各分项工程每一个检验批的检查数量应符合下列规定:

1. 屋面每 $100m^2$ 应检查一处,每处 $10m^2$,且不得少于 3 处。
2. 接缝密封防水,每 50m 检查一处,每处 5m,且不得少于 3 处。
3. 细部构造则应根据分项工程的内容全部检查。

6.1.0.17 屋面工程验收时应提供下列技术资料,以备检查:

1. 屋面工程设计图、设计变更和工程洽谈单。
2. 屋面工程施工方案和技术交底记录。
3. 材料出厂证明及复试报告。
4. 施工检验记录,雨水、淋水或蓄水检验记录,隐蔽验收记录等。

6.2 卷材防水屋面工程

6.2.1 屋面找平层

一 般 规 定

6.2.1.1 本节适用于防水基层采用现浇混凝土随浇随抹及水泥砂浆和细石混凝土的整体找平层。

设 计 要 点

6.2.1.2 屋面找平层的排水坡度应符合设计要求,平屋面找坡宜为 2%～5%,天沟、檐沟纵向找坡不应小于 1%,沟底水落差不得超过 200mm。

6.2.1.3 找平层的厚度和技术要求应符合表 6.2.1.3 的规定。

找平层厚度和技术要求 表 6.2.1.3

类别	基层种类	厚度(mm)	技术要求
混凝土随浇随抹	现浇混凝土结构	—	原浆或加聚合物料
水泥砂浆找平层	现浇混凝土板	10～15	1：3(水泥：砂)体积比，砂浆中宜掺入聚丙烯纤维或聚合物
	装配式混凝土板，板状材料保温层	20～25	
细石混凝土找平层	松散材料保温层	30～35	混凝土强度等级不低于 C20

6.2.1.4 整体现浇找坡层兼做保温层时，上面的找平层宜按《平屋面建筑构造(一)》99(03)J 201—1 图集排气屋面要求，设置排气道与排气口。

材 料 要 求

6.2.1.5 屋面找平层宜用硅酸盐水泥或普通硅酸盐水泥，不同品种水泥不得混合使用。

施 工 要 点

6.2.1.6 屋面找平层施工操作主要工艺流程：

基层清理 → 标高、坡度弹线 → 洒水润湿 → 贴灰饼、冲筋 → 铺抹找平层 → 压光 → 养护

6.2.1.7 施工前，对水泥砂浆、细石混凝土找平层的基层必须清理干净。

6.2.1.8 施工时，应按设计要求在基层上弹线标出分格缝位置，并严格按设计坡度拉线找坡、贴灰饼，并顺排水方向@1.5m 设冲筋，确保排水坡度和找平层厚度符合要求。

6.2.1.9 找平层应设分格缝，间距不宜大于 4m；其位置可设在屋面结构支座处(墙、梁和板端)，缝宽 15～20mm，缝内嵌填密封材料。

6.2.1.10 突出屋面的结构、设施与找平层连接处或找平层转角处(水落口、天沟、檐沟等)，均应做成圆弧形，且整齐平顺。高聚物改性沥青卷材或合成高分子卷材的圆弧半径 50mm，沥青卷材圆弧半径应大于 100mm。

6.2.1.11 找平层应密实，表面平整、压光和坡度准确，不得有酥松、起砂、起皮现象。表面平整度用 2m 直尺检查，允许误差 5mm。

6.2.1.12 找平层抹平压实后应及时养护，养护时间不少于 7d。

质 量 要 求

6.2.1.13 用水平仪、拉线和尺量检查，屋面(含天沟、檐沟)找平层的排水坡度必须符合设计要求，不得有积水现象。

6.2.2 屋面保温层

一 般 规 定

6.2.2.1 本节适用于板状或整体喷涂保温层。保温层应优先选用轻质板状材料，不得采用

水硬性整浇式保温层。

设 计 要 点

6.2.2.2 保温层厚度应按现行《民用建筑热工设计规范》(GB 50176)或《平屋面建筑构造(一)》99(03)J 201—1 图集确定，并应符合国家有关住宅节能标准规定。

6.2.2.3 封闭式保温层下的找坡层，采用整体现浇时，应设置纵横连通的排气通道，排气孔应做好防水处理。排气道出口的节点处理可参照《平屋面建筑构造(一)》99(03)J 201—1 图集。

6.2.2.4 保温层下面的隔气层，应根据室内相对湿度与保温材料热工性能，经设计计算所需要的蒸汽渗透确定是否设置。

6.2.2.5 保温层设置在防水层上部时宜做保护层，保温层设置在防水层下部时应按本导则 6.2.1.3 条做找平层。

材 料 要 求

6.2.2.6 保温材料的干密度、含水率及热工性能应符合设计要求，封闭式保温层的施工含水率应相当于该材料在当地自然风干状态下的平衡含水率，否则应干燥后再施工。

6.2.2.7 板状保温隔热材料在搬运时应轻搬轻放，防止损伤断裂、缺棱掉角，保证板的外形完整。

施 工 要 点

6.2.2.8 屋面保温层施工操作主要工艺：

1. 正置式屋面保温层施工主要工艺流程

基层清理 → 拉坡度线 → 设置控制厚度的标准灰饼 → 管根固定 → 隔气层施工 → 铺设保温材料

2. 倒置式屋面保温层施工主要工艺流程

基层清理 → 铺设保温材料 → 做隔离层 → 上部保护层施工

6.2.2.9 板状材料保温层施工要点：

1. 保温层的基层应平整、干燥和干净。

2. 铺设板状材料，板底应座稳、表面平整，板缝用同类材料嵌填密实。

3. 叠层铺设保温板材时，上下应板缝错开，板缝严密，找坡正确。

4. 粘贴的保温板材底部应粘贴牢固，接缝严密，表面平整。

6.2.2.10 整筑喷涂聚氨酯硬泡体保温层施工要点：

1. 基层应平整、清扫干净，突出屋面的设施、管道应在喷涂施工前安装固定并做好节点防水处理。

2. 施工气温不宜低于 8℃，相对湿度宜小于 90%，现场应设置防止喷涂材料飞扬的防护设施。

3. 喷涂材料配制、管路安装和喷涂施工应由材料供应商的专业人员操作，做到材料配制准确计量，发泡厚度均匀一致。

4. 喷涂应连续进行,喷涂30min内严禁上人行走。

6.2.2.11 倒置式屋面保温层表面,可设置保护层;卵石保护层与保温层之间应设隔离层。板状保护层可干铺,也可采用与防水层材料相容的胶粘剂粘贴。

6.2.2.12 保温层施工完成后应及时进行上部防水施工,雨期施工应采取遮盖措施,以免受潮和进水。

质 量 要 求

6.2.2.13 现场抽样检验,保温层的含水率必须符合设计要求。

6.2.3 卷材防水层

一 般 规 定

6.2.3.1 卷材防水层的设防道数与厚度,应根据屋面不同使用情况及建造标准按防水等级Ⅱ～Ⅲ设防。

设 计 要 点

6.2.3.2 卷材防水层应优先采用高聚物改性沥青防水卷材或合成高分子防水卷材,施工环境条件允许时也可采用沥青防水卷材。

6.2.3.3 选择防水卷材的耐热度、低温柔度应与当地历年最高、最低气温相适应;倒置式屋面防水层应选用延伸性与强度高的防水材料。

6.2.3.4 采用一道合成高分子防水卷材时宜慎重,并选好保护层,每道卷材层厚度应符合表6.2.3.4的规定。

卷材厚度选用表 **表6.2.3.4**

屋面防水等级	设防道数	高聚物改性沥青防水卷材	合成高分子防水卷材	沥青防水卷材
Ⅱ	两 道	不应小于3mm	不应小于1.2mm	—
Ⅲ	一 道	不应小于4mm	不应小于1.2mm	三毡四油

6.2.3.5 不同卷材的复合防水层,应符合以下规定:

1. 合成高分子防水卷材或涂膜的上部,不得采用热熔卷材。
2. 涂膜与非热熔卷材复合使用时,涂膜可放在下部。

材 料 要 求

6.2.3.6 对基层处理剂、胶粘剂、密封材料和涂料保护层等材料,应确认与卷材材料性能相容;两种不同防水层材料复合使用时其材料应相容。

6.2.3.7 防水材料现场抽样复验数量与物理性能,可按照《屋面工程质量验收规范》(GB 50207—2002)附录表B.0.2相应材料执行。

施工要点

6.2.3.8 卷材防水层施工操作工艺：

1. 高聚物改性沥青卷材防水主要工艺流程(热熔法)：

基层清理 → 涂刷基层处理剂 → 附加层施工 → 定位弹线 → 卷材铺贴 → 卷材热熔封边 → 铺设保护层

2. 合成高分子卷材防水主要工艺流程：

基层清理 → 涂刷基层处理剂 → 附加层施工 → 定位弹线 → 卷材与基层表面涂胶 → 卷材铺贴 → 卷材接头密封 → 铺设保护层

3. 石油沥青防水卷材主要工艺流程：

基层清理 → 喷刷冷底子油 → 铺贴卷材附加层增强处理 → 定位弹线 → 铺贴第一层油毡 → 铺贴第二层油毡 → 铺贴第三层油毡 → 收头处理、细部构造密封 → 铺设保护层

6.2.3.9 卷材宜平行屋脊由屋面低处向高处铺贴，卷材与基层粘结方法不限定；叠层卷材之间应满粘，并不得相互垂直铺贴。

6.2.3.10 各种卷材均应采用搭接法粘贴，上下层及相邻卷材搭接缝应错开，卷材搭接宽度应符合表6.2.3.10的规定。

卷材搭接宽度(mm) 表6.2.3.10

铺贴方法 / 卷材种类		短边搭结		长边搭结	
		满粘法	空铺、点粘、条粘法	满粘法	空铺、点粘、条粘法
沥青防水卷材		100	150	70	100
高聚物改性沥青防水卷材		80	100	80	100
合成高分子防水卷材	胶粘剂	80	100	80	100
	胶粘带	50	60	50	60
	单缝焊	60，有效焊接宽度不小于25			
	双缝焊	80，有效焊接宽度10×2＋空腔宽			

6.2.3.11 铺设前检查卷材防水层基层材料强度及排水坡度，均应符合设计要求，基层不疏松、不起砂，干净和干燥。

6.2.3.12 不规则屋面铺贴卷材时宜先行试铺，并在基层弹出基准线，使卷材长边顺直和搭接尺寸正确。

6.2.3.13 采用热熔、热粘结、冷粘和自粘法铺贴卷材时，均应在铺贴操作时排除卷材下的空气，用压碾滚压，使卷材平整、不皱折，紧密粘贴在基层或卷材层上。

6.2.3.14 采用热熔、热粘法铺贴卷材时，卷材边缘应溢出熔浆，并用铁板压实封边；未溢出熔浆处，必须用同类粘结材料或密封材料铺封。

6.2.3.15 冷粘法铺贴卷材的胶粘剂可涂刷在基层或同时涂刷在基层及卷材底面，并控制胶粘剂涂刷后的间隔时间，适时铺贴卷材用压碾滚压牢固，接缝用密封材料封边。

6.2.3.16 自粘法铺贴卷材前，基层表面应均匀涂刷基层处理剂，干燥后及时铺贴卷材，用压磙滚压平整牢固；搭接部位宜用热风加热粘结，接缝用密封材料封边。

6.2.3.17 热风焊接铺贴卷材的胶粘剂与粘贴要求同冷粘法铺贴，焊接搭接缝时应先焊长边后焊短边，接缝口用密封材料密封边。

6.2.3.18 铺贴卷材的施工气温不宜低于0℃，冷粘和自粘法铺贴卷材的立面和搭接缝时，施工气温低于10℃时宜用热风加热粘结牢固。

6.2.3.19 卷材防水层的保护层施工要点：

1. 上人屋面可用块材或细石混凝土做卷材保护层。块材分格缝宽为20mm，分割面积不宜大于100m²；细石混凝土保护层按本导则第6.2.1.9条规定设分格缝，缝宽为20～25mm；嵌缝要求宜符合本导则6.4.2节规定。

2. 保护层与防水层之间应设隔离层，水泥砂浆保护层与防水层间不宜采用油毡做隔离层。

质 量 要 求

6.2.3.20 卷材防水层不得有渗漏或积水现象。雨后、淋水或蓄水检查排水系统是否通畅，重点控制山墙、女儿墙、天沟、变形缝、卷材层等处的漏水和积水。

6.3 涂膜防水屋面工程

6.3.1 屋面找平层

涂膜防水屋面找平层工程应符合本导则第6.2.1节的规定。

6.3.2 屋面保温层

涂膜防水屋面保温层工程应符合本导则第6.2.2节的规定。

6.3.3 涂膜防水层

一 般 规 定

6.3.3.1 本节适用于防水等级为Ⅲ级屋面防水，也可用作Ⅱ级屋面复合防水设防中的一道防水层。

设 计 要 点

6.3.3.2 选择涂料品种应与当地历年气温、屋面坡度、使用条件、与地基变形程度、施工期当地气候状况相适应。对易开裂渗水部位，应用凹槽嵌填密封材料，并增设一层以上带有胎体增强材料的附加层。

6.3.3.3 涂膜防水层的涂膜平均厚度应符合有关规定，最小厚度不应小于设计厚度的

80%。对Ⅱ、Ⅲ级防水屋面，高聚物改性沥青防水涂膜厚度均不应小于 3mm，合成高分子防水涂膜厚度分别不应小于 1.5mm、2mm。

6.3.3.4　屋面排水坡度大于 20%时，不宜采用成膜时间过长的涂料。

材 料 要 求

6.3.3.5　防水涂料应采用高聚物改性沥青防水涂料、合成高分子防水涂料或聚合物水泥防水涂料，禁止使用焦油型防水涂料。

6.3.3.6　采用多组份材料现场混合搅拌的，材料组份应按配合比准确计量，搅拌均匀，并应根据有效时间确定使用量。

6.3.3.7　防水涂料和胎体增强材料贮运、保管应符合下列规定：

1. 包装必须密封，应分类存放，并有明显标志。

2. 水乳型涂料贮运、存放环境温度不得低于 5℃；溶剂型涂料贮存、存放环境温度不得低于 0℃；胎体增强材料贮运、存放环境应保持干燥、通风。

施 工 要 点

6.3.3.8　涂膜防水层施工操作主要工艺流程：

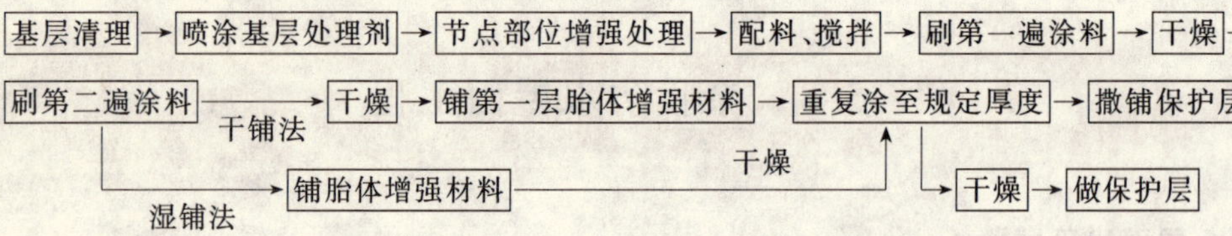

6.3.3.9　涂膜防水层的基层必须清扫干净，基层材料强度和排水坡度应符合设计要求。

6.3.3.10　基层干燥程度应视所用涂料特性确定。当采用溶剂型涂料时，屋面基层应干燥；在湿度较大的季节施工，宜采用水乳型涂料。

6.3.3.11　涂膜时应先涂节点，然后再大面积涂抹。施工时应分层分遍涂刷，做到涂层厚薄均匀、表面平整，涂膜厚度符合设计要求。采用胎体增强材料时，应边涂边铺贴压平，无皱折、露胎体和翘边等缺陷，每道涂层应在固化后再进行下道工序。

6.3.3.12　涂膜防水层的收头应采用防水涂料多遍涂刷或用密封材料封严。天沟、檐沟、檐口、泛水等部位均应加铺有胎体增强材料的附加层并符合设计要求。确保涂膜防水层排水系统通畅，无渗漏和积水现象。

6.3.3.13　在屋面坡度大于 15%时，胎体增强材料应垂直于屋脊铺设；坡度小于 15%时可平行屋脊铺设。胎体长边搭接宽度不应小于 50mm，短边搭接宽度不应小于 70mm。采用二层胎体增强材料时，上下层接缝应错开，其间距不应小于幅宽的 1/3。

6.3.3.14　涂膜防水层上的撒布材料或浅色涂料保护层应铺撒或涂刷均匀，粘结牢固；刚性保护层的分格缝留置应符合设计要求。

质 量 要 求

6.3.3.15　涂膜防水层不得有渗漏和积水现象。在雨后或淋水检验时，排水系统必须通畅。

6.4 刚性防水屋面工程

6.4.1 细石混凝土防水层

一般规定

6.4.1.1 细石混凝土防水层可用于坡度为2%～5%的平屋面复合防水层，而不宜用作一道防水层设防；也不适用于有找坡层做基层的屋面。

设计要点

6.4.1.2 刚性防水层屋面应采用结构找坡，混凝土强度等级不应小于C20，厚度不应小于40mm，并应配置间距150～200mm的双向钢筋网片。

6.4.1.3 细石混凝土防水层下面应设隔离层，防水层内严禁埋设管线。

材料要求

6.4.1.4 细石混凝土宜用普通硅酸盐水泥或矿渣硅酸盐水泥，不得使用其他混合材料的水泥。

6.4.1.5 细石混凝土防水层配置的钢筋，宜采用经过调直加工处理的低碳热扎 HPB235(Q235)级钢筋。

6.4.1.6 细石混凝土中粗骨料的最大粒径不宜大于15mm，含泥量不应大于1%；细骨料宜采用中砂或粗砂，含泥量不应大于3%。

6.4.1.7 细石混凝土中使用活性掺合料、减水剂、膨胀剂的适用范围与技术要求，应根据现行国家标准执行。

施工要点

6.4.1.8 细石混凝土防水层施工操作主要工艺流程：

基层处理 → 立分格缝木条及边模 → 钢筋网绑扎 → 浇注混凝土防水层(留试块) → 振捣或磙压抹平 → 二次压光 → 拆分格缝木条及边模 → 养护

6.4.1.9 细石混凝土应根据试验确定。混凝土水灰比不宜大于0.55；每立方米混凝土的水泥用量不应少于330kg，含砂率宜为35%～40%，灰砂比宜为1∶2～1∶2.5。

6.4.1.10 细石混凝土搅拌前应准确计量。原材料的每盘称量允许偏差：水泥、掺合料为±2%，粗、细骨料为±3%；外加剂的称量偏差应符合产品使用要求。

6.4.1.11 施工前基层应清理干净，并按设计配置双向钢筋网片，网片在分格缝处断开，浇筑时钢筋位置正确，网片上层钢筋净保护层不宜小于15mm。

6.4.1.12 施工时每个分格块一次浇完，不得留有施工缝。施工时可根据防水层厚度采用机械或磙筒滚压至密实浇浆，终凝前进行二次抹平压光。

6.4.1.13 细石混凝土防水层分格缝的设置应符合本导则第 6.2.1.9 条规定，缝宽宜取25～30mm。

6.4.1.14 细石混凝土的施工气温宜为 5℃～32℃。混凝土浇筑后应及时养护，对掺外加剂的细石混凝土更应加强初期养护，养护时间不少于 14d。

质 量 要 求

6.4.1.15 在雨后、淋水或蓄水试验后，细石混凝土防水层不得有渗漏或积水现象。

6.4.2 密封材料嵌缝

一 般 规 定

6.4.2.1 本节适用于细石混凝土防水层分格缝，防水层与伸出屋面管道根部节点、天沟、檐沟、檐口、泛水、变形缝等连接处的接缝密封。

设 计 要 点

6.4.2.2 防水屋面接缝密封设计应根据结构与温度变形特点，合理选择接缝位置，并满足密封部位位移和不渗水。

6.4.2.3 细石混凝土防水层的缝宽宜为 25～30mm，深度可取宽度的 50%～70%。

6.4.2.4 接缝材料的底部宜设置背衬材料，选用的背衬材料应具有施工时不变形，复原率及耐久性好的性能。

6.4.2.5 选择接缝密封材料应符合下列规定：

1. 根据屋面使用条件和当地历年气温、雨、雪及日照等综合因素，密封材料应具有相适应的耐候性和抗老化性能。禁止使用焦油型密封材料。

2. 根据屋面结构特点，密封材料应具有足够的抗接缝位移能力。

3. 密封材料与接缝基层界面拉伸粘接性能稳定。

材 料 要 求

6.4.2.6 基层处理剂应选用与密封材料相容的材料，背衬材料应选择与密封材料不粘接或粘接力弱的材料。

6.4.2.7 采用多组份基层处理剂时应配比准确，搅拌均匀，并应根据有效时间确定使用量。

施 工 要 点

6.4.2.8 密封材料嵌缝施工操作主要工艺流程：

基层清理 → 填放背衬材料 → 涂刷基层处理剂 → 嵌填密封材料 → 外露密封材料保护

6.4.2.9 接缝密封防水部位的基层应符合下列要求：

1. 基层应牢固，表面平整、密实，无起砂和掉皮现象。

2. 留缝尺寸正确，不符合设计要求时，应修整合格后方可施工。

3. 基层应干燥，并清扫干净。

6.4.2.10 接缝底部按需嵌入背衬材料时，背衬材料与缝壁之间不得留有孔隙。基层处理剂的涂刷宜在填放背衬材料后进行，涂刷时应均匀，不得漏涂，待基层处理剂表干后，应立即嵌填密封材料。

6.4.2.11 密封材料嵌填宜使用挤注枪挤注施工，双组份密封材料需在使用前均匀混合后装入挤注枪内。密封材料的挤注、修整，应在有效施工期内完成。

6.4.2.12 挤注时枪嘴应对准接缝底部，移动挤注枪时应均匀、平稳，使挤出的嵌填密封材料对接缝有挤压力，达到填充密实，表面连续、光滑。

6.4.2.13 嵌填的密封材料表干后，方可加贴一层 200mm 宽卷材保护层。接缝填嵌的密封材料应防止碰损及污染，固化前不得踩踏。

质量要求

6.4.2.14 观察检查，密封材料嵌填必须密实、连续、饱满，粘接牢固，无气泡、开裂、脱落等缺陷。

6.5 瓦屋面工程

6.5.1 平瓦屋面

一般规定

6.5.1.1 本节适用于防水等级为Ⅱ、Ⅲ级以及坡度不小于 20%的屋面。当平瓦屋面坡度大于 50%，在大风与地震地区，或建筑高度超过 24m 时，应采取加强措施固定。

设计要点

6.5.1.2 在布置平瓦屋面尺寸时，脊瓦在两坡面瓦上的搭盖宽度每边不小于 40mm，瓦伸入天沟、檐沟的长度为 50～70mm。天沟、檐沟的防水层伸入瓦内宽度不小于 150mm，瓦头挑出封檐板的长度为 50～70mm，突出屋面的墙或烟囱的侧面瓦伸入泛水宽度不小于 50mm。

6.5.1.3 平瓦可铺设在钢筋混凝土或木基层上。当采用木基层时，应在基层上铺设一层卷材，其搭接宽度不宜小于 100mm，并用顺水条将卷材压钉在木基层上，顺水条的间距宜为 500mm，再在顺水条上铺钉挂瓦条。木质挂瓦条、顺水条及钢挂瓦条必须采取防腐处理。

6.5.1.4 天沟、檐沟的防水层宜采用 1.2mm 厚的合成高分子防水卷材、3mm 厚的高聚物改性沥青防水卷材或三毡四油的沥青防水卷材铺设；亦可用镀锌薄钢板铺设。

6.5.1.5 设有保温层的屋面，在凸出屋面部位，如檐口、管道井、屋顶窗的迎水面等部位应设置分水线和泄水管。

6.5.1.6 沿海地区或雨季风载荷较大地区的屋面平瓦铺设，应采用挂瓦固定。

材 料 要 求

6.5.1.7　进场平瓦的瓦爪、瓦槽、钉孔的尺寸应准确、边缘整齐，底面平整，表面光洁，不得有分层、裂纹和露砂等缺陷，各种瓦的尺寸应配合适当。

6.5.1.8　平瓦运输时应轻拿轻放，不得抛扔、碰撞，进入现场后应堆放平稳。

施 工 要 点

6.5.1.9　平瓦屋面施工操作主要工艺流程：

屋面基层检验 → 固定顺水条 → 节点防水附加层 → 固定挂瓦条 → 挂屋面瓦 → 挂斜沟、山墙半瓦 → 做平屋脊和斜屋面脊 → 做屋面泛水

6.5.1.10　瓦屋面的基层应清扫干净，基层材料强度和排水坡度应符合设计要求。

6.5.1.11　对木基层，铺设前在基层上先铺设卷材；对混凝土基层，铺设前应先在基层表面抹 1∶3 水泥砂浆找平层。

6.5.1.12　铺瓦前平瓦应均匀分散堆放在两坡屋面上，不得集中堆放。

6.5.1.13　在基层铺贴防水层时，应先按节点处理要求进行各节点防水处理；在带有保温层的坡屋面，铺贴卷材必须粘贴牢固不得干铺。

6.5.1.14　顺水条采用钢钉直接固定时，应先在钉孔位置涂抹聚合物水泥浆；如采用事先打孔再固定顺水条时，钉孔深度不得超过结构层厚度的 50%，钉孔内必须用聚合物水泥浆作防水处理，钉孔木楔和顺水条必须做防腐处理。

6.5.1.15　顺水条在凸出屋面部位安置时，应与凸出部位保持必要的泄水间隙。固定顺水条后，可进行阶段淋水检验，檐口等屋面细部泄水必须通畅，不得出现积水、滞留现象。

6.5.1.16　挂瓦条应分档均匀，铺钉平整、牢固，挂瓦条间距应根据瓦的规格和屋面坡长确定。不设顺水条的屋面挂瓦条固定，必须在挂瓦条底部安设垫块，挂瓦条和垫块必须同样进行防腐处理。

6.5.1.17　铺瓦时应由两坡从下至上按顺序平行屋脊对称铺设，铺成整齐行列，彼此紧密搭接，瓦榫入槽，瓦脚挂牢，瓦头排齐，檐口应成一直线；靠近屋脊处第一排瓦应用砂浆卧牢。瓦片应顺年主导风向搭接，主瓦应具备两个方向的搭接规格。

6.5.1.18　平瓦必须铺置牢固。当坡度大于 35°时，每一排瓦需用 20＃镀锌铁丝穿过瓦鼻小孔绑在下一排挂瓦条上；坡度小于 35°时，需将檐口处一排或两排瓦绑牢。

6.5.1.19　脊瓦底部应垫塞平稳、座浆饱满，搭盖正确，间距均匀，封固严密；脊瓦与坡面瓦之间的缝隙应采用掺有纤维的混合砂浆填实抹平，屋脊和斜脊应平直，无起伏现象。沿山墙封檐的一行瓦，宜用 1∶2.5 水泥砂浆做披水线将瓦封住。

6.5.1.20　采用砂浆卧瓦时，应自下而上同时对称铺设，并应分两层铺抹，待第一层干燥后，再抹第二层，随铺平瓦。平瓦铺设砂浆必须密实饱满，瓦底不得留下凹坑引起空鼓。采用砂浆卧瓦时不得同时采用挂瓦条固定。

6.5.1.21　铺瓦应瓦面平整，行列整齐，搭接紧密，檐口平直，泛水做法应符合设计要求，无渗漏。

质量要求

6.5.1.22 通过观察和手扳检验，平瓦必须铺置牢固。对大风、地震设防地区或坡度大于50%的屋面应采取固定加强措施。

6.5.2 油毡瓦屋面

一般规定

6.5.2.1 本节适用于防水等级为Ⅱ、Ⅲ级及坡度不小于20%的屋面。在大风或地震地区或油毡瓦屋面坡度大于150%时，应增加油毡钉固定加强措施。

设计要点

6.5.2.2 油毡瓦屋面应在基层上先铺设一层卷材，卷材铺设在混凝土基层上采用射钉与冷沥青玛琋脂粘结固定。

6.5.2.3 在布置油毡瓦屋面尺寸时，脊瓦与两坡面油毡瓦搭盖宽度每边不小于100mm，油毡瓦在屋面与突出屋面结构的交接处铺贴高度不小于250mm。

6.5.2.4 天沟、檐沟的防水层宜采用1.2mm厚的合成高分子防水卷材、3mm厚的高聚物改性沥青防水卷材或三毡四油的沥青防水卷材铺设，亦可用镀锌薄钢板铺设。

6.5.2.5 设有保温层的屋面，在凸出屋面部位，如檐口、管道井、屋顶窗的迎水面等部位应设置分水线和泄水管。

材料要求

6.5.2.6 进场的油毡瓦外观应边缘整齐、切槽清晰、厚薄均匀，表面应无孔洞、棱伤、裂纹、折皱和起泡等缺陷。

6.5.2.7 油毡瓦应在环境温度不高于45℃的条件下保管，避免雨淋、日晒、受潮、重压。

施工要点

6.5.2.8 油毡瓦屋面施工操作主要工艺流程：

屋面基层检验→固定顺水条→节点防水附加层→固定挂瓦条→挂屋面瓦→挂斜沟、山墙半瓦→做平屋脊和斜屋面脊→做屋面泛水

6.5.2.9 油毡瓦屋面的基层必须清扫干净，基层材料强度和排水坡度应符合设计要求。

6.5.2.10 对木基层，铺设前在基层上先铺设卷材；对混凝土基层，铺设前应先在基层表面抹1∶3水泥砂浆找平层。

6.5.2.11 油毡瓦应自檐口向上铺设。第一层瓦应与檐口齐平，切槽应向上指向屋脊，用油毡钉固定；第二层油毡瓦应与第一层叠合，但切槽应向下指向檐口；第三层油毡瓦应压在第二层上，并按油毡瓦规格要求确定露出切槽尺寸，上下层油毡瓦之间的对缝应错开，做到瓦面平整，檐口顺直。

6.5.2.12　铺设脊瓦时应将油毡瓦沿切槽剪开，分成四块做为脊瓦，并用两个油毡钉固定。脊瓦应顺年主导风向搭接，并应搭盖住两坡面油毡瓦接缝的1/3。脊瓦与脊瓦的压盖面不应小于脊瓦面积的1/2。

6.5.2.13　油毡瓦固定前，必须在基础油毡钢钉位置进行涂膜。固定时，对于混凝土基层，可采用专用水泥钢钉与冷沥青玛𤣷脂粘结固定；对于木基层，必须对基层进行防腐处理，铺瓦前应在木基层上铺设一层沥青防水卷材垫毡，用油毡钉铺钉，每片油毡瓦上应用不少于4个油毡钉钉平、钉牢，钉帽用油毡覆盖。

6.5.2.14　在屋面与突出屋面结构的连接处，油毡瓦应铺贴在立面上，其高度不应小于250mm。

质 量 要 求

6.5.2.15　通过观察检查和雨水或淋水检验，泛水做法应符合设计要求，做到顺直整齐，结合严密，无渗漏。

6.6 架空隔热屋面

一 般 规 定

6.6.0.1　架空隔热屋面宜在通风较好的屋面工程上使用，不宜在寒冷地区使用。

6.6.0.2　架空隔热层的构造形式有支架墩加预制板式、混凝土板凳式、半圆混凝土拱式和条形支架墩加水泥大瓦式等多种。

设 计 要 点

6.6.0.3　架空隔热层的高度设计应按照屋面宽度或坡度大小的变化确定，如无设计规定，架空高度宜在100～300mm之间调整，当屋面较宽时宜采用较高架空层，以利于通风；反之采用较低架空层。当宽度大于10m时，应设通风屋脊。

6.6.0.4　通风道应根据当地夏季主导风向的走向设置，道口位置应与女儿墙的洞口位置相对应，将进风口设在正压区，出风口设在负压区，以形成风压，便于进风和空气对流。

6.6.0.5　架空隔热制品与周边山墙或女儿墙的距离不应小于250mm（以满足通风和清扫要求），宜在250～500mm之间。采用架空隔热板隔热时，屋面坡度不宜大于5%。

材 料 要 求

6.6.0.6　用于施工的架空隔热制品应外形尺寸正确、边缘整齐、表面光滑，无裂纹、断裂和露筋等缺陷，不得有损坏。

6.6.0.7　当采用混凝土板时，其强度等级不应小于C20，板内应放钢丝网片，非上人屋面的支承墩强度等级不应低于MU7.5，上人屋面的支承墩强度等级不应低于MU10。

6.6.0.8　架空隔热板的板面边缘宜做成斜面，以利板缝勾填。混凝土板应经抗冻循环试验并符合要求。

施 工 要 点

6.6.0.9 架空隔热层施工操作主要工艺流程：

基层清理 → 弹线 → 附加防水层加强处理 → 砌砖墩支座 → 搁置架空板 → 勾缝

6.6.0.10 施工前应先将屋面表层清扫干净，并应根据架空板的尺寸在屋面标明支座中心线。

6.6.0.11 应在支座底下用附加防水层做加强措施处理(如加铺卷材等)，其宽度应大于支座底面边线的150～200mm。

6.6.0.12 为确保通风顺畅，支座的布置应整齐划一，条形支座应沿纵向平直排列，点式支座应沿纵横向排列整齐。支座应采用强度等级为M5水泥砂浆砌筑稳固。

6.6.0.13 砌筑支座时，应根据排水坡度进行挂线，以保证高度一致，使铺板平直，并有一定的排水坡度。

6.6.0.14 架空板铺设时，应在支腿上抹一层水泥浆以保证平整、稳固，并按设计要求留设变形缝。架空板缝隙在板铺设1～2d后，宜用1∶3水泥砂浆或水泥混合砂浆嵌填密实，勾缝后不能引起阻水。

6.6.0.15 施工时应将灰浆刮平，随时清除防水层上的落灰等杂物，以减少空气阻力。操作时不得损伤已完工的防水层。

质 量 要 求

6.6.0.16 观察检查：检查构件合格证或试验报告，架空隔热屋面制品的质量必须符合设计要求，严禁有断裂和露筋等缺陷。

6.7 细 部 构 造

一 般 规 定

6.7.0.1 本节适用于屋面的天沟、檐沟、檐口、泛水、水落口、变形缝、伸出屋面管道等防水构造。

设 计 要 点

6.7.0.2 屋面与突出屋面结构的连接处、屋面转角处等防水细部，设计应给出细部构造详图。

6.7.0.3 卷材或涂膜防水层在天沟、檐沟与屋面交接处、泛水、阴阳角等部位，应增加卷材或涂膜附加层。

材 料 要 求

6.7.0.4 用于细部构造处理的防水卷材、防水涂料和密封材料的质量均应符合本导则有关规定的要求。

施 工 要 点

6.7.0.5 天沟、檐沟的防水构造应符合下列要求：

1. 天沟、檐沟排水坡度和排水方向必须符合设计要求。

2. 天沟、檐沟与屋面交接处的沟内附加层宜空铺，空铺的宽度为 200～300mm。采用沥青防水卷材时应增铺一层卷材，采用高聚物改性沥青防水卷材或合成高分子防水卷材时宜采用防水涂膜增强层。

3. 卷材防水层应由沟底翻上至沟外檐顶部，卷材收头应用水泥钉固定，并用密封材料封严。

4. 涂膜收头应用防水涂料多遍涂刷或用密封材料封严。

5. 天沟、檐沟与细石混凝土防水层的交接处应留凹槽并用密封材料嵌填严密，高低跨内排水天沟与立墙交接处应采取能适应变形的密封处理。

6.7.0.6 檐口的防水构造应符合下列要求：

1. 铺贴檐口 800mm 范围内的卷材应采取满粘法。

2. 卷材收头应压入凹槽，采用金属压条钉压，并用密封材料封口。

3. 檐口处涂膜收头应采用防水涂料多遍涂刷或用密封材料封严。

4. 檐口压顶面排水向内，坡度一致，下端应抹出鹰嘴和滴水槽。

6.7.0.7 女儿墙泛水的防水构造应符合下列要求：

1. 铺贴泛水处的卷材应采取满粘法。

2. 砖墙上的卷材收头可直接铺压在女儿墙压顶下，压顶应做防水处理；也可压入砖墙凹槽内固定密封，凹槽距屋面找平层不应小于 250mm，凹槽上部的墙体应作防水处理。

3. 涂膜防水层应直接涂刷至女儿墙的压顶下，收头处理应采用防水涂料多遍涂刷封严，压顶时作防水处理。

4. 混凝土墙上卷材收头应用金属压条钉压，并用密封材料封固。

6.7.0.8 水落口的防水构造应符合下列要求：

1. 水落口杯上口标高应设置在沟底的最低处。屋面垂直水落口杯口标高比找平层低 10～15mm，水落口周围用细石混凝土做成杯形坡。

2. 防水层贴入水落口杯内不应小于 50mm。

3. 水落口周围直径 500mm 范围内的坡度不应小于 5%，并采用防水涂料或密封材料涂封，其厚度不应小于 2mm。

4. 水落口杯与基层接触处应留宽 20mm、深 20mm 凹槽，并嵌填密封材料。

5. 女儿墙上横向水落口洞口外形宜用专用模具成形，洞口外形尺寸大小一致。

6.7.0.9 变形缝的防水构造应符合下列要求：

1. 变形缝的泛水高度不应小于 250mm。

2. 防水层应铺贴到变形缝两侧砌体的上部。

3. 变形缝内应填充聚苯乙烯泡沫塑料或沥青麻丝，上部填放衬垫材料，并用卷材封盖。

顶部应加扣混凝土或金属盖板，混凝土盖板的接缝应用密封材料嵌填。

6.7.0.10 保温层、刚性防水层和刚性保护层与山墙、女儿墙、变形缝两侧墙体交接处应预留出宽度为30mm的缝隙，并用密封材料嵌填严密；泛水处应铺设卷材或涂膜附加层，收头做法应符合有关规定。

6.7.0.11 伸出屋面的管道、设备或预埋件等应在防水层施工前安装完毕，以保证与屋顶结构整体浇筑；尚未安装的，可先预埋套管以免日后凿洞损坏屋面，套管部位应设止水环。管道根部直径500mm范围内，找平层应抹出高度不小于30mm的圆锥台。管道根部四周应增设附加层，其宽度和高度均不应小于300mm。管道上的防水层收头处应用金属箍箍紧，并用密封材料封严。

质 量 要 求

6.7.0.12 观察检查和检查隐蔽工程验收记录，天沟、檐沟、檐口、水落口、泛水、变形缝和伸出屋面管道的防水构造，必须符合设计要求。

（本章主要起草人：赵平、凌传荣）

7 装饰装修工程

7.1 基 本 规 定

设 计 要 点

7.1.0.1 住宅工程装饰装修必须由具有相应资质的设计单位进行设计，并出具完整施工图设计文件，并应符合《建筑装饰装修工程质量验收规范》(GB 50210—2001)的规定，设计深度应满足施工要求。

7.1.0.2 住宅工程装饰装修设计应与主体结构设计相衔接，必须保证建筑物的安全和使用功能，当涉及承重结构改动或增加荷载时，必须由原结构设计单位对建筑结构的安全性进行核验、确认。

7.1.0.3 住宅工程建筑装饰装修工程有关防火、防雷和抗震设计应符合国家现行规范、标准的规定，并应符合城市规划、消防、环保、节能和节水等有关规定。

7.1.0.4 建筑装饰装修工程设计应符合《民用建筑工程室内环境污染控制规范》(GB 50325—2001)的规定。

材 料 要 求

7.1.0.5 住宅工程所选用的装饰及装修材料的品种、规格和质量等必须符合该产品的有关标准和设计要求，同时还应符合"GB 6566"、"GB 18580"室内装饰装修材料的系列标准。严禁使用国家和地区指定淘汰的材料。

7.1.0.6 住宅工程所用的装饰装修材料的燃烧性能应符合《建筑内部装修设计防火规范》(GB 50222)、《建筑设计防火规范》(GBJ 16)和《高层民用建筑设计防火规范》(GB 50045)的规定。

7.1.0.7 住宅工程所使用的装饰装修材料应按设计要求进行防腐、防火、防虫处理，严禁采用沥青类防腐、防潮处理剂。

7.1.0.8 住宅工程所使用的装饰装修材料宜采用节能、阻燃、环保产品，装修工程主要部件优先选择工厂化生产的产品。

施 工 要 点

7.1.0.9 承担住宅工程装饰装修的施工单位应有相应的资质，编制切实可行的施工组织设计，施工现场有完善的质量管理体系，对施工全过程进行质量控制，施工人员应有相应岗位的有效证书。

7.1.0.10 住宅工程装饰装修施工工艺及施工质量应符合设计和相关规范的规定。

7.1.0.11 施工单位应遵守有关环境保护法律法规。有效地控制施工中各种粉尘、废气、废物、噪声、振动等对周围环境造成的污染和危害。

7.1.0.12 装饰装修施工单位应建立严格的质量验收程序，严格执行三检制度和隐蔽验收制度。前道工序验收合格后，方可进行下道工序施工。

7.1.0.13 现场应制定合理的装饰装修施工流程，根据不同工序的施工特性、工序间的相互影响程度及成品的保护需要，排列各工序施工先后顺序，不宜采用多道工序穿插施工。

7.1.0.14 住宅工程装饰装修施工前应对主要工序、材料做样板或样板间，经有关各方确认后，方可进入大面积施工。

7.1.0.15 室内外装饰装修工程施工环境温度应保证不低于5℃，当低于5℃时，应采用有效的质量保证措施方可施工。

7.1.0.16 施工现场应有完善的成品保护管理体系，现场巡检和看护制度，成品、半成品的表面防护措施等。

7.1.0.17 施工单位应遵守有关施工安全、劳动保护、防火和防毒的法律法规，建立相应的管理制度，施工现场应配备必要的设备、器具和标志。

质 量 要 求

7.1.0.18 所有材料进场应对品种、规格、尺寸、外观质量进行验收，材料包装应完好，应有产品合格证书、中文说明书及相应的性能检测报告。

7.1.0.19 同一厂家的同一品种、同一类型的进场材料，每单位工程至少抽取一组样品进行复试，复试项目符合《建筑装饰装修质量验收规范》(GB 50210—2001)的规定。

7.1.0.20 装饰装修材料在运输、储存和施工过程中，必须采取有效措施防止损坏、变质和污染环境。

7.1.0.21 住宅工程室内装饰装修工程完工至少7d，委托检测机构对室内甲醛、苯、氨、氡及总挥发性有机化合物(TVOC)的浓度指标进行检测，合格后方可进行竣工验收。室内环境污染物限量浓度参见《民用建筑工程室内环境污染控制规范》(GB 50325—2001)表6.0.4中Ⅰ类民用建筑工程的限量标准。

7.1.0.22 住宅装饰装修工程的施工技术资料，应及时收集、整理、归档。

7.1.0.23 住宅工程的装饰装修材料应符合"GB 50325—2001"中有关污染物控制限量的要求，现场应抽样检测。无机非金属材料应检测其放射性，人造板应检测游离甲醛含量和释放量，水溶性涂料、水熔性胶粘剂及水性处理剂检测其总挥发性有机物和游离甲醛的含量，溶剂型涂料和溶剂型胶粘剂检测其总挥发性有机化合物和苯的含量。

7.2 抹灰工程

7.2.1 抹灰砂浆

一般规定

7.2.1.1 本节适用于室内水泥砂浆普通、高级抹灰的施工工艺、质量验收。

7.2.1.2 抹灰前应按设计要求和规范规定进行技术交底，进行必要的基面处理，确定抹灰层的总厚度。

7.2.1.3 抹灰前将墙上的穿墙螺栓孔、水电管道洞槽，用1∶3水泥砂浆或C15细石混凝土按规定填嵌密实。

7.2.1.4 抹灰总厚度超过35mm及不同的基层面交接处，应有加强措施。

设计要点

7.2.1.5 不同材料基体交接处表面的抹灰应采取防止开裂的加强措施。

7.2.1.6 底层的抹灰层强度不得低于面层强度。

7.2.1.7 不同品种、不同强度等级、不同颜色的水泥不得混合使用，宜采用商品砂浆。

7.2.1.8 室内墙面、柱面和门洞口的阳角做法应符合设计要求，设计无要求时，应采用1∶3水泥砂浆做高度不低于2m，每侧宽度不小于50mm的护角。

材料要求

7.2.1.9 本节所有主要材料——水泥、砂、石灰膏、界面剂等的品种、规格、色泽均应符合设计图纸及样板的要求。

1. 水泥：强度等级不低于32.5级，进场要求具备有效的产品合格证书，性能检测报告。抹灰工程应对所用的水泥进行见证检测。水泥的凝结时间和安定性，必须符合“GB 175”的规定。
2. 砂：宜用中砂，砂质量应符合“JGJ 52—92”的规定，含泥量不超过5％。
3. 石灰膏：抹灰用的石灰膏熟化期不应少于15d。
4. 界面剂：选用优质产品，并有使用说明书。
5. 水：抹灰砂浆用水应是饮用水。

施工要点

7.2.1.10 施工主要工艺流程：

基层处理 → 灰饼、冲筋 → 抹护角线 → 基础湿润 → 批界面剂 → 抹底层灰 → 抹面层灰 → 样板间确认 → 技术交底 → 大面积施工 → 验收

7.2.1.11 抹灰前，在不同基层面接缝处，应固定设置不小于每侧200mm的镀锌钢丝网片。

7.2.1.12 基层面的杂物应清除干净，局部凸出部分应凿平，凹进深度大于 20mm 应用 1∶3水泥砂浆分层补平。基层处理后，做灰饼、护角、冲筋。

7.2.1.13 常温下在抹灰前 12d 应对混凝土墙面浇水充分湿润，夏季炎热砌块填充墙上视干燥情况适量喷水。

7.2.1.14 根据设计要求墙面边批界面剂边抹底灰，底灰厚度控制在 5～8mm，用力抹压，使砂浆的表面略高出冲筋面。

7.2.1.15 底层抹灰面干燥至 7～8 成后，即可进行面层抹灰。（通常隔天进行抹面层灰）。用长刮尺推刮平整，用铁皮抹子初压一遍，稍收水后，再先横后竖将表面压光、平整、光滑。全装修房不宜在抹灰面层上批罩面灰。

7.2.1.16 房屋顶棚混凝土基层表面不宜抹灰，宜用腻子找平。

7.2.1.17 安装管道范围先局部抹灰，后安装。

质 量 要 求

7.2.1.18 一般抹灰的允许偏差和验收方法，见“GB 50210—2001”表 4.2.11。

7.2.1.19 抹灰面层应洁净，接槎平顺、线脚顺直、粘结牢固，无空鼓、脱皮、爆灰和裂缝等缺陷。

7.2.1.20 抹灰砂浆配合比符合设计要求，无设计要求时，抹底层灰视基层墙面强度等级来定。水泥石灰混合砂浆面层上不得抹水泥砂浆，面层抹灰强度不应高于底层抹灰强度。

7.2.1.21 室内楼梯滴水线（槽）流水坡向正确，滴水线顺直，滴水槽宽度、深度均不小于 10mm，整齐一致。（宜采用成品塑料滴水槽）

7.2.1.22 各抹灰层在凝结硬化前应防止快干，风吹、暴晒、水冲、撞击和振动。

7.2.1.23 不同品种、不同强度等级、不同颜色的水泥不得混用。住宅工程抹灰禁止用立窑生产的水泥。

7.2.1.24 抹灰大面积展开前，必须先做样板间，由有关各方确认后，向操作人员技术交底。

7.2.1.25 墙面线盒、插座、检修口等的位置应按照设计要求布置，墙饰面与电气，检修口周围应交接严密、吻合、无缝隙；电气面板宜与墙面颜色相符。

7.2.1.26 穿墙螺栓孔、穿墙管的修补；基层清理；当抹灰厚度超过 35mm 及不同材料交接处应采取加强措施，并且必须进行隐蔽验收。

7.2.2 高效石膏粉粉刷

一 般 规 定

7.2.2.1 本节适用于新型建筑材料——高效石膏粉替代水泥砂浆抹灰。

设 计 要 点

7.2.2.2 高效石膏粉只用于内墙粉刷。

7.2.2.3 高效石膏粉不宜用于潮湿部位。

材料要求

7.2.2.4 进场高效石膏粉应有产品合格证和性能检测报告,并进行现场抽样复试。

7.2.2.5 堆积密度为 1050kg/m^3。

7.2.2.6 砂为中砂,不含杂质及有害物,含泥量不大于5%。

施工要点

7.2.2.7 施工工艺流程:

基层处理 → 室内套方 → 设标志 → 配料搅拌 → 分层抹灰 → 抹罩面层 → 验收

7.2.2.8 填充墙与混凝土剪力墙交接处钉钢丝网片,每侧为 200mm 宽,螺栓孔补平,基层处理完。

7.2.2.9 确定内墙抹灰配合比(同水泥砂浆配合比)。

7.2.2.10 墙面应找规矩——护角线、灰饼、冲筋等。

7.2.2.11 高效石膏砂浆应用机械搅拌,体积比宜换成重量比。

7.2.2.12 抹灰分层进行,第一层刮糙厚度 5～7mm,待墙面内水分溢出后进行第二次抹灰,压实抹光。

7.2.2.13 待墙面干燥后进行抹罩面灰。

7.2.2.14 高效石膏抹灰按高级抹灰要求和验收。

质量要求

7.2.2.15 一般抹灰的允许偏差和检验方法"GB 50210—2001"表 4.2.11。

7.2.2.16 所用材料的品种和性能应符合设计要求,还应有环保检测报告。

7.2.2.17 高效石膏砂浆配合比应符合设计要求,样板间应经有关各方确认后,方可大面积展开。

7.2.2.18 内墙面抹灰表面应光滑、洁净、颜色均匀、无抹纹。

7.2.2.19 抹灰层与基层之间及各抹灰层之间必须粘结牢固,抹灰层应无脱层空鼓和裂纹。

7.2.2.20 施工环境温度不应低于 5℃,当必须在低于 5℃气温下施工时,应采取保证工程质量的有效措施。

7.3 外墙保温工程

7.3.1 基本规定

7.3.1.1 外墙保温层的厚度、选材及施工工艺应根据当地气候条件和房间的保温隔热要求,由设计按要求确定。

7.3.1.2 外墙保温的做法有两种,外墙外保温和外墙内保温。可采用粘结聚苯类板材和粉刷聚苯类或稀土类保温颗粒的方法。聚苯板材包括聚苯板、聚苯颗粒板、陶粒聚苯板等。

7.3.1.3 外墙保温所使用的聚苯板均应为自熄型聚苯乙烯泡沫塑料板材，其密度为15～20kg/m³，导热系数≤0.041W/(m·K)，压缩强度(在10%形变下的压缩应力)≥60kPa，吸水率≤6%(体积比)，厚度根据各地的采暖要求由热工计算决定。

7.3.1.4 玻纤网格布应根据板材面层材料进行选择，当采用增强水泥时应选用耐碱玻纤涂塑网布，耐碱度(ZrO_2 含量，%)≥14.5；当采用增强石膏时，应选用中碱玻纤涂塑网布。

7.3.1.5 胶粘剂技术性能指标见表7.3.1.5。

表 7.3.1.5

项 目	单 位	指 标	项 目	单 位	指 标
7d压剪粘结强度	MPa	≥1.0	28d50次冻融后压剪粘结强度	MPa	≥0.9
7d抗拉粘结强度	MPa	≥1.0	28d50次冻融后抗拉粘结强度	MPa	≥0.9
7d耐水压剪粘结强度	MPa	≥0.9			

7.3.1.6 抗裂砂浆采用聚合物乳液并掺加多种外加剂生产的抗裂剂与水泥、中砂按一定重量比搅拌制成。

7.3.1.7 当采用外墙外保温方式时，应采取有效措施防止保温层出现裂缝，并在保温层外涂刷高分子弹性防水涂料以防水对保温层的浸蚀。

7.3.1.8 当采用外墙保温时，对保温层所在一侧的墙面凸凹线条、门窗洞口及外挑支架应由设计画出节点详图。

7.3.2 粘贴聚苯类板材做法

一 般 规 定

7.3.2.1 本工艺适用于外墙外保温，聚苯板适用于高度100m以下的建筑物，聚苯颗粒板适用于多层及多层以下结构。

7.3.2.2 施工时环境温度不应低于5℃，风力应不大于5级，严禁雨天施工，雨期施工时应做好防雨措施。

设 计 要 点

7.3.2.3 粘贴聚苯类板材技术性能应符合设计要求，还应符合"GB/T 10801.1—2002"第二类(阻燃型)的要求。玻纤网格布聚合物砂浆符合设计要求及有关技术标准。

7.3.2.4 施工条件不适合粘结可采用机械锚固件，其数量及锚固深度应符合设计要求。

材 料 要 求

7.3.2.5 保温板的规格、尺寸、外观质量应符合设计要求。

7.3.2.6 水泥：强度等级为42.5级普通硅酸盐水泥。

7.3.2.7 中砂：筛除大于2.5mm颗粒，含泥量小于3%。

7.3.2.8 胶粘剂：胶粘剂应与保温板材材性相容，机械搅拌均匀，一次配制量以45min内用完为宜。

7.3.2.9 抗裂砂浆:抗裂剂、中砂、水泥按适当比例机械搅拌均匀。配制量以2h内用完为宜。

7.3.2.10 保温层外贴面砖时,聚苯板的密度应≥25kg/m³。

施 工 要 点

7.3.2.11 清理墙面:清扫外墙基面浮灰,吊垂线找直找平。

7.3.2.12 按照门窗洞口及聚苯板尺寸排板,弹线。

7.3.2.13 在横竖线交叉点处布置固定点:外饰面为涂料面层时,高度在24m以下的部位,每平方米不少于2个,高度在24m以上的部位,每平方米不少于4个。外饰面为贴面砖面层时,每平方米不少于4个,且在每层楼板位置增设一道角钢托或扁钢托(仅用于砌块墙)。

7.3.2.14 用粘结剂沿横竖线抹粘结剂带,粘结剂带宽不少于100mm,高出墙面10mm,以保证每块板四周的粘结带宽≥50mm,另在板中间抹φ100mm粘结点,梅花分布,每块板的粘结面积≥50%,随抹随贴并保证聚苯类板材与墙面之间保持10mm厚的空气层。板缝应抹粘接剂粘牢挤严,上下层板应错缝粘贴。

7.3.2.15 两层板粘贴完后拔出φ5铅丝,拧入带垫圈的木螺丝,将保温板固定,同时拉通线找平。

7.3.2.16 抹抗裂砂浆:待胶粘剂凝固后,抹3mm厚底层抗裂砂浆,随抹随压入一层耐碱玻纤涂塑网格布,玻纤网格布搭接宽度不应小于50mm,在底层抗裂砂浆凝固前抹3mm厚面层抗裂砂浆。

7.3.2.17 建筑物首层和其他楼层的门窗洞口及墙面阳角处应增加一层厚质玻纤网格布。门窗洞口及墙面阳角处的增加层每边宽度不宜小于100mm。

7.3.2.18 保温层外贴面砖时,应在聚苯板固定时,在聚类苯材板外侧加设一层网孔为20mm×20mm的镀锌钢丝网,并在拧入木螺丝时加带φ40垫圈将钢丝网固定,增加保温层的整体性。

质 量 要 求

7.3.2.19 聚苯类板材、抗裂剂、玻纤网格布应有出厂质量证明文件,并符合各项技术指标,水泥、砂子应有材质检验报告。

7.3.2.20 抗裂砂浆的抗压强度≥15MPa,90d收缩率≤0.07%,28d吸水量比≤50%,表面无裂缝。

7.3.2.21 抗裂砂浆表面的允许偏差及检验方法见表7.3.2.21。

表 7.3.2.21

项次	项目	允许偏差(mm)		检查方法
		保温层	抗裂层	
1	立面垂直	4	4	用2m托线板检查
2	表面平整	4	4	用2m靠尺及塞尺检查
3	阴阳角垂直	4	4	用2m托线板检查

续表

项次	项目	允许偏差		检查方法
		保温层	抗裂层	
4	阴阳角方正	4	4	用20cm方尺和塞尺检查
5	分格条(缝)平直	3		拉5m小线和尺量检查
6	立面总高度垂直度	H/1000且不大于20		用经纬仪、吊线检查
7	上下窗口左右偏移	不大于20		用经纬仪、吊线检查
8	同层窗口上、下	不大于20		用经纬仪、拉通线检查
9	保温层厚度	不允许有负偏差		用探针、钢尺检查

7.3.3 现抹胶粉聚苯颗粒保温

一 般 规 定

7.3.3.1 本节适用于多层及100m以下的高层建筑物的外墙外保温及外墙内保温施工。

7.3.3.2 本做法施工中环境温度不应低于5℃，风力应不大于5级，严禁雨天施工，雨期施工时应做好防雨措施。

材 料 要 求

7.3.3.3 胶粉料应满足表7.3.3.3的性能指标，并有出厂合格证和材质检验报告。

表 7.3.3.3

项目	单位	指标	项目	单位	指标
初凝时间	h	≥4	拉伸粘结强度(常温28d)	MPa	≥0.6
终凝时间	h	≤12	浸水拉伸粘结强度(常温28d，浸水7d)	MPa	≥0.4
安定性(蒸煮法)		合格			

7.3.3.4 聚苯颗粒应满足表7.3.3.4的性能指标，并有出厂合格证和材质检验报告。

表 7.3.3.4

项目	单位	指标
堆积密度	kg/m³	12.021.0
粒度(5mm筛孔筛余)	%	≤5

7.3.3.5 胶粉聚苯颗粒保温浆料应进行现场取样试验，并应满足表7.3.3.5的技术性能。

表 7.3.3.5

项目	单位	指标	项目	单位	指标
湿表观密度	kg/m³	≤420	抗拉强度	kPa	≥100
干表观密度	kg/m³	≤230	压剪粘结强度	kPa	≥50
导热系数	W/m·K	≤0.059	线性收缩率	%	≤0.3
压缩强度	kPa	≥250	软化系数	—	≥0.7
难燃性	—	B_1级			

7.3.3.6 抗裂砂浆应进行现场试配并取样试验，试验结果应满足表7.3.3.6的性能指标。

表 7.3.3.6

项　目	单位	指　标	项　目	单位	指　标
砂浆稠度	mm	80～130	浸水粘结强度（常温28d，浸水7d）	MPa	>0.6
可操作时间	h	≤2.0	抗弯曲性	—	5%弯曲变形无裂纹
拉伸粘结强度（常温28d）	MPa	>0.8	渗透压力比	%	≥200

7.3.3.7 玻纤网格布应满足表7.3.3.7的性能指标。

表 7.3.3.7

项　目			单　位	指　标
网孔中心距		普通型	mm	4×4
		加强型		6×6
单位面积重量		普通型	g/m^2	≥180
		加强型		≥500
断裂强力	经　向	普通型	N/50mm	≥1250
		加强型	N/50mm	≥3000
	纬　向	普通型	N/50mm	≥1250
		加强型	N/50mm	≥3000
耐碱强力保留率28d		经　向	%	≥90
		纬　向	%	≥90
涂塑量		普通型	g/m^2	≥20
		加强型		

7.3.3.8 高分子乳液防水弹性底层涂料应满足表7.3.3.8的性能指标，并现场取样试验。

表 7.3.3.8

项　目		单　位	指　标
干燥时间	表干时间	h	≤4
	实干时间	h	≤8
低温柔性绕 ϕ10mm 棒		—	−20℃无裂纹
不透水性 0.3 MPa，0.5h		—	不　透　水
加热伸缩率	伸　长	%	≤1.0
	缩　短	%	≤1.0

7.3.3.9 柔性耐水腻子应进行现场取样试验并满足表7.3.3.9的技术性能。

表 7.3.3.9

项　目	单　位	指　标
拉伸粘结强度	MPa	≥0.6
浸水后粘结强度	MPa	≥0.4
柔韧性（直径50）	mm	卷曲无裂纹
其他性能满足		"JG/T 3049−1998"N型耐水腻子的要求

7.3.3.10 水泥：强度等级为42.5级普通硅酸盐水泥。

7.3.3.11 中砂：筛除大于2.5mm颗粒，含泥量少于3%。

施工要点

7.3.3.12 施工工艺流程：

基层墙体处理 → 吊垂直、套方、弹控制线 → 用保温浆料作灰饼、冲筋配制胶粉聚苯颗粒保温浆料 → 抹20mm厚保温浆料找平 → 抹抗裂砂浆、压玻纤布 → 刮柔性耐水腻子 → 验收

7.3.3.13 界面处理砂浆的配制：界面剂∶中砂∶水泥按1∶1∶1重量比，搅拌均匀。

7.3.3.14 严格按胶粉聚苯颗粒的技术指标配制保温浆料，加料次序为胶粉倒入水中搅拌3～5min，再倒入聚苯颗粒搅拌3min。可按施工稠度要求适当调整加水量，搅拌均匀后倒出。应随搅随用，在4h内用完。

7.3.3.15 抗裂砂浆的配制：

抗裂剂∶中砂∶水泥按适当比例机械搅拌均匀。配制抗裂砂浆的加料次序，应先加入抗裂剂再加中砂搅拌均匀后，加入水泥继续搅拌3min倒出。抗裂砂浆不得任意加水，应在2h内用完。

7.3.3.16 基层墙面处理：墙面应清理干净无油渍、浮尘等，旧墙面松动、风化部分应剔凿清除干净。墙表面凸起物≥10mm应铲平。

7.3.3.17 对要求做界面处理的基层应满涂界面砂浆，涂刷均匀。

7.3.3.18 吊垂直、套方找规矩、拉厚度垂直、水平控制通线，套方做口，按厚度线用胶粉聚苯颗粒保温浆料作标准厚度灰饼冲筋。

7.3.3.19 胶粉聚苯颗粒保温浆料的施工

1. 保温层一般做法：

1）抹胶粉聚苯颗粒保温浆料应至少分两遍施工，每两遍间隔应在24h以上。

2）后一遍施工厚度要比前一遍施工厚度小。最后一遍厚度留10mm左右为宜。

3）最后一遍操作时应达到冲筋厚度并用大杠搓平。

4）保温层固化干燥后方可进行抗裂保护层施工。

2. 保温层加强做法：

建筑物高度＞30m时，应加钉金属分层条并在保温层中加一层金属网，金属网在保温层中的位置：距基层墙面距离不宜小于30mm，距保温层表面距离不宜大于20mm。

7.3.3.20 做分格线条（外墙外保温）

1. 根据建筑物立面要求，分格缝宜分楼层设置，分块面积单边长度应不大于15m。

2. 按设计要求在胶粉聚苯颗粒保温浆料层上弹出分格线和滴水槽的位置，沿弹好的分格线开出设定的凹槽。

3. 在凹槽中嵌满抗裂砂浆，将滴水槽嵌入凹槽中，与抗裂砂浆粘结牢固，用该砂浆抹平槎口。

4. 分格缝宽度不宜小于5cm，应采用现场成型法施工。

7.3.3.21 抹抗裂砂浆，铺贴玻纤网格布：抹抗裂砂浆一般分两遍完成，第一遍厚度约3～

4mm，随即竖向铺贴玻纤网格布，用抹子将玻纤网格布压入砂浆，搭接宽度不应小于50mm。玻纤网格布铺贴要平整、无褶皱，饱满度应达到100％。随即抹第二遍找平抗裂砂浆，抹平压实。建筑物首层应铺贴双层玻纤网格布。

7.3.3.22　阴角、阳角、门窗口角应用双层玻纤网布包裹增强，包角网格布单边宽度不应小于15cm。

7.3.3.23　抹完抗裂砂浆后，应检查平整、垂直及阴阳角方正，对于不符合要求的应进行修补。

7.3.3.24　涂刷高分子乳液防水弹性底层涂料，涂刷应均匀，不得漏涂。

7.3.3.25　刮柔性耐水腻子应在抗裂保护层干燥后施工，应做到平整光洁。

质量要求

7.3.3.26　采用材料品种、质量、性能应符合本导则的规定。

7.3.3.27　保温层与墙体以及各构造层之间必须粘接牢固，无脱层、空鼓、裂缝，面层无粉化、起皮、爆灰等现象。

7.3.3.28　保温层表面洁净，接槎平整、顺直，孔洞、盒位置尺寸正确。内保温的各项质量指标允许偏差均为3mm。

7.4　面砖粘贴

7.4.1　厨、卫间饰面砖粘贴工程

一般规定

7.4.1.1　本节适用于厨卫间瓷砖墙面粘贴工艺、质量验收。

7.4.1.2　根据设计要求对厨卫间墙面进行现场放样排版。

7.4.1.3　墙面1∶3水泥砂浆抹灰完成且检验合格，水电管线安装完全验收合格。

7.4.1.4　填充墙的墙面贴面砖前宜作全高防水（涂膜）处理，混凝土墙面防水一般防水高度500～600mm，淋浴间墙面防水高度1800mm。

7.4.1.5　施工环境温度确保5℃以上。

设计要点

7.4.1.6　饰面砖的品种、规格、级别、颜色、图案必须符合设计要求。

7.4.1.7　厨卫间饰面砖应采用满粘法施工。

材料要求

7.4.1.8　陶瓷釉面砖的规格、花色、图案需完全一致，颜色必须均匀。质量上需厚薄一致，无剥边、落脏、釉泡、斑点、橘釉、波纹、缺陷、裂纹、图案缺陷、正面磕碰之处。

7.4.1.9 材料复试报告:粘贴用水泥、胶粘剂质量证明报告及复试报告。

施 工 要 点

7.4.1.10 施工工艺流程:

基层处理 → 吊垂直、套方、找规矩 → 贴灰饼 → 批界面剂 → 抹底灰浸砖 → 配胶粘剂 → 铺贴 → 调缝 → 匀缝 → 清理 → 验收

7.4.1.11 瓷砖粘贴之前需基层处理:用 1∶2 水泥砂浆对穿墙螺栓孔、穿墙管口填嵌密实,将墙体表面杂物清除干净,并洒水湿润。

7.4.1.12 批刮界面剂,1∶3 水泥砂浆分层抹灰、找平层抹完,隔天喷水养护。找平层需保证坚实、平整、,不得有空鼓、裂缝。表面平整度偏差、阴阳角垂直偏差、阴阳角方正偏差均不得超过 2mm,立面垂直度偏差不得超过 3mm。

7.4.1.13 施工墙面上吊直线、套方、找规矩、贴灰饼。

7.4.1.14 墙面弹线:按瓷砖的排列图,依据室内标准线(+50cm),弹出楼、地面标高线,瓷砖高度位置线,水平分格线及垂直分格线等。

7.4.1.15 浸砖:釉面砖在上墙粘贴前,将砖放入清水中充分浸泡,一般浸泡时间不少于 2h,视其不再冒泡为度,取出晾干备用。晾干时间以砖面虽有潮湿感,但手按无水迹为准。

7.4.1.16 饰面砖粘贴以样板间引路,经有关方检验确认后,方可大面积展开。

7.4.1.17 粘贴:瓷砖背面满批聚合物水泥砂浆,厚度 5~7mm,按所弹线粘贴,贴完一行面砖,应校正一次,粘贴时应注意相邻面砖保持横平竖直表面平整并符合排版图要求。阳角处用 45°清口面砖相拼,楼地面向上一块面砖高度,待防水层完成后用相同面砖补贴。

7.4.1.18 粘贴瓷砖时,必须严格以水平控制线、垂直控制线及标准厚度块为依据。砖缝歪斜及宽窄不一致,需在水泥浆初凝前加以调整。

7.4.1.19 收口、封边:瓷砖墙面的收口、封边,具体按设计要求处理。设计无规定时,应以异形配件(如阴阳角条、压顶砖)封边收口。

7.4.1.20 勾缝:无设计规定时,应用干性白水泥浆,将砖缝嵌实均匀,最后将整个墙面擦净出光。

质 量 要 点

7.4.1.21 饰面砖粘贴的允许偏差和检验方法,见《建筑装饰装修工程质量验收规范》(GB 50210—2001)表 8.3.11。

7.4.1.22 饰面砖粘贴必须牢固。

7.4.1.23 满贴法施工的饰面砖应无空鼓、裂缝。表面平整、洁净、颜色一致,拼缝均匀,周边顺直,阴阳角方正。

7.4.1.24 饰面砖接缝应平直、光滑。嵌缝无脱断,应连续、密实;宽度和深度应符合设计要求。

7.4.1.25 饰面砖在门边、窗边、镜边、阳角边宜用整砖。非整砖宜安排在不明显处且不宜小于 1/3 整砖,同一墙面不得有两块非整砖,突出墙面的饰面砖套割应吻合,边缘整齐,墙

裙、贴脸突出墙面的厚度应一致。

7.4.1.26　饰面砖—瓷砖施工易出现的质量问题及预防措施见表 7.4.1.26。

表 7.4.1.26

<table>
<tr><th>质量通病</th><th>主要原因分析</th><th>预防措施</th></tr>
<tr><td rowspan="3">接缝不平直，缝宽不均匀</td><td rowspan="3">瓷砖尺寸大小、厚薄不一致</td><td>对瓷砖的材质挑选应作为一道工序，将色泽不同的瓷砖分别堆放，挑出翘曲、变形、裂纹、面层有杂质缺陷的瓷砖。同一类尺寸瓷砖用在同层房间或一面墙上，做到接缝均匀一致</td></tr>
<tr><td>粘贴前做好规矩，用水平尺找平，校核墙面的方正，算好纵横皮数，划出皮数杆，定出水平标准。用废瓷砖贴灰饼，划出标准，灰饼间距以靠尺板够得着为准，阳角处要两面抹直</td></tr>
<tr><td>根据弹好的水平线，放稳平尺板，作为粘贴第一行的依据，由下向上逐行粘贴。每贴好一行瓷砖，应及时用靠尺板横、竖向靠直，偏差处用灰匙木柄轻轻敲平，及时校正横、竖缝平直，严禁在粘贴砂浆收水后再进行纠偏移动</td></tr>
<tr><td rowspan="2">砖表面裂缝</td><td rowspan="2">瓷砖有隐伤及吸水大于 18%</td><td>瓷砖特别是用于高级装饰工程上的瓷砖，应选用材质密实、吸水率不大于 18%的质量较好的瓷砖，以减少裂缝的产生</td></tr>
<tr><td>粘贴前瓷砖要浸泡透，将有隐伤的面砖挑出。应使用和易性、保水性较好的砂浆粘贴。操作时不得用力敲击砖面，防止产生隐伤</td></tr>
<tr><td rowspan="2">变色，污染，出现白度降低，泛黄发花，变赭和发黑</td><td rowspan="2">开箱未检查瓷砖色差浸泡水浑浊</td><td>选择密实度高，釉面厚度>1mm，阻透色效果好的瓷砖</td></tr>
<tr><td>在施工过程中，浸泡瓷砖用洁净水；粘贴瓷砖的砂浆，使用干净的原材料进行拌制；粘贴应密实，砖缝嵌塞严密，砖面擦洗干净</td></tr>
<tr><td rowspan="5">空鼓，脱落</td><td rowspan="5">墙面粉刷层空鼓、裂缝胶量不均匀</td><td>基层清理干净，表面修补平整，墙面洒水湿透</td></tr>
<tr><td>瓷砖使用前，必须清洗干净，用水浸泡到瓷砖不冒气泡为止，浸泡时间≥2h，待表面晾干后方可粘贴</td></tr>
<tr><td>瓷砖粘结砂浆厚度控制在 7～10mm，过厚或过薄均易产生空鼓。使用掺有水泥重量 3%的 801 胶水泥砂浆</td></tr>
<tr><td>当采用混合砂浆粘结层时，粘贴后的瓷砖可用灰匙木柄轻轻敲击；采用 801 胶聚合物水泥砂浆粘结层时，可用手轻压，并用橡皮锤轻轻敲击，使其与底层粘结密实牢固。遇粘结不密实时，应取下重贴，不得在砖口处塞灰</td></tr>
<tr><td>当瓷砖墙面有空鼓和脱落时，应取下瓷砖，铲去原有粘结砂浆，采用 801 胶聚合物水泥砂浆粘贴修补</td></tr>
</table>

7.4.2　外墙面砖粘贴

一　般　规　定

7.4.2.1　本节适用于住宅工程建筑高度不大于 100m，抗震烈度不大于 8 度的外墙面粘贴工程施工与质量验收。

7.4.2.2 沿街路建筑外墙面不得粘贴面砖。

设 计 要 点

7.4.2.3 外墙面砖粘结强度应按规定进行见证检测，每组平均粘结强度不应小于 0.4MPa 且符合“JGJ 110—97”规定。

7.4.2.4 纸板面砖吸水率小于 9%，冻融性试验合格。

7.4.2.5 严格按设计外立面对面砖进行排版、放样。

材 料 要 求

7.4.2.6 进场面砖的品种、规格、图案、颜色和性能应符合设计要求且有产品合格证书、性能检测报告和复试报告。

7.4.2.7 纸板粘贴牢固，面砖表面应光洁、色泽一致，正反面均无暗痕、裂缝、掉角等缺陷。

7.4.2.8 面砖长度、宽度允许偏差－0.3，＋2mm，厚度允许偏差小于±0.2mm。

7.4.2.9 水泥：普通硅酸盐水泥，强度不低于 32.5MPa，应有质保书和复试报告，砂含泥量小于 3%。

7.4.2.10 界面剂为优质产品，应有质保书和使用说明书。

施 工 要 点

7.4.2.11 施工工艺流程：

清理基层 → 套方、找规矩 → 批界面剂 → 分层抹灰 → 弹线排砖 → 门窗口防水涂膜 → 配制水泥浆 → 贴面砖 → 揭纸 → 校正 → 勾缝 → 擦面清理 → 验收

7.4.2.12 套方找规矩：墙面及四角找规矩时，竖向必须从顶层用大线锤全高吊线，用 1∶3 水泥砂浆在阴阳角两侧以及凸出墙面的柱、垛等部位，根据垂直线，贴 50mm×50mm 灰饼；横向以门窗口上下标高为标准，分层设点或以每步脚手架设点，拉水平交圈通线，找直套方，山墙及边角处，每隔 1.2～1.5m 贴一个灰饼，然后用 1∶3 水泥砂浆抹竖向或横向冲筋，作为基层抹灰的厚度依据。

7.4.2.13 基层抹灰：首先将螺栓洞填嵌密实，在混凝土与填充墙交接处钉 400mm 宽铁丝网片(每边宽 200mm)，不紧贴墙面。墙面干燥情况下宜隔天浇水湿润，将调制好界面剂批刮墙面上，宜刮后即用 1∶3 水泥砂浆分层抹成，第一遍 6～7mm，用铁抹子压实，木蟹搓毛，待至 6～7 成干即可进行第二遍抹灰，不得连续进行。用高级抹灰标准检查平整、垂直、阴阳角方正，凡不符合要求的应及时返工修整，直到符合规范要求为止。

7.4.2.14 弹线排砖：在抹灰面层上，先弹出垂直、水平控制线，再根据图纸排列形式、墙面砖规格尺寸和墙面的实际尺寸进行试排，确定灰缝宽度、面砖出墙尺寸。一般要求水平缝与窗台面在同一水平直线上，阳角、窗口、凸出墙面的柱、垛整面都应是整砖，同一墙面上不得有一排以上非整砖，且宜安排在次要部位或不醒目处。试排完成后，再在基层抹灰面上弹出墙面砖横竖每行的分格线，以保证墙面砖粘贴后灰缝横平竖直。

7.4.2.15 门窗边做好水泥基渗透型无机防水涂膜,从门窗转至外墙上涂膜不小于 80mm 宽。

7.4.2.16 贴面砖(指纸板面砖):从下而上,以第一排面砖为基准,吊线锤检查以控制砖面出墙面尺寸和垂直度。先在结合层上批聚合物水泥浆,面砖背后水泥净浆满批,用手轻压于墙面,拍平,稍待 25min 左右,在两纸板交接处先刮浆,然后用水湿润纸板两次,轻轻撕下纸,校正面砖缝,满批水泥浆,然后稍等一下用 U 卡子刮缝,先横后竖抽压数次,达到灰缝大小一致,密实光滑,无脱断、高低现象。阴阳角处用清口面砖粘贴,接口顺直。

7.4.2.17 有排水要求部位(门窗上口等)应贴成鹰嘴滴水线(倾斜度 8mm 左右)。

7.4.2.18 勾缝、擦缝、擦面:缝宽在 8mm 以上,用 1∶1 水泥细砂浆勾缝,先勾水平线,再勾垂直缝,勾好后凹进砖表面 2～3mm;若横缝或竖缝为干挤缝,或小于 3mm,应配用同色水泥浆擦缝,面砖勾缝或擦缝后,将面砖表面擦洗干净,并注意养护。

质量要求

7.4.2.19 夏季炎热气候贴面砖,隔天应用喷雾机喷水养护,防止水泥勾缝开裂。

7.4.2.20 满贴法施工的饰面砖工程应无空鼓、裂缝,粘贴必须牢固。

7.4.2.21 检查样板件粘结强度检测报告和隐蔽记录。

7.4.2.22 墙面突出物周围的面砖应整砖清口(45°拼角),套割吻合,边缘应整齐。

7.4.2.23 面砖接缝应横平竖直,填嵌应连续、密实、光滑;密度和深度一致,应符合设计要求。

7.4.2.24 砂浆厚度≥30mm 时,应采用钉钢丝网埋在分层抹灰层等措施。

7.4.2.25 饰面砖粘贴的允许偏差和检验方法见“GB 50210—2001”表 8.3.11。

7.5 吊顶工程

一般规定

7.5.0.1 本节适用于室内明龙骨和暗龙骨吊顶工程的施工及质量验收。

7.5.0.2 后置埋件、金属吊杆、龙骨应进行防腐处理,木质材料应进行防腐、防火、防蛀处理,严禁使用沥青类防腐剂。

7.5.0.3 住宅工程室内吊顶一般为不上人吊顶,骨体为轻钢龙骨、铝合金龙骨、木龙骨。暗龙骨吊顶的饰面板采用石膏板、金属板、矿棉板、木板、塑料板、格栅等;明龙骨吊顶饰面板采用石膏板、金属板、矿棉板、塑料板、玻璃扣式格栅等。

设计要点

7.5.0.4 吊顶标高、尺寸、造型应符合设计要求。

7.5.0.5 吊杆和龙骨的安装间距、连接方式应符合设计要求,同时应满足吊杆距主龙骨端不大于 300mm,吊点间距应小于 1200mm,吊杆与设备相遇时应增设吊杆。

7.5.0.6 重型灯具及其他重型设备严禁安装在吊顶龙骨上。

7.5.0.7 吊顶封板前，应进行隐蔽验收，吊顶内管道设备安装完毕，水管试压完成，上人吊顶内的通道应安装完毕。

材 料 要 求

7.5.0.8 进场吊顶的材料的材质、品种、规格、图案和颜色应符合设计要求，同时应具备有效的产品合格证、性能检测报告，并按规定进行抽样复试。

7.5.0.9 进场吊顶材料的有害物质限量应符合“GB 50325”相应条款的规定。

7.5.0.10 进场吊顶材料应进行外观质量检查，饰面板应平整，表面完整无损；龙骨应平直、光滑无变形，有缺陷的材料不得使用。

石膏板、钙塑板施工要点

7.5.0.11 石膏板、钙塑板施工工艺流程：

弹顶棚标高水平线 → 划分龙骨分档线 → 边龙骨安装 → 主龙骨安装 → 安装副龙骨 → 饰面板安装 → 板材背面加固 → 拼缝处理

1. 弹线：从＋50cm 水准线量至吊顶设计高度加上 12mm（一层石膏板的厚度），弹吊顶次龙骨的下皮线。同时，按吊顶平面图，在混凝土顶板弹出主龙骨的位置。主龙骨应从吊顶中心向两边分，最大间距 1200mm。

2. 固定吊挂杆件：不上人的吊顶，吊杆长度小于 1000mm，可以采用 $\phi6$ 的吊杆，如果大于 1000mm 应采用 $\phi8$ 的吊杆，还应设置反向支撑。上人的吊顶，吊杆的长度等于 1000mm，可以采用 $\phi8$ 的吊杆，如果大于 1000mm，应采用 $\phi10$ 的吊杆。吊杆距主龙骨端部不得超过 300mm，否则应增加吊杆。吊顶灯具、风口及检修口等应设附加吊杆。

3. 安装边龙骨：沿墙（柱）上的水平龙骨线把 L 形镀锌钢条用自攻螺丝固定在预埋木砖上；如为混凝土墙（柱），可用射钉固定，射钉间距应不大于吊顶次龙骨的间距。

4. 主龙骨安装：主龙骨应吊挂在吊杆上，主龙骨宜平行房间长向安装，应按房间跨度 1‰～3‰起拱，主龙骨的接长应采取对接，相邻龙骨的对接接头要相互错开。主龙骨挂好后应基本调平。如有大的造型顶棚，造型部分应用角钢或扁钢焊接成框架，并应与楼板连接牢固。

5. 安装副龙骨

副龙骨应紧贴主龙骨安装。副龙骨间距 400mm 左右，在潮湿环境下安装间距以 300mm 左右为宜。用中挂件把副龙骨固定在主龙骨上，副龙骨的两端应搭在边龙骨上，副龙骨之间必须加设横撑龙骨，间距一般为 600mm 左右。墙上应预先标出副龙骨中心线的位置，以便安装罩面板时找到副龙骨的位置。在设备检修孔位置应设附加龙骨。

6. 饰面板安装

1）饰面板的长边（即包封边）应沿纵向副龙骨铺设，安装时用木支撑临时支撑，使板与龙骨压紧，自攻螺丝固定后，方可撤消支撑。从吊顶一端开始依次安装，接缝错开。

2）自攻螺丝板边的距离，应以 10～15mm 为宜，切割的板边以 15～20mm 为宜。

3）钉距以 150～200mm 为宜，螺丝应与板面垂直，并在相隔 50mm 的部位另安螺丝。

4）室内跌级吊顶造型或窗帘盒等部位应采用直角形或异形整体板材进行组合安装。

5）石膏板与龙骨固定，应从一块板的中间向板的四边进行固定，不得多点同时作业；螺丝钉头宜略埋入板面1～1.5mm，钉眼应用粘粉直接抹在螺丝端头上，压实刮平。

6. 拼缝处理：将粘粉和水，搅拌均匀，然后取一部分铲在灰盘上，用批刀抹在拼缝及钉眼，并压实刮平。

纸面石膏板、纤维水泥加压板施工要点

7.5.0.12 施工工艺流程：

顶棚标高弹水平线 → 划分龙骨分档线 → 边龙骨安装 → 主龙骨安装 → 安装副龙骨 → 饰面板安装 → 拼缝处理

1. 弹线

从+50cm水准线量至吊顶设计高度加上12mm（一层石膏板的厚度），即为吊顶次龙骨的下皮线。同时，按吊顶平面图，在混凝土顶板弹出主龙骨的位置。主龙骨应从吊顶中心向两边分，最大间距为1000mm，并标出吊杆的固定点，吊杆的固定点间距不大于1.2m，如遇管道及设备时应增加吊杆的固定点。

2. 固定吊挂杆件

不上人的吊顶，吊杆长度小于1000mm，可以采用$\phi6$的吊杆，如果大于1000mm应采用$\phi8$的吊杆，还应设置反向支撑。吊顶灯具、风口及检修口等应设附加吊杆。固定吊杆宜采用在结构施工施时在板底预埋铁件，吊杆与铁件直接焊接。

3. 安装边龙骨

沿墙（柱）上的水平龙骨线把L形镀锌钢条用自攻螺丝固定在预埋木砖上；如为混凝土墙（柱），可用射钉固定，射钉间距应不大于吊顶次龙骨的间距。也可用木龙骨用8mm膨胀螺栓固定于混凝土墙（柱），间距应不大于800mm。

4. 安装主龙骨：主龙骨应吊挂在吊杆上，主龙骨宜平行房间长向安装，同时应按房间跨度的1‰～3‰起拱。主龙骨的接长应采取对接，相邻龙骨的对接接头要相互错开。主龙骨挂好后因基本调平。如有大的造型顶棚，造型部分应用角钢或扁钢焊接成框架，并应与楼板连接牢固。

5. 安装次龙骨

次龙骨应紧贴主龙骨安装。次龙骨间距300～600mm。用T形镀锌铁片连接件把次龙骨固定在主龙骨上，次龙骨的两端应搭在边龙骨上，次龙骨之间必须加设横撑龙骨，间距也为300～600mm。墙上应预先标出次龙骨中心线的位置，以便安装罩面板时找到次龙骨的位置。

6. 饰面板安装

1）饰面板的长边（即包封边）应沿纵向次龙骨铺设，安装时用木支撑临时支撑，使板与龙骨压紧，自攻螺丝固定完，方可撤消支撑。从吊顶一端开始依次安装，接缝错开。

2）自攻螺丝与饰面板板边的距离，板边以10～15mm为宜，切割的板边以15～20mm为宜。

3）钉距以150～170mm为宜，螺丝应与板面垂直，已弯曲、变形的螺丝应剔除，并在相隔50mm的部位另按螺丝。

4）安装饰面板，面层板与基层板的接缝应错开，不得在一根龙骨上。面层板安装时，遇转角处，纸面石膏板应裁成7字形安装，不得直缝连接。

5）饰面板与龙骨固定，应从一块板的中间向板的四边进行固定，不得多点同时作业。

6）螺丝钉头宜略埋入板面0.5～1mm，但不得损坏纸面，钉眼应作防锈处理并用石膏腻子抹平。

7）饰面板的接缝应按设计要求进行板缝处理（见图7.5.0.12）。

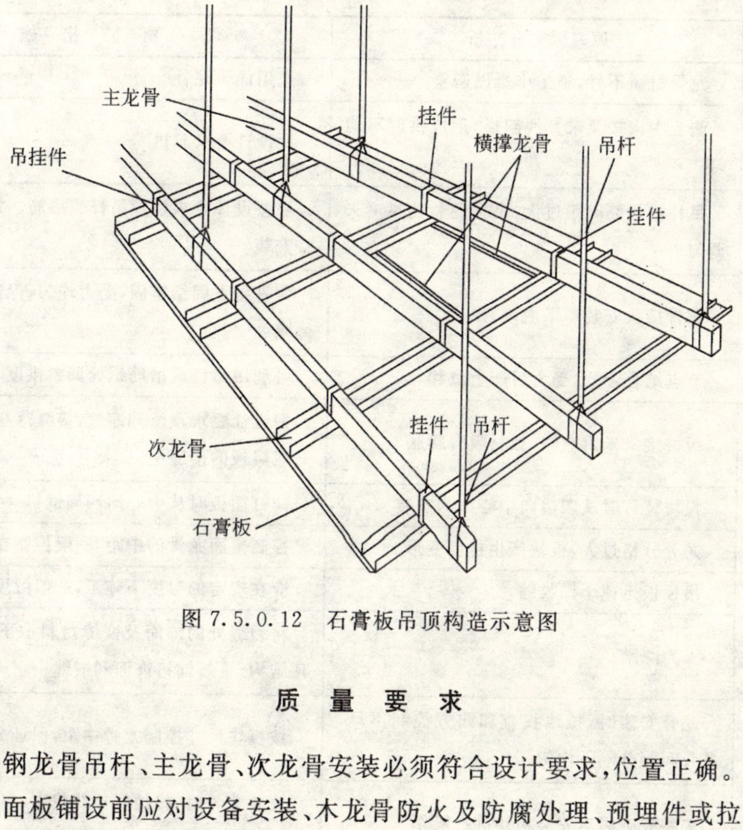

图7.5.0.12 石膏板吊顶构造示意图

质 量 要 求

7.5.0.13 轻钢龙骨吊杆、主龙骨、次龙骨安装必须符合设计要求，位置正确。

7.5.0.14 饰面板铺设前应对设备安装、木龙骨防火及防腐处理、预埋件或拉结筋、吊杆防锈处理等情况进行隐蔽验收。

7.5.0.15 安装纸面石膏板表面无脱层、翘曲、折裂、缺棱掉角等缺陷，安装牢固。

7.5.0.16 允许偏差范围见表7.5.0.16。

表7.5.0.16

项次	项类	项目	允许偏差(mm)	检验方法
1	龙骨	龙骨间距	2	尺量检查
2		龙骨平直	3	尺量检查
3		起拱高度	±10	拉线尺量
4		龙骨四周水平	±5	尺量或水准仪检查

续表

项次	项类	项目	允许偏差(mm)	检验方法
5	面板	表面平整	2	用2m靠尺检查
6	面板	接缝平直	3	拉5m线检查
7		接缝高低	1	用直尺或塞尺检查
8		顶棚四周水平	±5	拉线或用水准仪检查

7.5.0.17　轻钢龙骨吊顶施工常见质量问题及预防措施见表7.5.0.17。

表7.5.0.17

质量问题	原因分析	预防措施
吊顶龙骨拱度不均匀	龙骨材质不好,施工中难以调整	选用优质龙骨
	施工中未按要求弹线起拱,形成拱度不均匀	按设计要求起拱
	吊杆或吊筋间距过大,吊顶龙骨的拱度未调匀	要按设计要求设置吊杆或吊筋。龙骨弯曲时应调整安装
	龙骨接头安装不平或硬弯	龙骨接点固结牢固,受力均匀,保证吊顶龙骨的整体刚度
	节点结合不严,受力后产生位移	可利用吊杆或吊筋螺栓调整拱度
吊顶面层变形	板材接头未留空隙,板材吸湿膨胀	按设计要求预留伸缩缝,接缝落在覆面龙骨上,错开双层板的接缝
	板块装订时从四边向中心排列安装	铺钉面板时从中心向四周铺钉
	龙骨分格过大,板块产生挠度变形	控制覆面龙骨的中距,一般控制在500～600mm,
吊顶面板裂缝	吊顶板迅速干燥收缩	应在规定的湿度下施工,一般湿度不宜超过70%
	人为踩踏	将裂缝处的饰面及嵌缝材料取下,调整和修理吊顶结构,重新铺钉饰面和嵌缝
方形板吊顶中接缝不直,分格不均匀、不方正	龙骨安装时,拉线找直和归方控制不严,龙骨间距分隔不均匀	按板块尺寸控制龙骨中距,保证分格均匀
	未按先弹线后安装板块进行操作	安装龙骨时,按位置拉线找直、归方、固定,注意顶面起拱及平整

7.5.0.18　成品保护

1. 轻钢骨架罩面板安装应注意保护顶棚内各种管线。轻钢骨架的吊杆、龙骨不准固定在通风管道及其他设备上。

2. 轻钢骨架、罩面板及其他吊顶材料在入场存放、使用过程中严格管理,保证不变形、不受潮、不生锈。

3. 施工顶棚部位已安装的门窗,已施工完毕的地面、墙面、窗台等应注意保护,防止污损。

4. 已装轻钢骨架不得上人踩踏。其他工种吊挂件,不得吊于轻钢骨架上。

5. 为了保护成品，罩面板安装必须在顶棚内管道、试水、保温等一切工序全部完成验收后进行。

7.6 隔 墙 工 程

7.6.1 轻质隔墙工程

一 般 规 定

7.6.1.1 本节适用于室内空间的分隔工程(除卫生间等潮湿的部位)。

7.6.1.2 轻质隔墙内的龙骨一般为轻钢龙骨及木龙骨，饰面板一般有纸面石膏板、玻璃纤维无纸面石膏板、美夹板、硅钙板、PVC扣板、木饰面板及多层木夹板等。

设 计 要 点

7.6.1.3 骨架隔墙所用龙骨、配件、墙面板、填充材料及嵌缝材料的品种、规格、性能应符合设计和国家规范要求。有隔声、隔热、阻燃、防潮等特殊要求的工程，材料应有相应性能检测报告。

7.6.1.4 骨架隔墙中龙骨间距和构造连接方法应符合设计要求。骨架内设备管线的安装、门窗洞口等部位加强龙骨应安装牢固，位置正确，填充料的设置符合设计要求。

材 料 要 求

7.6.1.5 防腐材料的品种、规格、数量和质量符合设计要求和相关规定的标准。

7.6.1.6 饰面板应表面平整、边缘整齐，不应有污垢、裂纹、缺角、翘曲、起皮，其中PVC扣板及木饰面板的色差、图案或纹理应满足相关产品的特性要求，饰面板的有害物质限量应满足GB 50325—2001中相关参数的规定。

7.6.1.7 填充隔声材料:玻璃棉、岩棉等应符合设计要求选用。

7.6.1.8 按室内不同层高分别采用不同规格的轻钢龙骨：

层高在3.5m以下的隔墙——C50系列

层高在3.5～6m的隔墙——C75系列

层高在6m以上的隔墙——C100系列

7.6.1.9 木龙骨的防腐、防蛀处理应符合设计要求。大木方骨架一般采用截面尺寸50mm×(80～100)mm的木方做主框架，框体的规格500mm×800mm多用于墙面较宽的隔墙。

7.6.1.10 小木方双层骨架一般采用截面尺寸25mm×30mm的木方做成两片骨架的框体。

7.6.1.11 单层木方骨架一般采用截面尺寸25mm×30mm的木方作主框架。

施 工 要 点

7.6.1.12 轻钢龙骨纸面石膏板隔墙：

1. 轻钢龙骨纸面石膏板工程工艺流程：

弹线 → 安装天地龙骨 → 竖向龙骨分档 → 安装竖向龙骨 → 安装横向贯穿龙骨 → 安装门洞口框 → 安装饰面板(一侧) → 填充隔声棉 → 安装饰面板(另一侧)

2. 弹线：在基体上弹出水平线和竖向直线，以控制隔断龙骨安装的位置、龙骨的平直度和固定点。

3. 安装沿顶、沿地龙骨：首先在沿顶、沿地龙骨的背面贴好密封胶条。然后，用射钉枪将所有的沿地、沿顶龙骨固定，固定点间距最大为900mm。

4. 固定竖向龙骨：竖向龙骨间距的确定应根据设计要求和纸面石膏板的宽度或长度，使石膏板两端正好落在竖向龙骨架上。竖向龙骨与沿顶、沿地龙骨之间用专用配件连接。

5. 安装龙骨时，先在沿地、沿顶龙骨槽之间装入第一根竖向龙骨(若高度不够，必须采用铆接法或焊接法加长)，并校正其垂直度。其他竖向龙骨以第一根龙骨为基准，按间距要求确定其位置后固定。

6. 若需要安装门窗，在安装门框、窗框的部位必须固定横撑龙骨，其固定方法同样为配件组合连接、抽心铆钉、焊接三种。整个龙骨安装、调整完毕后，对隔墙四周打密封胶处理。

7. 固定一侧石膏板：纸面石膏板一般采用自攻螺钉固定，安装前要选好自攻螺钉，要能穿过石膏板和轻钢龙骨8mm以上，螺钉与板边的距离为10～16mm，板边螺钉间距为200mm，每块石膏板中部的螺钉间距为300mm。螺钉头嵌入板内的深度不超过2～3mm。双层石膏板隔墙的两层石膏板的接缝不能落在同一根龙骨上。

8. 固定另一侧石膏板：待电气管线安装完毕及吸声棉填充完成，方可安装另一侧石膏板。

9. 轻钢龙骨石膏板隔墙施工应注意龙骨架必须在同一平面内。

10. 螺帽要埋入石膏板表面，但不得破坏石膏板的表面。

11. 填充岩棉时，必须填实，同时不能强压。

7.6.1.13　木饰面板(多层板)木龙骨隔墙

1. 木饰面板(多层板)木龙骨隔墙施工工艺流程

弹线打孔 → 固定骨架 → 隔墙与吊顶的连接 → 木饰面板(多层板)安装

2. 弹线打孔：依据施工图，在墙面和地面弹出隔墙的宽度线中心线，并且画出固定的位置。通常按300～400mm的间距在地面和墙面的中心线上用冲击电钻打孔，孔位与骨架竖向木方错开位。

3. 固定骨架：木骨架的固定必须在不破坏原建筑物的结构且牢固可靠的前提下进行。固定前必须在木骨架上标出相应固定点的位置，便于准确地安装木骨架。

4. 隔墙与吊顶的连接：如果隔墙的顶端与吊顶面相接触，其处理方法要根据不同的隔墙结构采取不同的加固方式。

5. 木饰面板(多层板)安装：木饰面板可直接安装在木龙骨上，或先安装基层板，再进行表面木饰面板的安装。

6. 木饰面板安装有明缝和拼缝两种安装方式。明缝要求缝隙宽度一致，大小符合设计要求。拼缝要求对木夹板正面进行倒角处理，便于在进行油漆基层处理时，可将木夹板之间的缝隙补平。采用射钉固定，均匀一致，钉距为100mm左右。

质 量 要 求

7.6.1.14 轻钢龙骨纸面石膏板隔墙

1. 轻钢龙骨的品种、系列、规格和隔墙的构造安装方法等，应符合设计要求。

2. 龙骨的外观质量、技术性能，必须符合国家的有关规定；骨架配件质量也要符合现行行业标准的有关要求。

3. 安装所用的配件等，均应符合相应的国家标准和行业标准。铁件应为镀锌制品，埋设木砖时应作防腐处理。

4. 轻钢龙骨的安装施工应符合《住宅装饰装修工程施工规范》GB 50327—2001 的有关规定。

5. 隔墙骨架的允许偏差和检验方法参照《建筑装饰装修工程质量验收规范》(GB 50210—2001)表7.3.12。

6. 纸面石膏板的板材外观质量及技术性能应符合国家标准的有关规定。

7. 石膏板的铺设方向应正确，安装牢固，接缝密实、光滑，表面平整。

7.6.1.15 木饰面板(多层板)木龙骨隔墙

1. 木龙骨所用材料的品种、规格及隔墙骨架安装构造和固定等均应符合设计要求。

2. 必须按设计要求及有关规定对木龙骨进行防火、防腐处理。

3. 木骨架与基体结构的连接应牢固，无松动现象。

4. 隔墙骨架的允许偏差和检验方法参照《建筑装饰装修工程质量验收规范》(GB 50210—2001)表7.3.12。

5. 罩面板表面平整、边缘整齐，没有污垢、裂纹、缺角、翘曲、起皮、变色、脱胶和腐朽等缺陷，质量符合国家及行业标准的规定。

7.6.2 轻质陶粒混凝土隔墙工程

一 般 规 定

7.6.2.1 本节适用于双层钢网细陶粒混凝土空心隔墙条板。

设 计 要 点

7.6.2.2 根据设计要求画出陶粒隔墙条板排版图，进行对条板弹位置线、控制线。

7.6.2.3 水电安装专业应与安装条板密切配合。

材 料 要 求

7.6.2.4 轻质陶粒为硬骨料，粒径5～8mm，物理性能稳定，干缩变形应符合设计要求。

7.6.2.5 板型为多孔空心板，带有凹凸粘接企口、两面应光洁平整。

7.6.2.6 材料产品应有合格证书、性能检测报告、现场复试合格报告。

7.6.2.7 隔墙板的品种、规格、性能、颜色均应符合设计与国家规范要求。

施 工 要 点

7.6.2.8 施工安装流程：

楼地面清理 → 弹线、分档留出门窗洞口 → 按板编号备料 → 安装隔墙板 → 填塞板底豆石混凝土、贴嵌缝带 → 水、电安装 → 板缝处理 → 刮腻子饰面装修

7.6.2.9 施工安装工艺：

1. 清理：将安装隔墙板部位的顶板、底板上的灰渣杂物清理干净。

2. 根据排列图进行弹线。排列图应标明门窗洞口尺寸线，非标准板事先统一加工。

3. 条板安装前应进行检查，凡外形尺寸超出允许偏差或有严重缺陷的不合格品，不得使用。

4. 条板开始安装时，在板上端及侧边刷水湿润。在板拼缝上端，将"n"型扁钢卡固定在结构上。安装第二块板时应同第一块接缝挤紧。

5. 条板安装（一个整面）垂直、平整检查合格后，板底缝（30～50mm）用C20细石混凝土填塞。

6. 条板连接铁件焊接焊缝应符合规范要求。

7. 板缝处理：板面接缝时，在凹槽底部满涂聚合物砂浆挤满板缝并刮平。在板缝粘贴不小于50mm宽的接缝带，干后用腻子将凹槽刮平，待干后再粘贴一层100mm宽玻璃丝网格布。转角（阴角）接缝处应加贴200mm宽玻璃丝网格布。

8. 水电管线应在板孔内穿。板面需开孔应在板安装前用电钻钻孔，不得任意剔凿。

9. 电气接线盒、插座四周应用水泥胶粘剂粘牢，最后用细石混凝土填实。

质 量 要 求

7.6.2.10 条板材安装应垂直、平整、位置正确，条板不应有裂缝或缺损。

7.6.2.11 条板与周边墙体的连接方式、用胶粘剂及配套材料应符合设计要求。隔墙表面应平整光滑、色泽一致、洁净，接缝应均匀、顺直，边缘整齐。

7.6.2.12 隔墙上的孔洞、槽、盒应位置正确，套割方正，不得任意剔凿。

7.6.2.13 安装好的隔墙条板的面层不得有起皮、掉角、空鼓和出现裂缝，面层应平整光滑，不得外露防裂网格布，不得有飞边皱折，翘曲等现象。

7.7 涂 饰 工 程

7.7.1 内墙涂饰工程

一 般 规 定

7.7.1.1 本节适用住宅楼内墙面、顶棚、腻子、涂料的工艺、质量验收。

7.7.1.2 涂饰工程应在抹灰、细部及电气、水暖安装等已完成并验收合格后进行。

7.7.1.3 混凝土基层或抹灰基层涂刷水性涂料时，含水率不得大于10%。

7.7.1.4 涂料应搅拌均匀，并应在规定的时间用完。

7.7.1.5 施工现场环境温度宜在5～35℃之间，湿度不大于85%，并应注意通风换气和防尘。

设 计 要 点

7.7.1.6 内墙涂料性能、主要技术指标符合设计要求。

7.7.1.7 涂料配套腻子性能、主要技术指标符合设计和现行规范要求，并与涂料性能匹配。

7.7.1.8 内墙涂料要求：

1. 色彩丰富、细腻、调和。
2. 耐碱性、耐水性、耐粉化性良好。
3. 透气性良好。
4. 涂刷方便、重涂容易。

材 料 要 求

7.7.1.9 涂料厂方提供与之相容的配套腻子。

7.7.1.10 进场材料应具备有效检测报告、产品合格证书和使用说明书。室内用水性处理剂中总挥发性有机化合物(TVOC)和游离甲醛限量应符合《民用建筑工程室内环境污染控制规范》(GB 50325—2001)的规定。

7.7.1.11 涂饰工程所用腻子的粘结强度应符合国家现行标准《建筑室内用腻子》(JGJ/T 3049—1998)的规定。厨房、卫生间墙面必须使用耐水腻子。

施 工 要 点

7.7.1.12 施工工艺流程：

基层处理 → 填补缝隙、局部批腻子 → 第一道满批腻子 → 打磨 → 第二道批腻子 → 打磨 → 第三道批腻子 → 打磨 → 刷底漆 → 三道涂料 → 清洁

7.7.1.13 涂料施工前彻底清除墙体浮灰、杂物，清理室内垃圾，确保施工现场干净整洁。

7.7.1.14 局部出现凸出部分必须凿平。凹进部分用石膏或弹性腻子嵌缝，干燥后用02＃砂纸擦磨，灰尘扫清。

7.7.1.15 在批腻子前，墙面批一道白水泥掺801胶，清水稀释成水泥浆，满批填补气孔、麻点、缝隙及凹凸等不平处。并用中粗水砂纸磨平，阴阳角弹线，压边处理修直。

7.7.1.16 第二遍满批腻子后用细水砂纸磨平扫净，要求横向批刮，需批抹平整、均匀，线角及边棱整齐，并应尽量批薄；但不得有漏批及厚薄不均匀，接头不得留槎。

7.7.1.17 第三遍满批要求同第二遍，但批刮方向应与第二遍腻子垂直，细水砂纸打磨。阳角挺拔、阴角顺直，大面平整光亮，并用排刷去除墙上粉末后刷一道底漆。

7.7.1.18 上述刮批腻子工序完成后进行涂装。内墙、顶棚用涂刷(或滚)三道，第一道涂料

加清水50%稀释，边滚边刷完成后，检查不平处，嵌补腻子并刷上底漆，用细砂纸(300#)轻度打磨；第二道同第一道，待边滚边刷完成后用细砂纸(400#以上)轻度打磨；第三道用排笔刷涂或超平滚筒滚涂，笔刷应加水90%稀释，滚涂减半。

7.7.1.19　涂刷(或滚刷)前应先将门、窗、拐角、管道处为起点，由上向下分段分面进行，涂刷要首尾相接，方向一致，不留刷痕。

质量要求

7.7.1.20　薄涂料的涂饰质量和检验方法，厚涂料的涂饰质量和检验方法，复层涂料的涂饰质量和检验方法，见《建筑装饰装修工程质量验收规范》(GB 50210—2001)表10.2.6、表10.2.7，表10.2.8。

7.7.1.21　内墙面装饰一批刮白水泥浆、腻子、涂料先做样板间，经有关各方检验确认后全面展开，并以样板间实物向操作组进行技术交底。

7.7.1.22　基层腻子应平整、坚实、牢固，无粉化、起皮和裂缝。

7.7.1.23　水性涂料涂饰工程应涂饰均匀、粘结牢固，不得漏涂、透底、起皮和掉粉。

7.7.1.24　涂饰完成后，房间加锁，对成品进行保护。

7.7.1.25　涂饰工程应进行全过程质量监控、跟踪管理。

7.7.1.26　常见的质量问题及预防措施见表7.7.1.26。

表 7.7.1.26

项　目	原　因	预　防　措　施
流　坠	涂料施工粘度过低，每遍涂膜厚度大于0.7μm	调整涂料的施工黏度，每遍涂料的厚度应控制合理
	滚筒或刷子蘸涂料过多；喷枪的孔径太大	滚筒或刷子应勤蘸、少蘸涂料，调整喷嘴直径
	涂饰面凹凸不平，在凹处积存涂料太多	应尽量使基层平整，刷涂时用力均匀
开　裂	基体自身裂缝未处理好	在刮腻子之前，必须采取有效措施处理好基体的裂缝
	基层腻子未干透，含水率偏高，每道腻子厚度大于0.5mm	基层腻子厚薄均匀一致，干透后再刷涂料
	基层含水率偏高	在基层充分干燥后，方可施工
气　泡	涂层固化成膜速度太快且不一致	选择涂层成膜速度适中的涂料
	涂料的黏度较大，刷涂时易夹带空气进入涂层	涂料黏度不宜过大，一次涂膜不宜过厚
起　皮	基层不洁净，影响涂层粘贴	在涂刷前，基层必须干燥清洁
	基层含水率偏高>10%	在涂刷前，基层含水率必须控制在要求范围内，充分干燥后，方可施工
	涂料性能差，有一定附着力、稀稠不均	应选择附着力强，稀稠均匀的涂料
起　皱	基层含水率偏高，或者是每一遍涂层未干透，就涂刷下一遍	基层要干透，保证前遍涂层干透后，方可涂下一遍

7.7.2 外墙涂饰工程

一 般 规 定

7.7.2.1 本节适用于丙烯酸脂建筑涂料:以丙烯酸脂树脂为基料制成的溶剂型建筑涂料,应符合"GB/T 9759—2001"要求。

7.7.2.2 为保证涂料色泽一致,强调涂料的备料应按设计选定的品种、颜色(色卡号)、工艺要求,结合施工面积和材料单耗准确计算用料。

设 计 要 求

7.7.2.3 涂饰前做好样板或样板段(间),有关各方确认后备料。

7.7.2.4 大面积墙面根据设计要求规格作业,分格条必须选用质硬挺拔材料嵌入抹灰层。

7.7.2.5 按产品说明书进行施工,根据产品特性,注意施工气温、空气温度、风力大小,如遇反常情况严禁施工。

材 料 要 求

7.7.2.6 成品涂料进场后应对包装开封后的涂料进行验收。验收时,应验证相关的准用证明——颜色、品牌、出厂质量保证书等。

7.7.2.7 不同品种、不同颜色、不同批号的涂料应分别堆放。

施 工 要 点

7.7.2.8 施工工艺流程:

基层处理 → 套方、找规矩 → 分层抹灰 → 嵌分割条 → 质量验收 → 底涂层 → 中间涂层(主涂层) → 面涂层(罩面涂层) → 验收

7.7.2.9 基层清理必须干净,墙面不平,应认真处理好,凸出部分用水泥砂浆分层补平,超过30mm厚,钉钢丝网片,分层抹灰。墙面螺栓洞、脚手架洞,用1∶2水泥砂浆堵塞抹平。

7.7.2.10 抹灰层厚度根据灰饼、冲筋分层进行,涂料墙面平整度要按高级抹灰标准验收。

7.7.2.11 分格条按事先确定位置在抹灰时嵌入牢固,横平竖直且不能高出涂料面层。

7.7.2.12 抹灰墙面检查平整、孔隙、粗糙等缺陷,合格后批嵌腻子(腻子材质要与涂料相匹配),待干燥后打磨清扫干净。

7.7.2.13 涂料施工应由建筑物自上而下施工,收工位置必须按分格条为界限。

7.7.2.14 涂料分底涂层、中间涂层(主涂层)、面涂层(罩面涂层),每涂刷一层必须待前一遍涂层面干燥后进行。

7.7.2.15 对双组份涂料根据实际用量符合该产品的技术指标要求，配料时应机械搅拌均匀。

7.7.2.16 施工过程中为防止涂料飞溅，污染已完工墙面或其他构件等，应采取遮挡措施保护。

质 量 要 求

7.7.2.17 涂料工程的验收应待养护期满并干燥后进行。

7.7.2.18 外墙涂饰不允许漏刷、咬色起皮、流坠、开裂以及针眼、砂眼等出现。

7.7.2.19 外墙涂饰工程所用材料(成品)的应有产品合格证书、性能检测报告及进场验收记录。

7.7.2.20 外墙涂料涂饰工程的质量要求按“JGJ/T 29—2003”表 8.0.5。

7.8 细木制品及花饰安装

7.8.1 窗帘盒制作工程

一 般 规 定

7.8.1.1 本节窗帘盒为细木工板及实木板制作安装。

7.8.1.2 窗帘盒的制作应在吊顶工程施工前制作及安装完毕。

7.8.1.3 以细木工板制作的窗帘盒，为防裂缝表面应再覆一层纸面石膏板。

7.8.1.4 细木工板类窗帘盒需刷防火漆处理。

设 计 要 点

7.8.1.5 窗帘盒制作与安装所使用的材料和规格、木材的阻燃性能等级和含水率(12%)及人造板夹板的甲醛含量应符合设计要求。

材 料 要 求

7.8.1.6 预埋铁件的尺寸及数量应符合设计规范的要求。

7.8.1.7 细木工板应干燥、平整，无翘曲变形等缺陷；实木板窗帘盒的实木板表面纹理、色泽等应均匀一致，干燥，无变形等缺陷。

施 工 要 点

7.8.1.8 施工工艺流程：

放线定位 → 打孔 → 窗帘盒制作 → 安装窗帘盒

7.8.1.9 明窗帘盒(实木制作)

1. 放线定位：按照施工图纸中的窗帘盒的具体位置把墨线弹在墙面上，用木螺钉把两个铁脚固定在窗帘盒的顶面的两端，按窗帘盒的定位位置和两个铁脚的间距，画出墙面固定铁脚的孔位。

2. 打孔：用冲击钻在墙面画线位置打孔，用 M6 膨胀螺栓固定窗帘盒，用 ϕ8.5mm 冲击钻头，孔深大于 40mm。

3. 窗帘盒制作：按图纸要求截下的不见料要长于要求规格 30～50mm，厚度、宽度要分别大于 3～5mm。

4. 刨光时要顺木纹操作，先刨削出相邻两个基准面，并做上符号标记，再按规定尺寸加工完成另外两个基础面，要求板面光洁、无戗槎。

5. 结构方式采用 45°全暗燕尾卯榫，也可采用 45°斜角钉胶结合。

6. 装配时用直角尺测准暗转角度后把结构敲紧打严，注意转角处不要露缝。

7. 结构固化后可修正砂光。用 0＃砂纸打磨掉毛刺、棱角、立楂，应顺木纹方向砂光。

8. 窗帘盒安装：固定窗帘盒的方法是膨胀螺栓和木楔配木螺钉固定。膨胀螺栓是将连接于窗帘盒上面的铁脚固定在墙面上，而铁脚又用木螺钉连接于窗帘盒的木结构上。

7.8.1.10 暗装窗帘盒（18mm 厚细木工板制作）

1. 放线定位：在没有进行吊顶前，按照施工图纸中的窗帘盒下口线位置把墨线弹在墙面上。

2. 打孔：离弹线上方（窗帘盒上方）35～40mm 位置，用冲击钻打孔，打木楔，用铁钉把木龙骨固定在墙面上，窗帘盒的两侧也要固定木龙骨，以便窗帘盒的固定。

3. 窗帘盒制作：按图纸要求尺寸用 18mm 厚细木工板下料，装配完成后窗帘盒表面刷二道防火漆。

4. 窗帘盒安装：固定窗帘盒的方法为 20mm 宽扁铁与窗帘盒用木螺丝固定，扁铁上头折成 L 形用射钉枪或膨胀螺栓直接与混凝土楼板固定。将窗帘盒摆放于预先弹好的墨线位置，用木螺丝把窗帘盒扁铁吊筋钉牢固定，并检查窗帘盒内侧板的下口是否与墨线相吻合，窗帘盒的通长侧板与吊顶的轻钢龙骨的端头用自攻螺钉固定。

5. 面贴纸面石膏板：为防止裂缝，窗帘盒表面需贴纸面石膏板。窗帘盒的下口封纸面石膏板或用实木线收口，窗帘盒与天花及窗帘盒下口用铝合金护角装钉。

质 量 要 点

7.8.1.11 窗帘盒的造型、规格、尺寸、安装位置和固定方法必须符合设计要求。窗帘盒的安装必须牢固。

7.8.1.12 窗帘盒配件的品种、规格应符合设计要求，安装牢固。

7.8.1.13 窗帘盒表面应平整、洁净、线条顺直、接缝严密纹理一致，不得有裂缝、翘曲及损坏。

7.8.1.14 窗帘盒与墙面、窗框的衔接应严密，密封胶应顺直、光滑。

7.8.1.15 窗帘盒（见图 7.8.1.15-1、2）安装的允许偏差和检验方法应符合规范要求。允许偏差及检验方法参照《建筑装饰装修工程质量验收规范》（GB 50210—2001）表 12.3.8。

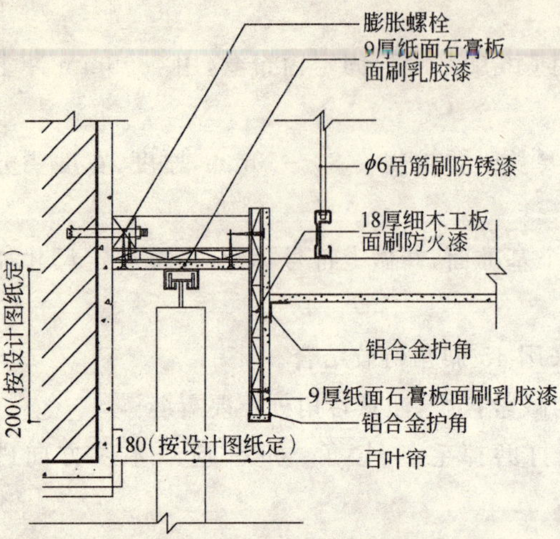

图 7.8.1.15-1 明窗帘盒

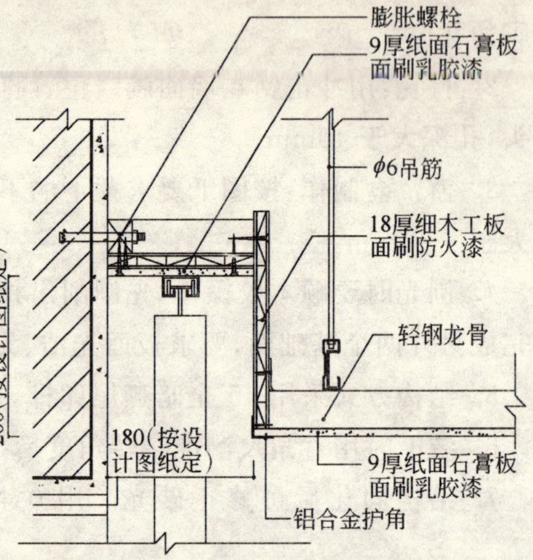

图 7.8.1.15-2 暗窗帘盒

7.8.2 木扶手制作安装工程

一 般 规 定

7.8.2.1 本节适用于木扶手制作与安装、质量验收。

7.8.2.2 所用材料的品种、质量、规格、尺寸等均应符合设计要求及有关规定。

7.8.2.3 木扶手所用实木料应干燥无大裂缝、变形及树斑等缺陷。

设 计 要 点

7.8.2.4 木扶手表面应光滑平直、拐角方正、色泽一致、无刨痕和锤印、无裂缝、翘曲及损坏现象。

材 料 要 求

7.8.2.5 扶手制作与安装所用材料的材质、规格、数量和木材的燃烧性能等级应符合设计要求。

7.8.2.6 扶手的造型、尺寸及安装位置应符合设计要求。

7.8.2.7 扶手安装预埋件的数量、规格、位置、以及护栏与预埋件的连接节点应符合设计要求。

施 工 要 点

7.8.2.8 施工工艺流程：

找位与划线 → 弯头配置 → 连接预埋 → 固定 → 整修

7.8.2.9 找位与划线：安装木扶手的固定件，位置、标高、坡度、找位校正后弹出扶手纵向中心线。

7.8.2.10　按设计扶手构造，根据折弯位置、角度，划出折弯或割角线。

7.8.2.11　楼梯栏板和栏杆顶面，划出扶手直线段与弯折段的起点和终点的位置。

7.8.2.12　弯头配置：按栏板或栏杆顶面的斜度，配好起步弯头，一般木扶手，可用扶手料割配弯头。采用割角对缝粘接，在断块割配区段内最少要考虑用 3 个螺钉与支撑固定件连接固定。大于 70mm 断面的扶手接头配置时，除粘结外，还应在下面作暗楔或用铁件结合。

7.8.2.13　连接预装：预制木扶手需经预装，预装木扶手由下往上进行，先预装起步弯头及连接第一跑扶手的折弯弯头，再配上折弯之间的直线扶手料，进行分断预装粘结。

7.8.2.14　固定：分段预装检查无误，进行扶手与栏杆（栏板）上固定件，用木螺丝拧紧固定，固定间距控制在 400mm 以内。

7.8.2.15　整修：扶手折弯处如有不平顺，应锉平，找顺磨光，折角线清晰，坡角合适，弯曲自然，断面一致，最后用木砂纸打光。

质 量 要 求

7.8.2.16　护栏和扶手转角弧度应符合设计要求，接缝应严密，表面应光滑，色泽应一致，不得有裂缝、翘曲及损坏。

7.8.2.17　项目允许偏差及检验方法可参照《建筑装饰装修工程质量验收规范》（GB 50210—2001）表 12.5.9。

7.9　橱、卫间各种成品组装柜安装

一 般 规 定

7.9.0.1　成品柜的外形尺寸、式样、纹理、安装位置及含水率应符合设计要求。

7.9.0.2　成品柜进场应出具检测报告等相关资料。

7.9.0.3　柜现场组装牢固、连接到位。

7.9.0.4　柜组装台（700～1000mm）内目视不得有明显色差（采用自然光或 40W 以上日光灯）。

7.9.0.5　柜卸货、组装及组装完毕后应做好成品保护措施。

7.9.0.6　柜内电源预留位置应与柜内预留孔相符。

设 计 要 点

7.9.0.7　柜子木材含水率不大于 12%。

7.9.0.8　各种柜安装统一尺寸标准化生产，安装配件应用螺丝钉，抽屉开启顺畅、无异声。

7.9.0.9　原材料、成品、半成品均符合一级品要求且有出厂质保书和环保检测报告。

材 料 要 求

7.9.0.10　柜所有的木皮、防火板、五金件、导轨等应符合图纸设计要求。

7.9.0.11 柜门表面应平整、洁净、色泽一致，不得有裂纹、翘曲及损坏。

7.9.0.12 五金件不能生锈或脱镀层。

施 工 要 点

7.9.0.13 施工工艺流程：

实地查勘、核对图纸 → 测量尺寸 → 标准化生产 → 运输 → 木榫、螺丝连接 → 板件安装 → 五金安装 → 柜门安装 → 锁具安装 → 验收

7.9.0.14 准备：在柜安装前应对安装现场进行清理，并检查安装位置的装修饰面、油漆等是否已经完成。卸货前应先铺设软铺垫，防止污染及损伤各组装板件。把各组装件搬运到临近安装部位一侧。

7.9.0.15 木榫连接件安装：按图纸设计孔位安装木榫。

7.9.0.16 板件安装：对柜的主板件按顺序进行组装，组装时注意板件的部位和正反面。如有拼合不严处，应查找原因并采取修整或补救措施。

7.9.0.17 五金件安装：抽屉导轨、门铰合页及柜门的导轨等安装位置应定位准确，安装严密、方正牢靠，结合处不得崩槎、歪扭、松动，不得缺件、漏钉和漏装。

7.9.0.18 柜门安装：安装后要求柜门的上下口水平一致，门的分缝均匀一致。

7.9.0.19 锁具安装：按图纸设计要求选用锁具，锁具安装后锁芯不得凹陷或外凸不得超过2mm；门锁内外不严处不大于0.5mm。

质 量 要 求

7.9.0.20 成品柜指(吊柜、台柜、橱柜)的外形尺寸、式样、纹理、木材的阻燃性能等级和含水率、人造木板的甲醛含量应符合设计要求及国家现行标准的有关规定。

7.9.0.21 柜组装要牢固，协调美观，不能出现错装或不符合质量标准的各种不良安装现象，整个平面平整，不应有高低不平，缝隙应均匀。

7.9.0.22 头面分缝要求：上、中缝　$1.5<R<3$mm

左右分缝　$1.5<R<2.5$mm

门缝要求：门长度　$L<1000$mm　$R<2$mm

门长度　1000mm$<L<$1800mm　$R=1.5\sim3$mm

门长度　$L>1800$mm　$R=2\sim3$mm

柜垂直偏差不大于3mm，水平偏差不大于总柜长1/500

7.9.0.23 五金件安装要求牢固，不能有松动、偏斜等现象。开启时要轻松自如，无跳动、无杂音。

7.9.0.24 柜表面要求洁净无污染，漆面要求表面不得有鼓泡、皱纹、流挂、脱漆、划伤、橘皮、离层、咬底等明显缺陷，台面牢固边不会滑动。

7.9.0.25 同一木板面不得有色差；实木边与木皮颜色不能有明显色差。

7.9.0.26 窗帘盒安装的允许偏差和检验方法应符合规范要求。

7.10 淋浴屏安装

一般规定

7.10.0.1 本节适用于住宅卫生间淋浴屏安装与质量验收。

7.10.0.2 淋浴屏尺寸及布置应按设计图纸。

设计要点

7.10.0.3 淋浴屏试验方法、检验规则及标志、包装、运输、储存均符合相关技术标准。

7.10.0.4 用于人体淋浴、水温不高于80℃的淋浴屏(内装有冷、热水龙头调混到适合人体淋浴温度)。

材料要求

7.10.0.5 隔板采用钢化玻璃应符合"GB/T 9963—1998"的规定,PS板应符合相关技术标准的规定。

7.10.0.6 框架铝合金型材应符合"GB/T 5237—2000"规定。

7.10.0.7 其他材料应为不锈钢材料或经表面处理后能防锈的材料。

施工要点

7.10.0.8 施工工艺流程:

清理基层 → 放线 → 固定大理石 → 淋浴屏安装 → 测试 → 验收

7.10.0.9 产品在运输中避免冲击、雨淋、受潮及化学品的腐蚀,运输过程产品要自立摆放。

7.10.0.10 根据设计图纸就位放线,四周铺砌大理石止水条,高度和宽度均符合设计要求,上部开槽安装淋浴屏玻璃。

7.10.0.11 大理石与地面和玻璃与大理石之间均用大理石胶固定。玻璃拼装除用连接件外,接缝处用硅酮胶嵌缝。

质量要求

7.10.0.12 安装牢固,淋浴屏在目测时,应在自然散射光线下或在无反射光的白色灯光下进行,光照度不低于300lx。

7.10.0.13 门应启闭灵活、无卡阻、启闭力应不大于18N。磁吸开启力在15N～40N之间。

7.10.0.14 密封性:在设定的喷淋状态下渗漏量不大于0.05L。(试件尺寸900mm×900mm,高度为1700～2000mm的淋浴屏进行)

7.10.0.15 产品经检验部门检验合格,并附有合格证及安装说明书。

7.10.0.16 产品框架装饰面不应有裂纹、蚀点、气泡及氧化膜脱落等。

7.11 外墙装修干挂饰面板构造及施工

一 般 规 定

7.11.0.1 本节适用于外墙建筑装修无框干挂饰面板构造及施工。

7.11.0.2 石材进场必须具备出厂合格及检测报告。进口石材必须备有中文合格证及中文检测报告。

7.11.0.3 对石材规格、尺寸、颜色、品种进行验收。石材堆放应光面对光面，毛面对毛面。

设 计 要 点

7.11.0.4 石材系分块独立地吊挂于墙面上，每块板重量不会传给其他石块(板)。

7.11.0.5 根据设计立面要求，对外墙干挂饰面板进行现场放样，画出排版图。

7.11.0.6 干挂饰面板安装高度不大 24m，抗震设防烈度不大于 7 度。

材 料 要 求

7.11.0.7 石材品种、质量、规格均符合设计要求。

7.11.0.8 石材放射性检测合格。

7.11.0.9 石材表面应洁净、平整，无磨痕、隐伤，且图案清晰、色泽一致。板块无裂缝、掉角、缺棱等缺陷。

施 工 要 点

7.11.0.10 施工工艺流程：

清理基层 → 墙面上作防水处理 → 弹线 → 挂件安装 → 板材连接安装 → 缝隙塞泡沫条 → 缝隙打胶 → 验收

7.11.0.11 大理石安装：从上而下挂通线控制各面的垂直度和套方拉水平线。石材按位置就位后，先固定下部，后固定上部。水平、垂直符合要求后，紧固所有螺栓（见图 7.11.0.11）。

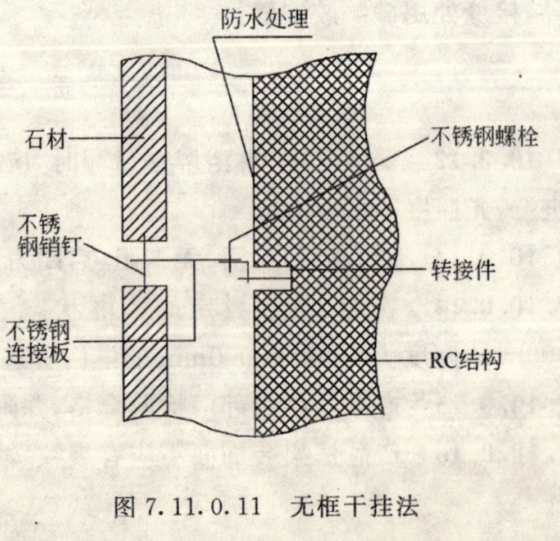

图 7.11.0.11 无框干挂法

7.11.0.12 找垂直时，一般按板背面与基层面的空隙(架空)以 50～70mm 为宜。吊挂垂直线，建筑物四周弹出水平线，连接两点作为起始层挂板的基准，在基层立面上按板材的大小和缝隙的宽度，弹出横平竖直的分格线，每块石材就位线。

7.11.0.13 外墙表面处理：外墙表面灰尘、污垢、垃圾等清理干净，洒水湿润。

7.11.0.14 墙体打洞：根据具体设计在墙体上按不锈钢膨胀螺栓位置钻孔。孔钻好后，将不锈钢膨胀螺栓满涂凝固胶一道，安入洞内，拧紧胀牢。

7.11.0.15 饰面石板打洞：根据放样图和设计要求在饰面板上钻孔。

7.11.0.16 安装饰面板石板：

1. 安装不锈钢挂件：将不锈钢角钢挂件，临时安装在 M10×110mm 不锈钢膨胀螺栓上（螺栓帽不要拧紧），再将不锈钢平板挂件用 ϕ8 不锈钢螺栓临时固定在不锈钢角钢挂件上（螺栓帽不要拧紧）。

2. 安装石板：将石材临时就位，并将不锈钢销钉插入石板孔内，利用角钢挂件及平板挂件上的调整孔，对石板的位置准确度、垂直度、平整度等进行调整。

3. 紧固吊挂件，石板正式就位：饰面石板调整准确，石板正式就位后，将不锈钢角钢挂件、平板挂件上所有螺栓全部拧紧，并在螺栓四周与挂件接触处及销钉孔隙等处，满涂凝固胶。

7.11.0.17 挂件安装：按设计及挂件的规格、数量的要求安装挂件，同时必须用测力扳手检测膨胀螺栓和连接螺母的旋紧力度，使其达到设计要求。

7.11.0.18 板材连接后在板材端面的孔中灌入适量环氧树脂混合料并插入不锈钢锚固钉（销钉）。一般在 4～8h 凝固时间为妥。

7.11.0.19 板材安装：由下而上依此按一个方向顺序安装，不宜交叉作业。每皮安装完成，应作一次外形误差的调校，并以测力扳手对挂件螺栓旋紧进行抽检复验。

7.11.0.20 封缝：安装（每台班）后经检查无误，可清扫拼缝，嵌入橡胶条，然后打胶。雨天或板材受潮时不宜涂硅胶。

7.11.0.21 无框干挂必须对连接板、螺栓、L 型转接件、膨胀螺栓等强度以及膨胀螺栓锚固长度等进行计算。

质 量 要 求

7.11.0.22 外墙面基层清理后涂防水材料。在干挂石板过程中有损坏应给予补涂防水材料。

7.11.0.23 石材上钻孔及墙面钻孔直径、深度、数量均应进行隐蔽验收。

7.11.0.24 干挂石材宜在钢筋混凝土结构上施工，需要在砖墙、砌块上施工，必须在砌筑时预埋混凝土块并得到设计院的审核。

7.11.0.25 饰面板安装工程的预埋件（或后置埋件）、连接件的数量、规格、位置、连接方法和防腐处理必须符合设计要求。后置埋件的现场拉拔强度必须符合设计要求，饰面板安装必须牢固。

7.11.0.26 饰面板安装的允许偏差和检验方法应符合“GB 50210—2001”表 8.2.9 的规定。

7.12 成品木护墙板安装工程

一 般 规 定

7.12.0.1 成品木护墙板的品种、尺寸、厚度、色泽、纹理及含水率应符合设计要求，木龙骨、木楔等材料应干燥、顺直，无开裂、无变形、无弯曲。

7.12.0.2　所有木质材料应事先做防火、防腐处理并要求基层安装牢固。

7.12.0.3　成品木护墙板要求基层平整、垂直。以燕尾穿条的方式进行安装。

7.12.0.4　成品木护墙板安装前，基层的外包尺寸必须测量准确。

设 计 要 点

7.12.0.5　材质和规格、木材的燃烧性能等级和含水率及人造板的甲醛含量应符合设计要求及国家现行标准的有关规定。

7.12.0.6　安装预埋件或后置埋件数量、规格、位置应符合设计要求。

材 料 要 求

7.12.0.7　成品木护墙板应干燥、平整，无翘曲变形等缺陷；成品木护墙板表面应无划伤及污点。

7.12.0.8　成品木护墙板要求油漆的颜色及纹理统一并符合设计要求。

7.12.0.9　成品木护墙板应具有商品检验合格证书。

施 工 要 点

7.12.0.10　施工工艺流程：

木龙骨基层安装 → 多层板安装 → 多层板面弹线 → 安装燕尾条及卡口条 → 成品木护墙板拼装 → 安装实木条

7.12.0.11　木龙骨基层安装：按设计要求的宽度和高度安装木龙骨基层，木龙骨间距400mm×400mm，木龙骨架要求垂直、水平方向平整及牢固。

7.12.0.12　多层板安装：多层板固定前，应预先在板的上口用钉子固定，而后用铅笔在板的正面划线，再在板的表面弹线以便于钉子沿线安装，钉入木龙骨内，多层板安装垂直度及水平度都必须控制在2mm内。

7.12.0.13　多层板基层弹线：根据护墙板的上下口燕尾条安装情况，相应地在基层板上找出上下实木条安装位置线，并弹墨线在基层板上，以便于上下实木板组合槽的位置与安装在护墙板上的燕尾条的位置相一致。

7.12.0.14　安装燕尾条及卡口条：根据弹线把组合的上下两块木条固定在多层板基层上，燕尾条则固定于护墙板上，并检查安装的位置是否正确。

7.12.0.15　成品木护墙板拼装：成品木护墙安装应该从下向上安装，安装前，拉线随时检查木护墙的垂直度、平整度，安装时要把护墙板后面的燕尾条套入墙面的槽口内，并用铁锤在护墙板的上口及左侧或右侧（垫木块）轻轻地敲击护墙板，使上下两块护墙板套紧，护墙板与立墙基层板贴紧，上口要平直，对缝要直。若护墙板垂直度不够，可在板背面嵌入木楔调节板的垂直度。

7.12.0.16　安装实木条：第一块成品木护墙板安装好后，再用40mm×5mm实木条（同护墙板材料）插入护墙板上下口槽口内。

质 量 要 求

7.12.0.17 成品木护墙板入现场前就要把关，要求木护墙板不翘曲、不变形，表面平整，油漆颜色一致，护墙板的槽口宽度符合设计及安装要求。

7.12.0.18 在安装过程中不能用铁锤直接敲击固定，不得在板面上留下伤痕。板面槽口应平整顺直。拉通线检查时，偏差不得大于 2mm。

7.12.0.19 成品护墙板安装完毕后，不能有松动及不平整。

7.12.0.20 成品木护墙板的含水率应符合出厂要求。

7.12.0.21 允许偏差及检验方法可参照《建筑装饰装修工程质量验收规范》(GB 50210—2001)表。

（本章主要起草人：管锦春、陈雪涌、蔡勇、江建明、施贤、谢丽校、梁士平）

8 住宅给水、排水、暖气、燃气系统

8.1 基 本 规 定

设 计 要 点

8.1.1 住宅给排水、采暖、燃气系统工程，施工前应具备下列条件：

8.1.1.1 设计及其他技术文件齐全，并已通过施工图审查。

8.1.1.2 设计已进行技术交底。

8.1.1.3 应按设计图纸施工，修改设计应有设计单位批准的设计变更。

8.1.2 有噪声振动源的设备机房不得邻住宅的居住空间布置，如受条件限制需要布置时，应采取有效的隔振或减振措施，并达到《住宅设计规范》(GB 5096—1999)的居室允许噪声级的要求。

8.1.3 管道穿地下室或地下构筑物外墙时，应采取防水措施，穿地下储藏和居住房间外墙时，应采用柔性防水套管。

8.1.4 管道穿不同构筑物时应采取下列技术措施：

8.1.4.1 管道穿过结构伸缩缝时，该段管道应采用柔性管材(橡胶或金属波纹管)与伸缩缝两侧管道连接。

8.1.4.2 管道穿过抗震缝时，宜在管道或保温层外皮四周留有不少于 150mm 的净空。

8.1.4.3 管道穿过建筑物沉降缝时，在管道上皮(含保温层)留有不小于 150mm 的净空。

8.1.5 管道穿墙和楼板时应采取下列技术措施：

8.1.5.1 管道穿墙应设套管，套管两端应与墙饰面平，套管管径应比穿墙管道大 1～2 号，套管与管道间的间隙宜用石膏封堵、抹平，严禁用水泥或水泥砂浆封堵，应确保管道在套管内能自由伸缩。

8.1.5.2 管道穿过楼板应设置套管。卫生间和厨房地面的套管顶部应高出地板饰面 50mm；其他房间套管顶部应高出地板饰面 20mm。套管底部应与楼板底面相平。套管与管道间的间隙应用油麻和防水油膏填实，其表面应光滑。

材 料 要 求

8.1.6 使用的材料、设备及制品，应有符合国家或部颁现行标准的技术质量鉴定文件或产品合格证。

8.1.7 使用的管材、配件、卫生器具、热水器、灶具等，必须具有出厂合格证明及质量证明书，其质量应符合国家技术标准，规格、型号及性能应满足设计要求。

8.1.8 材料、设备进场时应进行检验，进场验收单必须经专职质检员签字，并经监理工程师核查确认。

8.1.9 产品应附有安装使用说明书，特殊产品应有配套工具。国外产品应有商检证明和完整的中文资料。

施工要点

8.1.10 材料、施工力量、机具等应能保证正常施工。

8.1.11 施工场地及施工用水、电等临时设施，应能满足施工需要。

8.1.12 建筑给排水、采暖及燃气工程的施工应编制施工组织设计或施工方案，经批准后方可实施。

8.1.13 建筑给排水、采暖及燃气工程的施工单位应具有相应的资质。工程质量验收人员应具备相应的专业技术资格。

8.1.14 建筑给排水、采暖及燃气工程与相关各专业之间应进行交接质量检验，并形成记录。

8.1.15 施工应采取样板先行的程序，样板间或样板工段内的该项工作全部完成后，应由施工单位会同设计、监理和业主进行检查，认可后，方可进行该项目的施工。

8.1.16 隐蔽工程应在隐蔽前经验收各方检验合格后，才能隐蔽，并形成记录。

质量要求

8.1.17 施工应与建筑及其他有关专业工种密切配合。在施工过程中应作好质量检验评定，保证工程质量达到国家标准和设计要求。

8.1.18 室内给排水、采暖系统的安装验收应符合《建筑给水排水及采暖工程施工质量验收规范》(GB 50242—2002)的规定。

8.1.19 室内燃气管道及设备安装验收应符合《城镇燃气设计规范》(GB 50028)和《城镇燃气室内工程施工及验收规范》(CJJ 94—2003)的规定。

8.1.20 各种承压管道系统和设备应进行水压/气压试验，非承压水管系统和设备应进行灌水试验。

8.2 室内给水系统

一般规定

8.2.1 本节适用于住宅室内生活给水、热水、中水和消防给水系统的安装工程。

8.2.2 给水管道必须采用与管材相适应的管件。生活给水系统所涉及的材料必须达到饮用水卫生标准。

8.2.3 住宅建筑给排水工程施工应执行《建筑给水排水及采暖工程施工质量验收规范》

(GB 50242—2002)的规定。

设 计 要 点

8.2.4 住宅室内给水系统最低配水点的静水压力宜为300～350kPa,大于400kPa时,应采取竖向分区或减压措施。

8.2.5 户内水表前应设置阀门。给水立管和装有3个以上配水点的支管始端,均应安装可拆卸的连接件。

8.2.6 冷热水管上下平行安装时热水管应在冷水管的上方,垂直平行安装时热水管应在冷水管的左侧。

材 料 要 求

8.2.7 材料、设备的选用应符合设计要求。材料、设备进场时,应进行检查验收,并形成记录。

8.2.8 应选择与管材相适应的管件。管道的工作压力不得大于产品标准允许的工作压力,冷水管应采用公称压力不低于1.0MPa的管材和管件,热水管应采用公称压力不低于2.0MPa的管材和管件。管材、管件应符合国家或行业的相关标准和规范的要求。

8.2.8.1 给水铝塑复合管道工程参照中国建设标准化协会标准《建筑给水铝塑复合管管道工程技术规程》(CECS 105:2000)。

8.2.8.2 给水钢塑复合管道工程参照中国建设标准化协会的标准《建筑给水钢塑复合管管道工程技术规程》(CECS 125:2001)。

8.2.8.3 给水硬聚氯乙烯管道工程参照中国建设标准化协会标准《建筑给水硬聚氯乙烯管道设计与施工验收规程》(CECS 41:92)。

8.2.8.4 给水聚丙烯管道(PP-R)工程参照上海产品推荐性应用标准《建筑给水聚丙烯管道(PP-R)工程技术规程》(DBJ/CT 501—1999)。

8.2.8.5 建筑给水用铜管的管材、管件应符合现行的国家标准《无缝铜水管和气管》(GB/T 18033—2000)、《铜管接头》(GB/T 11618—96)的规定。

8.2.9 阀门安装前,应作强度和严密性试验。试验应在每批(同牌号、同型号、同规格)数量中抽查10%,且不少于一个。对于安装在主干管上起切断作用的阀门应逐个试验。

8.2.10 水泵机组进场时,应进行检查验收。水泵的开箱检查,应按设备技术文件的规定清点泵的零件和部件,并应无缺件、损坏和锈蚀等;管口保护物和堵盖应完好;应核对泵的型号、规格和主要安装尺寸,并应与设计相符;产品应具有出厂合格证。

8.2.11 水箱材料进场时应进行检查验收,符合设计要求。对于生活给水水箱,如采用非金属材料如玻璃钢和衬塑复合钢板及组装用橡胶密封材料,还应具有卫生部门的检验证明文件,水质必须符合现行《生活饮用水卫生标准》(GB 5749—85)的要求。

施 工 要 点

8.2.12 室内给水管道施工应按安装工艺流程进行:

安装准备 → 预留、预埋 → (1)预制加工、(2)支架制作安装 → 管道安装(干管—立管—支管) → 管道强度试压 → 管道防腐、保温 → 管道系统试压 → 管道通水 → 管道冲洗、消毒(生活给水)

8.2.13 管道安装前要配合土建进行预留孔洞和预埋件的施工，并形成记录。

8.2.14 管道、设备安装部位的土建施工应能满足管道安装要求，并有明显的建筑轴线和标高控制线。

8.2.15 给水管道安装应满足下列要求：

8.2.15.1 管道预制加工：按设计图纸要求画出管道分路、管径、变径、预留管口、阀门位置等的施工草图，在实际安装的结构位置做标记，按标记分段量出实际安装的准确尺寸，记录在施工草图上，然后按草图测得的尺寸进行管段预制加工。

8.2.15.2 室内给水管道的安装顺序，一般先地下后地上，先大管后小管，先立管后支管。

8.2.15.3 嵌墙敷设和在楼(地)面找平层内敷设的给水支管，隐蔽前应进行水压试验，试压合格后方可隐蔽。并在墙面和地面管道所在位置画线显示，防止住户二次装修时损坏管道。

8.2.15.4 厨房、卫生间是各种管道集中的地方，管道安装时各专业工种应协同配合，合理安排施工顺序，细心操作，避免打钉、钻孔时损伤管道和损坏土建防水层。

8.2.15.5 管道接口不得设在套管内，并应距套管端头有不小于100mm距离。

8.2.15.6 复合管穿过墙体或楼板时，靠近穿越套管的一端应设固定支撑件将管道固定。

8.2.15.7 管道防冻保温及防潮隔热施工，应在防腐、水压试验合格后进行。如需先保温或预先做保温层，应将管道连接处环缝留出，待水压试验合格后再将连接处进行保温。

8.2.15.8 热水管道应尽量利用自然弯补偿热伸缩，直线管段过长应设置补偿器。补偿器的型式、规格和位置应符合设计要求，并按有关规定进行预拉伸。

8.2.16 给水管道附件安装：住宅给水管道常用附件主要有阀门、止回阀、减压阀、水表等。

8.2.16.1 阀门安装前的准备工作：

1. 阀门进场时应进行检验：阀门的型号、规格应符合设计要求。阀体铸造应规矩，表面光滑，无裂纹，开关灵活，关闭严密，手轮完整无损，具有出厂合格证。

2. 阀门安装前，应作强度和严密性试验。试压不合格的阀门应经研磨修理，重新试压，合格后方可安装使用。试验合格的阀门，应及时排除内部积水，密封面应涂防锈油，关闭阀门，并将两端暂时封闭。

3. 阀门安装前，先前管子内部杂物清除干净，以防止铁屑、砂粒等污物刮伤阀门的密封面。

8.2.16.2 截止阀、蝶阀和止回阀的安装：安装时应注意水流方向与阀体上的箭头方向一致。安装螺纹连接的阀门时，应保证螺纹完整无缺。

止回阀的安装：采用旋启式和升降式止回阀的安装有方向性，应使阀板或阀芯启闭既要与水流方向一致，又要在重力作用下能自行关闭。应采用消声止回阀或微阻缓闭式止回阀。

8.2.16.3 减压阀安装：

1. 弹簧式减压阀一般宜水平安装，比例式减压阀宜垂直安装。减压阀安装前应冲洗管道，防止杂物堵塞减压阀。减压阀安装时应使阀体箭头方向与水流方向一致，不得反装。

2. 减压阀的安装应考虑到调试、观察和维修方便。暗装于管道井中的减压阀，应在其相应位置设检修口。

3. 比例式减压阀必须保持平衡孔暴露在大气中，以不致被堵塞。减压阀如水平安装时，阀体上的透气孔应朝下，以防堵塞；垂直安装时，孔口应置于易观察检查之方向。

4. 减压阀前应设过滤器，其前后应装设阀门和压力表。

8.2.16.4　水表安装：

1. 安装使用的水表型号、规格应符合设计要求，表壳铸造规矩，无砂眼、裂纹，表玻璃盖无损坏，铅封完整，并具有产品出厂合格证及法定单位检测证明文件。

2. 预留的水表连接管段口径、表位、管件及标高等，均应符合设计和安装要求。

3. 在施工草图上标出水表、阀门等位置及水表前后直线管段长度，然后按草图测得的尺寸下料编号、配管连接。

4. 旋翼式水表应水平安装。水表安装就位时，应复核水表上标示的箭头方向与水流方向是否一致。

5. 给水管道进行系统试压和冲洗时，应将水表卸下，待试压、冲洗完成后再行复位。水表安装未正式使用前不得启封，以防损伤表罩玻璃。

6. 远传数控水表：表箱安装应平正，距地面调试应符合设计要求；传导线的连接点必须连接牢固；配线管中严禁有接头存在，布线的端头必须甩到分户表位处，与分户表直接连接；远传数控水表箱的开启和关闭应灵活，并应加锁保护。

8.2.17　给水设备安装：住宅给水设备主要包括水泵机组和水箱。

8.2.17.1　住宅宜采用整体水泵。由生产厂在出厂前将水泵与电动机组合安装在同一个底座上，并经过调试、检验，然后整体包装运到安装现场。

8.2.17.2　水泵机组安装：

1. 水泵机组就位前，安装单位应会同土建工种检查水泵基础混凝土的强度、尺寸、坐标、标高和预留螺孔位置等是否符合设计要求，检查验收合格后方能进行安装。

2. 安装前应先做水泵平衡试验，若经过平衡试验和外观检查未发现异常情况时就可进行安装。若发现有明显的异常情况，应通知供货单位，再进行解体检查和重新组合安装。

8.2.17.3　水泵进出口管道安装：

1. 水泵进出口管道安装应从水泵开始向外安装，不可将固定好的管道与水泵强行组合。

2. 水泵配管及其附件的重量不得加在水泵上。

3. 管道与泵连接后，不应再在其上进行焊接和气割，如需焊接或气割时，应拆下管段或采取可靠的措施，防止焊渣进入泵内和损坏泵的零件。

4. 吸水（进水）管道的安装，应有不小于5‰的坡度坡向吸水池，其连接变径时应采用偏心异径管，且要求管顶相平，以避免存气。

5. 水泵进出口管道安装的各种阀门和压力表等，其规格、型号应符合设计要求，安装位置正确，动作灵活，严密不漏。管道上的压力表等仪表接点的开孔和焊接应在管道安装前进行。

8.2.17.4　水泵隔振及安装：除消防专用泵外，水泵应配有隔振设施，即在水泵基座下安装橡胶隔振垫或隔振器和在水泵进出口处管道上安装可曲挠橡胶接头。

1. 橡胶隔振垫和隔振器的安装要点：安装使用的型号应符合设计要求，隔振件应按水泵机组的中轴线作对称布置，隔振件的压缩变形量应一致。

2. 可曲挠橡胶接头的安装要点：用于生活给水泵进出口管道上的可曲挠橡胶接头，其材质应符合饮用水质标准的卫生要求；安装在水泵出口管道的可曲挠接头配件，其压力等级应与水泵工作压力相匹配。可曲挠橡胶接头应在不受力的自然状态下进行安装，严禁处于极限偏差状态。

8.2.17.5 水箱的安装：给水水箱一般由生产厂家在施工现场进行组装而成。安装水箱的支座应按设计图纸要求制作，支座的尺寸、位置和标高经检查应符合要求。

质 量 要 求

8.2.18 水压试验：给水管道安装完毕应进行强度和严密性试验，试压分阶段性试压和系统试压。阶段性试压，是针对埋地、嵌墙及设在吊顶和管井内等暗敷设的管道，在隐蔽前必须进行水压试验。给水管道系统全部安装完毕后，应进行系统水压试验。

8.2.19 管道及设备安装

8.2.19.1 管道的弯曲半径：

1. 钢制管道：热煨应不小于外径的3.5倍；冷煨应不小于管道外径的4倍。焊接弯头，应不小于管道外径的1.5倍；煨弯管道椭圆率不得超过10%。

2. 塑料管应不小于管道外径的8倍。

3. 复合管应不小于管道外径的5倍。

4. 煨弯处不应有焊口。

8.2.19.2 管道连接：

1. 管道采用粘接时，管道插入承口的深度不得小于[公称直径(mm)：插入深度(mm)＝20：16,25：19,32：22,40：26,50：31,75：44,100：61,125：69,150：80]规定的深度。

2. 熔接的管道，熔接后的结合面应有一均匀的熔接圈，不得出现熔瘤或熔接圈凹凸不平的现象。

3. 采用橡胶圈接口的管道，沿曲线铺设时，每个接口的最大偏转角不得超过2°。

4. 法兰连接时，垫片不得凸入管内，其外边缘宜与法兰加工面边缘齐，连接法兰的螺栓直径应与法兰螺孔匹配，螺栓长度为螺栓拧紧后丝扣外露2～3扣(或为螺栓直径的1/2)。

8.2.19.3 管道保温防潮：

1. 保温结构层间粘贴应紧密、平整、压缝，圆弧均匀，伸缩缝布置合理，不应有环形断裂现象。采用成型预制块和缠裹材料时，接缝应错开，嵌缝要饱满。

2. 防潮层应紧贴于保温层上，不允许有局部脱落和鼓包现象。

8.2.19.4 给水管道通水试验：给水管道系统交付使用之前必须进行通水试验，并做好记录。试验方法：按设计要求同时开放的最大数量和配水点是否全部达到额定流量。

8.2.19.5 给水管道冲洗和消毒检测：

1. 给水管道系统(生活给水管道和消防管道)在交付使用前需进行冲洗。冲洗应以系统最大设计流量或不小于1.5m/s的流速进行，直到各出水口的水色透明度与进水目测一致为合格。

2. 生活饮用水管道在交付使用前应用每升水中含20～30mg的游离氯灌满管道进行消毒。含氯水在管中应留置24h以上。消毒完后，再用饮用水冲洗，并经卫生部门取样检验符合国家现行《生活饮用水卫生标准》后，方可使用。

8.2.19.6 水泵试运转：

1. 水泵应先进行单机无负荷试运转。运转中无异常声音，水泵各紧固连接部分无松动现象。水泵无明显的径向振动和温升。

2. 水泵在设计负荷下连续运转不少于2h，然后停泵。

3. 水泵试运转的合格标准：

1）管路系统运转正常，压力、流量、温度和其他要求应符合设备技术文件的规定。

2）运转中不应有不正常的声音，各密封部位不应泄漏，各紧固连接部位不应松动。

3）滚动轴承的温度不应高于75℃，滑动轴承的温度不应高于70℃，特殊轴承的温度应符合设备技术文件的规定。

4）轴封填料的温升应正常：普通软填料处宜有少量的泄露（不超过10～20滴/min）；机械密封的泄露量不大于10mL/h（约3滴/min）。

5）水泵原动机的功率和电动机的电流不应超过额定值。

6）水泵的安全、保护装置应灵活可靠。

7）水泵试运转结束后，应关闭泵的出入口阀门，放尽泵壳和管内的积水，并填写水泵试运转记录单。

8.2.19.7 水箱满水试验：给水水箱安装完毕后应进行满水试验。满水后静置24h观察，不渗漏为合格。

8.3 室内排水系统

一般规定

8.3.1 本节适用于住宅室内排水、雨水系统的安装工程。

8.3.2 生活污水管不得穿越卧室、厨房等对卫生、安静要求较高的房间。

8.3.3 排水管道不得穿过沉降缝、抗震缝、烟道和风道。排水管道应避免穿过伸缩缝，若必须穿过时，应采取相应技术措施，不使管道直接承受拉伸与挤压。排水管道穿过承重墙或基础处应预留洞或加套管，且管顶上部净空一般不小于150mm。

设计要点

8.3.4 卫生器具排水管与排水横支管可用90°斜三通连接。生活污水管的横管与横管、横管与立管的连接，应采用45°三通或45°四通和90°斜三通或90°斜四通（TY形）管件；立管与排出管的连接，应采用两个45°的弯头或弯曲半径不小于4倍管径的90°弯头。

8.3.5 检查口与清扫口的设置：

8.3.5.1 生活污水立管每隔两层或间距不大于10m，应设立管检查口，在立管的最低层、有卫生器具的最高层和乙字弯管的上部必须设置。

8.3.5.2 污水横管的直线管段较长时应按设计要求设置水平检查口。

8.3.5.3 在连接3个及以上卫生器具的污水横管上，应设置清扫口。

8.3.6 设置在楼板下、吊顶内及管道结露影响使用要求的生活污水排水横管，应按设计要求采取防结露隔热措施，保温材料及其厚度应符合设计规定。

8.3.7 地漏应设置在房间的最低处，并不得设在固定家具下面，应方便清通。地漏箅子面应比地面低5mm。地漏的水封深度不得小于50mm。

材 料 要 求

8.3.8 材料、设备的选用应符合设计要求。材料、设备进场时，应进行检查验收，并形成记录。

8.3.9 排水管的管壁厚度应均匀，内外光滑整洁，无浮砂、粘砂，不允许有砂眼、裂纹和飞刺；承插口的内外径及管件造型规矩；管材、管件必须有出厂合格证。应选择与管材相适应的管件和连接方式。

8.3.10 管材、管件应符合国家或行业的相关标准和规范的要求，如：

8.3.10.1 柔性接口机制铸铁排水管应符合《排水用柔性接口铸铁管及管件》(GB/T 12772—99)的要求。

8.3.10.2 建筑排水用硬聚氯乙烯管材的质量性能及规格应符合《建筑排水用硬聚氯乙烯管材》(GB 5836.1—92)和《建筑排水用硬聚氯乙烯管件》(GB 5836.2—92)的要求。

施 工 要 点

8.3.11 室内排水管道可按下列安装顺序施工：

排出管 → 底层埋地横管与支管 → 埋地排水管灌水试验及验收 → 排水立管 → 各楼层排水横管与支管 → 卫生器具安装 → 通水试验及验收

8.3.12 管道安装前要配合土建进行预留孔洞和预埋件的施工，并形成记录。

8.3.13 管道、设备安装部位的土建施工应能满足管道安装要求，并有明显的建筑轴线和标高控制线。

8.3.14 排水管道选用铸铁管时，应采用机制柔性接口(A型和W型)铸铁排水管。

8.3.14.1 安装位置操作不便处的接口，应在平面上做预制工作。

8.3.14.2 预制前应根据预留甩口位置、朝向以及所需附件的尺寸进行实测排料，绘制加工草图，然后成批下料。

8.3.14.3 预制管段应编号并码放在平坦的场地上，管段下面用方木垫平垫实。

8.3.14.4 预制好的组合管段吊装时应多点绑扎，防止受力集中而影响接口的严密性。安装就位后应合理布置卡件。

8.3.15 生活污水管道在敷设安装过程中应严格按设计坡度安装。

8.3.16　排水铸铁管道上支、吊架的设置应符合如下规定：

8.3.16.1　支、吊架的间距：横管不大于 2m；立管不大于 3m（楼层高度小于或等于 4m 时，立管可安装 1 个固定件）；立管底部的弯管处应设支墩或其他固定措施。

8.3.16.2　对于高层建筑，排水铸铁管的立管应每隔 1～2 层设置落地式型钢卡架，以利于管道重力分散分布。

8.3.17　埋地的铸铁排水管道表面应刷沥青漆两道；明装的排水铸铁管，刷防锈漆两道，银粉（或按设计指定的面漆）两道。

8.3.18　硬聚氯乙稀排水立管和横管上应按设计要求设置伸缩节；当设计无具体要求时，其伸缩节间距不得大于 4m，并应符合如下规定：

8.3.18.1　当层高小于或等于 4m 时，污水立管和通气立管应每层设 1 个伸缩节；当层高大于 4m 时，其数量由设计确定。

8.3.18.2　污水横干管、横支管、器具通气管、环形通气管和汇合通气管上无汇合管件的直线管段大于 2m 时，应设伸缩节，但伸缩节之间最大间距不得大于 4m。

8.3.18.3　伸缩节设置位置应靠近水流汇合管件。

质　量　要　求

8.3.19　室内排水管应进行灌水、通球试验，要求如下：

8.3.19.1　灌水试验：室内排水管道安装完毕应进行灌水试验，其结果必须符合设计要求；隐蔽或埋地的管道，未经灌水试验不得隐蔽。试验方法如下：

1. 污水管道灌水高度，以一层楼的高度为准，满水 15min 水面下降后，再灌满观察 5min，水面不下降，管道和接口无渗漏为合格。

2. 雨水管道的灌水高度必须到每根立管上部的雨水斗；灌水试验持续 1h，不渗不漏为合格。

8.3.19.2　通球试验：室内排水主立管及水平干管管道均应做通球试验，通球的球径不小于排水管道管径的 2/3，通球率必须达到 100％。

8.3.20　用水平尺和量尺检查排水管的坡度，暗埋的排水管道在隐蔽前应检查管径、坡度是否满足设计要求，并形成记录。

8.3.21　高层建筑中明装排水塑料管应按设计要求设置阻火圈或防火套管。

8.3.22　雨水管道不得与生活污水管道相连接。

8.4　卫生器具安装

一　般　规　定

8.4.1　本节适用于住宅卫生器具的安装工程。

8.4.2　在施工安装前，应检查产品型号、规格是否符合设计图纸的要求，并取得产品生产企业的样品和安装说明书，在工地进行试安装，以便确定各种接口和预埋件的准确位置，为今后的大面积施工安装提供样板和依据。

设计要点

8.4.3 卫生器具的安装高度和卫生器具给水配件的安装高度应符合设计或产品要求，无要求时，应符合表8.4.3的规定：

表 8.4.3

<table>
<tr><th>项 次</th><th colspan="3">卫生器具名称</th><th>卫生器具安装高度(mm)</th><th>给水配件名称</th><th>配件中心距地面高度(mm)</th><th>冷热水龙头距离(mm)</th></tr>
<tr><td rowspan="3">1</td><td colspan="3" rowspan="3">洗脸盆/洗手盆</td><td rowspan="3">800</td><td>水龙头(上配水)</td><td>1000</td><td>150</td></tr>
<tr><td>水龙头(下配水)</td><td>800</td><td>150</td></tr>
<tr><td>角阀(下配水)</td><td>450</td><td>—</td></tr>
<tr><td>2</td><td colspan="3">洗涤盆</td><td>800</td><td>水龙头</td><td>1000</td><td>150</td></tr>
<tr><td rowspan="3">3</td><td rowspan="3">座式大便器</td><td colspan="2">高水箱</td><td>1800</td><td>角阀/截止阀</td><td>2040</td><td rowspan="3">—</td></tr>
<tr><td rowspan="2">低水箱</td><td>外露排水管式</td><td>510</td><td rowspan="2">角阀</td><td rowspan="2">150</td></tr>
<tr><td>虹吸喷射式</td><td>470</td></tr>
<tr><td rowspan="3">4</td><td rowspan="3">蹲式大便器</td><td colspan="2">高水箱</td><td>1800</td><td>角阀/截止阀</td><td>2040</td><td rowspan="3">—</td></tr>
<tr><td colspan="2">低水箱</td><td>900</td><td>角阀</td><td>250</td></tr>
<tr><td colspan="2">无水箱</td><td></td><td>手动自闭式冲洗阀</td><td>600</td></tr>
<tr><td>5</td><td colspan="3">净身盆</td><td>360</td><td>混合阀</td><td>360</td><td>—</td></tr>
<tr><td>6</td><td colspan="3">浴盆</td><td>≯520</td><td></td><td>670</td><td>150</td></tr>
<tr><td rowspan="2">7</td><td colspan="3" rowspan="2">淋浴器</td><td rowspan="2"></td><td>截止阀/混合阀</td><td>1150</td><td>90</td></tr>
<tr><td>淋浴喷头下沿</td><td>2100</td><td></td></tr>
</table>

8.4.4 卫生器具的排水管管径和最小坡度应符合设计要求，设计无要求时，应符合表8.4.4的规定：

表 8.4.4

项次	卫生器具名称	排水管管径(mm)	管道的最小坡度	项次	卫生器具名称	排水管管径(mm)	管道的最小坡度
1	洗脸盆/洗手盆	32～50	0.020	4	妇洗盆	40～50	0.020
2	洗涤盆	50	0.025	5	浴盆/淋浴器	50	0.020
3	大便器	100	0.012				

材料要求

8.4.5 卫生器具进场时应进行检查验收。所有卫生器具外表面应光滑，造型周正，边缘平滑无棱角毛刺，无裂纹，色调应一致。

8.4.6 应按产品文件的内容清点卫生器具的零配件，卫生器具的零配件应齐全，规格符合要求，外表光滑，电镀均匀，螺纹清晰，锁母松紧适度，无砂眼、裂纹等缺陷。

8.4.7 卫生器具给、排水配件(如角阀、截止阀、水嘴、淋浴器喷头、排水栓等)应完好无损,接口严密,启闭部分灵活。

施 工 要 点

8.4.8 卫生器具的安装工艺流程为:

安装准备 → 卫生器具及配件检验 → 卫生器具安装 → 卫生器具与墙、地缝隙处理 → 卫生器具外观检查 → 通水试验

8.4.9 卫生器具除浴盆和蹲式大便器外,均应待土建抹灰、粉刷、贴瓷砖等工作基本完成后再进行安装。

8.4.10 各种卫生器具埋设支、托架除应平整、牢固外,还应与器具贴紧;栽入墙体内的深度要符合工艺要求,支、托架必须防腐良好;固定用螺钉、螺栓一律采用镀锌产品,凡与器具接触处应加橡胶垫。

8.4.11 蹲便器或坐便器与排水口连接处要用油灰压实;稳固地脚螺栓时,不得破坏地面防水层。

8.4.12 排水栓及地漏的安装应平正、牢固,并应低于排水表面;安装完后应试水检查,周边不得有渗漏。

8.4.13 高水箱冲洗管与便器接口处,要留出槽沟,内填充砂子后抹平以便今后检修;为防止腐蚀,绑扎胶皮碗应采用成品喉箍或铜丝。

8.4.14 洗脸盆、洗涤盆的排水栓安装时,应将排水栓的溢水孔对准器具的溢水孔;无溢水孔的排水口,应打孔后再进行安装。

8.4.15 洗脸盆、洗涤盆的下水口安装时应上垫油灰、下垫胶皮,使之与器具接触紧密,避免产生渗漏现象。

8.4.16 带有裙边的浴盆,应在靠近浴盆下水的地面结构预留 200mm×300mm 的孔洞,便于浴盆排水管的安装及检修,同时做好地面防水处理。

8.4.17 带小型电动水泵的浴盆,靠电机一侧要设检修孔。

质 量 要 求

8.4.18 卫生器具安装的要求:平、稳、牢、准、不漏、使用方便、性能良好。

平:卫生器具的上口边缘要水平。

稳:卫生器具安装好后应无摇动现象。

牢:安装应牢固、可靠,防止使用一段时间后产生松动。

准:卫生器具的坐标位置、标高要准确。

不漏:卫生器具上的给、排水管口连接处必须保证严密、无渗漏。

使用方便:布置合理,阀门手柄的位置朝向合理。

性能良好:阀门、水龙头开关灵活,各种感应装置应灵敏、可靠。

8.4.19 卫生器具的满水和通水试验要求:

8.4.19.1 满水试验:卫生器具安装完毕必须进行满水试验。目前常见的方法是用气囊充

气的方法检查接口，即用球状气囊放在立管检查口下面，用打气筒将球充气，然后再灌水，进行检查观察，不渗漏为合格。

8.4.19.2 通水试验：卫生器具交付使用前应进行通水试验，打开各自的给水龙头进行通水试验，检查给、排水是否畅通（包括卫生器具的溢流口、地漏和地面清扫口等）。

8.4.20 用水平尺和量尺检查器具排水管的坡度，暗埋的器具排水管道在隐蔽前应检查管径、坡度是否满足设计要求，并形成记录。

8.5 室内采暖系统

一般规定

8.5.1 本节适用于住宅建筑室内采暖系统及附件等的安装、防腐、保温工程及验收。主要有散热器热水采暖、低温热水地板辐射采暖和电采暖等方式。

8.5.2 散热器热水采暖宜选用外形美观、使用安全和易于清扫的散热器。散热器的工作压力，应满足系统的工作压力，并应符合国家现行的有关产品和行业标准的规定。

8.5.3 低温热水地板辐射采暖对住宅建筑构造有一定要求，当加热管浇筑在混凝土楼板内时，应会同有关专业采取防止建筑构件龟裂和破损的措施。

当加热管设于楼板上地面垫层内时：

8.5.3.1 应在加热管与楼板、外墙之间铺设绝热层（当条件允许楼板双向传热时，可不设加热管与楼板之间的绝热层，但应考虑加热管对楼板的影响）。

8.5.3.2 加热管上地面厚度不宜小于50mm，且应设伸缩缝以防止热膨胀导致地面龟裂。加热管穿过伸缩缝处宜设长度$\not<$100mm的柔性套管。

8.5.3.3 地面荷载大于20kN/m^{2}时，应对加热管上地面采取加固措施。

8.5.3.4 地面设于土壤上时，绝热层以下应设防潮层；加热管敷设于潮湿房间（如卫生间、厨房）楼板上时，加热管覆盖层上应设防潮层。

8.5.4 低温加热电缆辐射采暖和低温电热膜采暖的加热元件及其表面工作温度，应符合国家现行有关产品标准规定的安全要求。

设计要点

8.5.5 设置集中采暖的住宅建筑其围护结构的传热阻，应符合有关《民用建筑热工设计规范》（采暖居住建筑部分）和节能标准的规定。

8.5.6 住宅建筑采暖采用热水为热媒时，确定热水供回水温度应考虑安全、卫生、经济、舒适性、地区供热条件等因素。一般热水采暖的供回水温度宜定为95℃～70℃。

8.5.7 住宅建筑设置集中热水采暖时，必须采用分户热计量和室温控制装置。

8.5.8 散热器的选择应满足设计要求。可选用铸铁、钢制、铝制或铜铝复合式散热器。且应注意以下几点：

8.5.8.1 在开式采暖系统中不应采用钢制散热器，而应采用耐腐蚀的散热器（如铸铁散热器)。铜铝复合式散热器具有外形美观、热工性能好、体积小、重量轻、水压能力高、耐腐蚀等优点。

8.5.8.2　采用钢制散热器时,必须注意防腐问题,并满足产品对水质的要求,在非采暖季节系统应充水湿保养。环境湿度高的房间(如浴室、厨房)不应采用钢制散热器。

8.5.8.3　铝制散热器内表面应进行防腐处理,且采暖水的 pH 值不应＞10,水质较硬的地区不宜使用铝制散热器。

8.5.8.4　散热器一般应明装。暗装时应留有足够的空气流通通道,并方便维修。暗装散热器设置温控阀时,应采用外置式温度传感器,温度传感器应设置在能正确反映房间温度的位置。

8.5.8.5　片式组对柱型散热器每组散热器片数不宜过多。铸铁柱型散热器每组片数不宜超过 25 片,组装长度不宜超过 1500mm。当散热器片数过多时,可分组串接,支管管径与散热器接口管径相同。分组串接时,供、回水支管宜异侧连接。

8.5.8.6　散热器宜布置在房间的外窗下,进深较大的房间宜在房间内、外侧分别设置散热器。

8.5.9　采用电采暖时,应满足房间用途、特点、经济和安全防火等要求。

8.5.10　低温加热电缆辐射采暖,宜采用地板式。低温电热膜辐射采暖,宜采用天棚式。同时配以独立的温控装置,室温可在 5℃～30℃调节,以满足室温和节能的要求。

材 料 要 求

8.5.11　散热器热水采暖系统的管材选择应满足设计要求。

8.5.11.1　热水采暖的供回水干管、共用立管,宜采用热镀锌钢管,螺纹连接。

8.5.11.2　当热水采暖分户独立系统管道布置于本层顶板下时,宜采用热镀锌钢管螺纹连接;布置于本层地面下的垫层或镶嵌在踢脚板内时,应采用塑料管材或铜管,塑料管包括聚乙烯(PB)管、交联聚乙烯(PE-X)管、无规共聚聚丙烯(PP-R)管和交联铝塑复合(XPAP)管。

8.5.11.3　聚乙烯(PB)管和交联聚乙烯(PE-X)管直接设于墙体或本层地面垫层内时,可不考虑纵向伸缩补偿,外径不宜超过 25mm,接口方式应采用热熔连接。

8.5.11.4　交联铝塑复合(XPAP)管布置于本层地面下的垫层或镶嵌在踢脚板内时,管道外径不得大于 25mm,管道连接方式宜采用卡套式连接。

8.5.12　低温热水辐射地板采暖所用的加热管材料有:聚丁烯(PB)、交联聚乙烯(PE-X)、无规共聚聚丙烯(PP-R)及交联铝塑复合管(XPAP)等塑料管材。管壁厚度计算方法,可参照有关塑料管的国家标准,还应按工程要求的使用寿命、累计使用时间以及系统的运行水温、工作压力等条件确定。应满足以下两点:

8.5.12.1　地板辐射采暖系统工作压力不宜大于 0.8MPa,当超过上述压力时,应采取措施提高管材与管件的承压能力。

8.5.12.2　系统分水器前应设阀门及过滤器,集水器后应设阀门,集水器、分水器上应设放气阀,系统配件应采用耐腐蚀材料。

8.5.13　电热膜采暖的电热膜分支线应采用 BV4mm 的单股铜线。低温加热电缆采暖系统由可加热电缆,感应器和恒温器等构成。

8.5.14 防腐与保温材料

8.5.14.1 明装和暗装管道,设备和容器的防腐应采用防锈漆涂刷。

8.5.14.2 埋地的钢管防腐层所用的材料应符合设计要求,可根据需要选用:

1. 沥青:可用30甲、30乙以及10号建筑石油沥青或65号、55号普通石油。
2. 填料:可用高岭土、石灰石或滑石粉等材料。
3. 内外包扎层:可采用玻璃丝布、矿棉纸、油毡或麻袋片。
4. 外保温层:可用玻璃丝布、牛皮纸或塑料布。

施 工 要 点

8.5.15 散热器热水采暖管道及附件的施工要点:

8.5.15.1 采暖干管应严格按设计施工,保证坡向和坡度满足设计要求。干管可拆卸配件应采用法兰连接,还应按设计图纸留出立管管口。对热水采暖干管变径处应为上平,管道接口应距支架100mm以上。

8.5.15.2 立管安装不应采用丁字连接,应煨乙字弯或用弯头连接形成自然补偿器;立管穿楼板时应吊好线以保证立管卡和预留套管在同一直线上,并且立管安装应留好支管接口,要计算支管坡度所需的高差。

8.5.15.3 布置于本层地面垫层或镶嵌在踢脚板内的分户独立系统的管道,不应采用可拆卸接头连接。

8.5.15.4 膨胀水箱安装完毕后,应按开式水箱进行灌水试验。采暖系统充水时,水位达到信号管高度即可。

8.5.15.5 集气罐多采用$\phi 100 \times 4.5$mm以上的无缝钢管,两端焊接堵头而成。堵板厚度应较管壁厚1.5mm或以上。集气罐安装前应进行单项试压,试验压力为系统最高点压力加0.1MPa,同时不应小于0.3MPa。

8.5.15.6 管道安装坡度,当设计未注明时,应符合下列规定:

1. 气、水同流动的热水采暖管道坡度应为3‰,不得小于2‰。
2. 气、水逆向流动的热水采暖管道坡度不应小于5‰。
3. 散热器支管的坡度应为1%,坡向应有利于排气和泄水。

8.5.15.7 补偿器、热量表、过滤器、平衡阀、调节阀及减压阀等的型号、规格、公称压力及安装位置应符合设计要求。安装完毕后,应根据系统工作压力进行调试,并应对减压阀做出标记。

8.5.15.8 方形补偿器制作时,应用整根无缝钢管煨制,如需要接口,其接口应设在垂直臂的中间位置,且接口必须焊接。方形补偿器水平安装,应与管道坡度一致。

8.5.15.9 钢制、铝制和铜铝复合型散热器直接和散热器支管连接;铸铁圆翼型散热器采用法兰和散热器支管连接,铸铁柱式散热器应采用正反丝扣零件连接。

8.5.15.10 铝制散热器不应与钢管直接连接,应采用铜件或塑料转换接头。铝制散热器的进出口处应安装铜制阀门。

8.5.15.11 铸铁散热器在组对前,应进行外观检查,选用质量合格的进行组对;散热器组对后,应按规定认真地进行水压试验。

8.5.15.12 散热器组对应严密，组对后的平直度应符合规范的规定。散热器的垫片应使用成品的石棉垫，厚度为 1.5mm（或 2～3mm 厚耐热橡胶垫）。组对后垫片外露不应大于 2mm，也不应凸入接口内。

8.5.15.13 20 片以上的散热器应加外拉条，多片散热器搬运时宜立放，如平放时，底面各部位必须受力均匀，以避免接口处受折，造成漏水。

8.5.15.14 散热器支、托架安装位置应正确，埋设应牢固。挂式散热器的钩卡栽墙深度不得小于 120mm，堵洞应严实，钩卡的数量应符合规范规定。落地安装的散热器的支腿应落实，不应使用木垫加垫，必须用铅垫。

8.5.15.15 散热器支管应在散热器安装并经稳固、校正合格后进行，当支管长度≤500mm 时，坡降为 5mm；支管长度＞500mm 时，坡降为 10mm；当一根立管接两根支管时，其中一根支管超过 500mm 时，两根支管的坡降均按 10mm 计；支管长度＞1.5m 时，应在中间设管卡或托钩。

8.5.16 低温热水地板辐射采暖的安装工程，不宜与其他施工作业交叉进行。安装的环境温度宜不低于 5℃时可进行施工。在施工中应注意下列几点：

8.5.16.1 安装前应对加热管材料的外观和接头的公差认真检查，并清除管道和管件内外的污垢和杂物。在安装的过程中，应防止油漆、沥青或其他化学溶剂污染塑料类管道。

8.5.16.2 加热管弯曲部分不得出现硬折现象，曲率半径应符合：塑料管不应小于管道外径的 8 倍；复合管不应小于管道外径的 5 倍。

8.5.16.3 加热管应固定，可采用以下固定方法：

1. 用固定卡子将加热管直接固定在敷有复合面层的绝热板上。
2. 用扎带将加热管绑扎在铺设于绝热层表面的钢丝网上。
3. 卡在铺设于绝热层表面的专用管架或管卡上。
4. 加热管固定点的间距：直管段不应大于 700mm，弯曲管段不应大于 350mm。
5. 加热管始末端出地面至连接配件的管段，应设置在硬质套管内。

8.5.16.4 热媒集、分水器应加以固定。当水平安装时，一般宜将分水器安装在上，集水器安装在下，中心距宜为 200mm，集水器中心距地面应不小于 300mm。当垂直安装时，分、集水器中心距地面应不小于 150mm。加热管与集、分水器牢固连接后，应对加热管的每一通路逐个进行冲洗，直至出水清净。

8.5.16.5 埋于垫层内的加热管不应有接头。加热管严禁踩踏、用作支撑或借作它用；敷设加热管的地面应设明显标记，严禁在地面上剔凿或放置高温物体。

8.5.16.6 混凝土填充层应设置以下热膨胀补偿构造措施：

1. 辐射采暖地板面积超过 $30m^2$ 或长边≥6m 时，填充层应设间距≤6m、宽度≥5mm 的伸缩缝，缝中填充弹性膨胀材料。
2. 与墙和柱的交接处，应填充厚度≥10mm 的软质闭孔泡沫塑料。
3. 加热管穿越伸缩缝处，应设长度≮100mm 的柔性套管。

8.5.16.7 在试压合格后，进行卵石混凝土填充层的浇捣，强度等级不应小于 C15，卵石粒径宜不大于 12mm，并宜掺入适量防止龟裂的添加剂。

8.5.16.8 在填充层养护期满之后，方可进行地面层的施工。地面层及找平层施工时，不应剔凿填充层或向填充层楔入任何物件。

8.5.17 电热膜应按下列规定进行安装：

8.5.17.1 电热膜的连接：每片电热膜需要两个连接卡，每组最多连接片数应不超过载流体所能承受的安全电流。

8.5.17.2 电热膜采暖多安装在顶棚上，电热膜可用自攻螺钉固定在龙骨上。

8.5.17.3 载流体剪开端的处理：一端接连接卡与导线，另一端在干燥的环境下用塑料热熔胶密封，再采用耐温大于 90℃的防水绝缘胶带封好。

8.5.17.4 电热膜不得随意剪切，严禁在安装电热膜的地方钻孔、钉钉或放置其他物品。

8.5.18 低温加热电缆采用地板式，是将电缆埋设在混凝土中，有直接供热和存储供热系统形式；踢脚板散热器由不锈钢管子元件构成，外包金属散热叶片，并设有自动恒温控制，应直接安装在地板上。

8.5.19 管道及设备的防腐做法：

8.5.19.1 防腐：在涂刷底漆前必须清除管道、设备和容器表面的灰尘、污垢、锈斑、焊渣等物。涂漆时应做到以下两点：

1. 涂刷油漆应厚度均匀，不应有脱皮、起泡、流淌和漏涂现象。

2. 管道、设备和容器的防腐，如设计无要求，应符合下列规定：

明装管：设备和容器必须涂刷一道防锈漆，两道面漆。如有保温和防结露要求，应涂两道防锈漆。

暗装管道：设备和容器，应涂两道防锈漆。

8.5.19.2 埋地的钢管防腐层的做法应符合下列规定：

1. 用玻璃布做加强包扎层，必须涂一道冷底子油封闭层。

2. 做防腐内包扎层，接头搭接长度应为 30～50mm，外包保护层搭接长度应为 10～20mm。

8.5.19.3 未连接的接口或施工中断处，应做成每层收缩为 80～100mm 的阶梯式接槎。

8.5.19.4 涂刷防腐冷底子油应均匀一致，厚度一般为 0.1～0.15mm。冷底子油的重量配合比：沥青：汽油＝1：2.25。冬季施工时，宜用橡胶剂油或航空汽油溶化 30 甲或 30 乙石油沥青。其重量比：沥青：汽油＝1：2。

8.5.19.5 管道设备和容器的防腐严禁在雨天、雾天、雪天和大风中露天作业。气温低于 5℃应按冬季施工采取措施，低于－25℃严禁做防腐施工。

8.5.19.6 如气温低于－5℃，且不下雪，空气相对湿度不大于 75%，管子可不经预热作防腐，如空气相对湿度大于 75%，管子凝有霜露，应先经干燥后方可作防腐。

8.5.20 供热介质高于 50℃的管道、设备及附件均应保温。管道、设备和容器的保温，应在防腐、水压试验合格后进行。如需先保温，或预先做保温层，应将管道连接处和环形焊缝处留出，待水压试验合格后，再将连接处保温。管道、设备和容器的保温应注意以下几点：

8.5.20.1 垂直管道作保温层：层高≤5m，每层应设 1 个支撑托板；层高＞5m，每层不少于 2 个。支撑托板应焊在管壁上，其位置应在立管卡的上部 200mm。

8.5.20.2　管道附件保温，除寒冷地区的室外架空管道的法兰、阀门等附件应按设计要求保温外，一般法兰、阀门、套管伸缩器等不应保温，其两侧应留 70～80mm 间隙，并在保温层端部抹 60°～70°的斜坡。设备和容器上的人孔、手孔或可拆卸部件附近的保温层端部应做 45°的斜坡。

8.5.20.3　保温管道的支架处应留膨胀伸缩缝，并用石棉绳或玻璃棉填塞。

8.5.20.4　保温的设备和容器，如用勾钉固定保温层，其间距一般为 250mm，高度等于保温层厚度，勾钉直径宜为 6～10mm。

8.5.20.5　用保温瓦做管道保温层，在直线管段上每隔 5～7m 应留 1 条膨胀缝，间隙为 5mm。在弯管处，管径≤300mm 应留 1 条膨胀缝，间隙为 20～30mm；膨胀缝应用柔性保温材料填充。

8.5.20.6　管道设备和容器的保温层，应做保护层。采用白铁皮做保护层时，纵缝搭口应朝下，铁皮的搭接长度，环形为 30mm。

8.5.20.7　用沥青玛琋脂贴块状制品做保温层，应在环境温度不低于－20℃的条件下施工。

质 量 要 求

8.5.21　热水采暖管道安装的允许偏差和检验方法应符合表 8.5.21。

表 8.5.21

<table>
<tr><th>顺序</th><th colspan="3">项　目</th><th>允许偏差</th><th>检　验　方　法</th></tr>
<tr><td rowspan="4">1</td><td rowspan="4">横管道纵、横方向弯曲(mm)</td><td rowspan="2">每 1m</td><td>管径≤100mm</td><td>1</td><td rowspan="4">用水平尺、直尺、拉线和尺量检查</td></tr>
<tr><td>管径>100mm</td><td>1.5</td></tr>
<tr><td rowspan="2">全　长
(25m 以上)</td><td>管径≤100mm</td><td>≯13</td></tr>
<tr><td>管径>100mm</td><td>≯25</td></tr>
<tr><td rowspan="2">2</td><td rowspan="2">立管垂直度
(mm)</td><td colspan="2">每 1m</td><td>2</td><td rowspan="2">吊线和尺量检查</td></tr>
<tr><td colspan="2">全长(5m 以上)</td><td>≯10</td></tr>
<tr><td rowspan="4">3</td><td colspan="2" rowspan="2">弯管椭圆度
$D_{max}-D_{min}/D_{max}$</td><td>管径≤100mm</td><td>10%</td><td rowspan="4">用外卡钳和尺量检查</td></tr>
<tr><td>管径>100mm</td><td>8%</td></tr>
<tr><td colspan="2" rowspan="2">弯管折皱不平度(mm)</td><td>管径≤100mm</td><td>4</td></tr>
<tr><td>管径>100mm</td><td>5</td></tr>
</table>

8.5.22　热水采暖系统冲洗完毕应充满水、加热，进行试运行和调试、观察、测量室内温度应满足设计要求，住宅建筑允许室内温差宜为＋2℃和－1℃。

8.5.23　热水采暖系统安装完毕后，在管道保温前，对整个系统进行水压试验。系统试验压力为工作压力的 1.5 倍，且不应小于 0.6MPa。系统应在试验压力下，5min 内压力降不大于 0.02MPa 为合格。系统试压合格后，应对系统进行冲洗，并清扫过滤器及除污器，直至排出水中不含泥沙铁屑等杂质，且水色不混浊为合格。

8.5.24　低温热水地板辐射采暖系统的质量验收：

8.5.24.1　低温热水地板辐射采暖系统，根据工程施工特点应进行中间验收。中间验收是从加热管道敷设和热媒集配装置安装完毕后进行试压起，至混凝土填充层养护期满再次进行试压为止。应由施工单位会同监理单位共同验收。

8.5.24.2 水压试验是在浇捣混凝土填充层之前和混凝土填充层养护期满之后进行的。试验压力应不小于系统静压加 0.3MPa，但不得低于 0.6MPa。冬季进行水压试验时，应采取防冻措施。

8.5.24.3 管道充满水后进行水密性试验，升压时间不得小于 15min。升至规定的试验压力后，稳压 1h，检查有无渗漏现象；稳压 1h 后，补压至规定的试验压力值，15min 内压降不超过 0.05MPa，无渗漏为合格。

8.5.24.4 低温热水地板辐射采暖系统未经调试，严禁运行使用。调试时初次通暖应缓慢升温，先将水温控制在 25℃～30℃范围内运行 24h，以后在每隔 24h 升温不超过 5℃，直至达到室内设计温度。

8.5.24.5 可依据《低温热水地板辐射供暖应用技术规程》(DBJ/T 01－49－2000)的规定进行竣工验收。工程质量应满足设计要求：

1. 填充层表面不应有宽度大于 2mm，且每平方米内裂缝总长度大于 2m 的明显裂缝。
2. 管道和构件应无渗漏。阀门应开关灵活、关闭严密。

8.5.25 电采暖系统安装完毕后，需用兆欧表检测，绝缘电阻应大于 1MΩ。测量室温应达到设计标准。

8.6 小区室外给水管网

一 般 规 定

8.6.1 本节适用于住宅小区室外给水管网、室外消火栓、水泵接合器、管沟和井室等的安装工程及验收。

8.6.2 室外给水管网采用的给水铸铁管、镀锌钢管、塑料管、复合管材和管件应是同一厂家的配套产品。

8.6.3 设在通车路面下和住宅小区道路下的各种井室，应采用重型井圈和井盖。其余部位，可采用普通井圈和井盖。

8.6.4 消防水泵接合器宜采用地上式；在上方设有防坠落物打击的设施时，才可设墙壁式消防水泵接合器。其水泵接合器进水管的中心距室外地面高度为 700mm。

设 计 要 点

8.6.5 小区给水管网的水质，必须符合现行的《生活饮用水卫生标准》的要求。

当按建筑层数确定室外给水管网的最小服务水头时：一层为 10m，二层为 12m，二层以上每增加一层增加 4m。

8.6.6 室外消防用水量、水压及延续时间应按现行的《建筑设计防火规范》和《高层民用建筑设计防火规范》等防火设计规范执行。

材料要求

8.6.7　在施工前，应对现场的管材进行检查，管材、管件和配件应有制造厂名称、生产日期、工作压力等标记；还应符合设计要求和国家现行的有关标准；并具有出厂合格证。生活给水管道的管材及管件必须达到饮用水标准。

8.6.8　给水铸铁管：管身内外的漆层应完整光滑，不应有裂缝、砂眼、碰伤。承口内部、插口端部附有的毛刺、砂粒和沥青应清除干净。

8.6.9　镀锌钢管：表面应无裂缝、变形、壁厚不均等缺陷。检查直管管口断面有无变形、镀锌层是否完整均匀。

8.6.10　塑料管和复合管：检查管壁应光滑平整，不应有气泡、裂口、凹陷、颜色不均等缺陷。

8.6.11　在施工现场应核对阀门的型号、规格、材质是否与设计一致，检查阀体有无裂缝或其他的损坏，阀杆转动是否灵活，阀体是否牢固。管径≤*DN*100 的阀门必须 100% 进行强度和密闭性试验，不合格者不应使用。检查水泵接合器的安全阀、止回阀和闸阀是否合格。

施工要点

8.6.12　给水承插式铸铁管的安装程序：

安装准备 → 下管排管 → 挖工作坑 → 对口 → 接口 → 养护 → 砌筑井室 → 管道试压及冲洗 → 回填土等工序

每道工序应按《施工质量验收规范》(GB 50242—2002)执行。

8.6.13　硬聚乙烯室外给水管安装，应按国家制定的《给水用硬聚乙烯管材技术标准》(GB 1002.1—88)、《给水用聚乙烯管件技术标准》(GB 1002.2—88)和《室外硬聚乙烯给水管道工程验收规范》(CECS 18：90)等执行。

8.6.14　当硬聚乙烯管道穿过铁路、公路时，应加钢筋混凝土套管，套管最小管径比塑料管的管径加大 600mm。管道穿墙时，应预留孔或安装套管，套管与硬聚乙烯管之间空隙用油麻填塞。

8.6.15　铝塑复合管的安装：铝塑复合管材必须是国家定型产品。在安装前应将管子调直，然后进行管道的安装。铝塑复合管的安装顺序为测尺、下料、管道接口连接。管道水压试验合格后对管道进行固定。

8.6.16　阀门的安装：

8.6.16.1　安装前的准备工作：根据阀门型号、规格与产品说明书，检查是否符合设计要求，并按规定进行阀门的耐压强度试验。并检查阀杆转动是否灵活，有无卡住、歪斜及污染等的情况；检查合格的阀门密闭面应涂防锈油，关闭阀门待用。

8.6.16.2　安装要点：阀门在安装或吊运时，不应将钢丝绳拴在阀杆手轮及法兰盘螺栓孔上，应拴在阀体上。室外埋地管道阀杆应垂直向上，砌筑在阀门井内。

8.6.17　室外水表安装的要点：

8.6.17.1　检查水表型号、规格是否符合设计要求，并检查所配的附件是否齐全。

8.6.17.2 安装前，检查进水方向应和水表上标记的水流一致。旋翼式水表应水平安装，水平螺翼式水表可任意安装。

8.6.17.3 为使水表计量准确，表前阀门与水表之间的距离应大于8～10倍的管径。水表和阀门的底部应设支墩，支墩可用机制砖或混凝土砌筑。

8.6.18 地下式水泵接合器的顶部进水口，地下式室外消火栓顶部出水口与消防井盖底面的距离不得大于400mm，井内应有足够的操作空间并设爬梯。寒冷地区，井内管道等设施应保温防冻。

8.6.19 管沟及井室的施工要点：

8.6.19.1 管沟的沟底层管沟与井室的挖土方工程，应按国家现行《建筑地基基础工程施工质量验收规范》(GB 50202—2002)的有关规定执行。

8.6.19.2 管沟的沟底层应为原土层或夯实的回填土，沟底应平整，坡度应顺畅，不应有尖硬的物体、块石等。

8.6.19.3 如沟基为岩石，或沟底有不易清除的块石，或沟底为砾石层时，沟底应下挖100～200mm，回填细砂或粒径不大于5mm的细土，夯实到沟底标高后，方可进行管道安装。

8.6.19.4 管沟回填土：管顶上部200mm以内应用砂子或块石或冻土层的土回填，不得用机械回填；管顶上部500mm以内不得回填直径大于100mm的块石和冻土层；500mm以上部分，回填土中的块石或冻土层不应集中。上部用机械回填时，机械不得在管道上行走。

8.6.19.5 管沟回填土应分层夯实，管道接口坑的回填土必须均匀夯实。

8.6.19.6 井室的砌筑应按设计和有关的标准图施工。井室的底标高在地下水位以上时，基层应为素土夯实；在地下水位以下时，基层应打100mm厚的混凝土板。

8.6.19.7 管道穿过井壁处，应用水泥砂浆分两次填塞严密，抹平，不应有渗漏。

8.6.19.8 重型井盖上表面应与路面平齐，允许误差为±5mm。普通井盖的上表面应高出地坪50mm，并在井口周围以2%坡度向外做水泥砂浆护坡。

重型铸铁或混凝土井圈不得直接放在井室的砖墙上，在砖墙上应做不少于80mm厚的细石混凝土垫层。

质 量 要 求

8.6.20 室外给水管道安装完成后，应按《施工质量验收规范》(GB 50242—2002)进行管道及附件等进行检查及验收。

室外给水管道安装的允许偏差和检验方法应符合表8.6.20。

表 8.6.20

顺序	项目			允许偏差(mm)	检验方法
1	坐标	铸铁管	埋地	100	拉线和尺量检查
			敷设在沟槽内	50	
		钢管、塑料管、复合管	埋地	100	
			敷设在沟槽内或架空	40	

续表

顺序	项目			允许偏差(mm)	检验方法
2	标高	铸铁管	埋地	±50	拉线和尺量检查
			敷设在地沟内	±30	
		钢管、塑料管、复合管	埋地	±50	
			敷设在地沟内或架空	±30	
3	水平管纵、横向弯曲	铸铁管	直段(25m 以上) 起点—终点	40	拉线和尺量检查
		钢管、塑料管、复合管	直段(25m 以上) 起点—终点	30	

8.6.21　按设计要求对管道、室外消火栓、水泵接合器进行水压试验。在冬季或缺水地区，应采用气压试验。水压试验准备工作应满足下列要求：

8.6.21.1　在试压前，除管道接口部位外，管身应先回填一部分土，并将沿线弯头顶紧顶牢，三通处支牢。管端应做后背，而且与管道轴线垂直。

8.6.21.2　试验管段长度，一般为 500～600m，不宜超过 1000m。

8.6.21.3　试验前，应灌水、排气和浸泡。

8.6.22　水压试验：

8.6.22.1　管道浸泡合格后，可进行水压试验。然后对管道进行升压，这时要排净管内的气体。升压应分级进行，每级以 0.2MPa 为宜，每升一级应检查后背弯头，管口支墩等处有无异常现象，若正常再继续升压。

8.6.22.2　室外给水管为内外热镀锌钢管。给水机制铸铁管时，试验压力为工作压力的 1.5 倍，但不应小于 0.6MPa。在此压力下 10min 内，压力降不应大于 0.05MPa；然后降至工作压力进行检查，压力保持不变，不渗不漏为合格。管材为塑料管时，试验压力同上，但稳压 1h，压力降不应大于 0.05MPa，然后降至工作压力进行检查，压力保持不变，不渗不漏为合格。

8.6.23　室外给水管道在试压合格后，应对管道进行一次冲洗和消毒，以使管道输送的水质，符合国家《生活饮用水水质标准》的要求。

8.6.24　检查室外消火栓和水泵接合器的型号、规格及安装位置均应符合设计要求。对室外消火栓和水泵接合器要进行全数的检查，室外消火栓和水泵接合器的位置应有明显的标记，栓口的位置应方便操作，栓口安装误差不得大于 20mm。水泵接合器的安全阀、止回阀、闸阀安装位置及方向应正确，阀门启闭灵活。

8.6.25　各类井室的尺寸、位置、标高和井盖应符合设计要求，其井盖应有明显的文字标志，各种井盖不应混用。

8.7　小区室外排水管网

一 般 规 定

8.7.1　本节适用于住宅小区的室外排水管道的安装及验收。包括污水管道、雨水管道、废水管道及检查井、雨水口、化粪池等，其所用的管材、接口形式、管基类型、施工及验收方法都不相同，应按设计和国家现行有关规范执行。

设 计 要 点

8.7.2 住宅小区的雨水和污水应分别设管道排出。根据《建筑中水设计规范》，凡是符合设置中水回用系统的住宅小区，还应单独设置洗浴废水排出或回收管道。

8.7.3 小区的污水排水量宜按小区给水量的80%～90%确定。

材 料 要 求

8.7.4 室外排水管道常用的有钢筋混凝土管、排水机制承插铸铁管、塑料管、缸瓦管和水泥管。应按设计要求采用所需的管材。

施 工 要 点

8.7.5 室外排水管道一般采用开槽法施工，其施工顺序为：

沟槽开挖 → 排水 → 铺设管道基础 → 下管和稳管 → 接口 → 砌筑井室和沟槽回填等

沟槽开挖和沟槽回填部分同室外给水管道。

8.7.6 当室外排水管道铺设在地下水位以下或雨季施工时，应采取排水和降水措施，且施工中的排水应连续进行。

8.7.7 室外排水管道基础一般包括平基和管座两部分组成，管座包角有90°、135°和180°三种，特殊情况下可用360°全包的。

8.7.8 下管和稳管的施工要点：

8.7.8.1 下管前必须检查管内、外，表面有无空鼓、露筋、裂缝、缺边等问题，不合格管材不应使用。

8.7.8.2 复核管道基础的标高、中心线和坡度是否合格，待混凝土管基的强度达到设计强度的70%才允许下管。

8.7.8.3 下管后进行稳管，应保证每节管道准确的安装在设计的标高上，满足设计坡度要求。

8.7.9 室外排水管道应根据设计选用的管材，确定接口方式。

8.7.10 检查井及雨水口的砌筑：

8.7.10.1 检查井有直筒式和收口式两种。直筒式应用于排水管径≤200mm的场所；收口式应用于排水管径为400～1000mm的场所。

8.7.10.2 检查井井基采用C15混凝土，厚度等于干管基础厚度。直筒式检查井井室深h≤管径加800mm以内，应无地下水。收口式检查井井室高度：是自井底至收口段为管径加1800mm，埋深较浅时，可适当减小井室的高度。而且井室深h≤管径加4000mm以内应无地下水；若有地下水，则井壁外侧应抹水泥砂浆，并高出地下水位500mm。井基础下应铺卵石层，厚度应为100mm。

8.7.10.3 检查井砌筑要点：

1. 井底基础与管道基础应同时浇筑。

2. 砖砌圆形直筒检查井，应随时检查井筒直径尺寸。当需要收口时，每次收进不大于30mm；每次最大部分不应大于50mm。

3. 检查井内的流槽，宜在井壁砌到管顶以上时进行砌筑。

4. 检查井内的爬梯应随砌随装，位置应准确；混凝土井壁的爬梯应在预制时或现浇时安装。

5. 检查井内壁和流槽需要抹面，应按要求分层操作，赶光压平。

8.7.10.4　雨水口砌筑要点：

1. 雨水口位置应符合设计要求，井圈与井壁要吻合，允许偏差不应大于10mm。

2. 雨水口井圈高程宜比路面低10mm。

8.7.11　砖砌化粪池的容积、结构尺寸、材料等均由设计确定。

8.7.11.1　其池壁厚度不应小于100mm，混凝土强度为C25。

8.7.11.2　池壁所用的机制砖和砂浆应符合设计要求，砌筑质量应满足砌体质量验收标准。

8.7.11.3　化粪池内壁应用防水砂浆抹面，其厚度为20mm，赶光压平。

8.7.11.4　化粪池的顶盖用预制的也可采用现浇钢筋混凝土的。其井盖和井座砌筑同检查井。

8.7.11.5　冬季施工时，应采取防冻措施。

8.7.12　钢筋混凝土化粪池的选型要符合设计要求，其配筋和做法可按国家和地区标准图集执行。

质量要求

8.7.13　室外排水管道安装的允许偏差和检验方法应符合表8.7.13。

表 8.7.13

顺序	项目		允许偏差(mm)	检验方法
1	坐标	埋地	100	拉线尺量
		敷设在沟槽内	50	
2	标高	埋地	±20	用水平仪、拉线和尺量
		敷设在沟槽内	±20	
3	水平管道纵横向弯曲	每5m长	10	拉线尺量
		全长(两井间)	30	

8.7.14　排水管道的坡度必须符合设计要求，严禁无坡和倒坡。

8.7.15　承插接口的填料及结构应符合设计要求。灰口应饱满、密实，填料表面进承口边缘不应大于5mm。

8.7.16　管道为抹带接口时，应将钢丝网在管道就位前放入下方，抹带时将钢丝网抹压牢固。抹带厚度不应小于管壁的厚度，宽度宜为80～100mm，抹带或套环不应有间断或裂缝。

8.7.17　室外排水管道应做闭水试验。管道应于充满水24h后进行严密性检查，水位应高于检查管段上游端部的管顶。采用外观检查，检查中应补水，水位保持规定值不变，无漏水现象为合格。介质为腐蚀性污水时，排水管道不应有渗漏。

8.8 室外供热管网安装

一 般 规 定

8.8.1 本节适用于住宅小区的室外供热管网安装、防腐、保温及验收。小区室外供热管网的热媒宜采用供、回水温度为95℃～70℃的热水，其安装工程应严格执行《城市供热管网工程施工验收规范》。

8.8.2 供热介质高于50℃的管道及附件均应保温。

设 计 要 点

8.8.3 供热管网的布置应综合有关因素，全面考虑确定。室外供热管网宜采用枝状布置；当有特殊要求而不允许供热间断时可采用环状布置；对于地形条件适宜或投资增加不多的热水采暖管网，宜采用同程式系统。

8.8.4 室外供热管网的敷设方式应根据小区的具体情况确定。可采用地沟铺设、直埋铺设和架空铺设等形式。

8.8.5 热水采暖管道的坡度应为3‰，但不得小于2‰。

材 料 要 求

8.8.6 室外供热管网的管材应按设计要求选定。当设计未指定时，应符合下列要求：

8.8.6.1 管径≤40mm，应采用焊接钢管。

8.8.6.2 管径为50～200mm，应采用焊接钢管或无缝钢管。

8.8.6.3 管径＞200mm，应采用螺旋焊接钢管。

8.8.7 室外供热管道连接均采用焊接连接，阀门连接处应采用法兰连接。

8.8.8 室外供热管道的保温材料应选用导热系数小（平均温度下的导热系数不得大于0.12W/m·K），密度不大于400kg/m^3，抗压强度不小于0.3MPa，吸水性小的憎水型材料。同时应考虑就地取材，施工方便等条件来选择供热管道的保温材料。

施 工 要 点

8.8.9 管道做防腐前，应先做好管道表面处理，除去表面的浮锈、油脂等杂物。除锈方法有人工除锈、机械除锈和喷砂除锈，可根据施工规模及条件等因素选择。管道涂刷防锈漆，可根据施工要求采用以下两种方法：

8.8.9.1 人工刷漆：可根据漆料的特点来调漆料，然后用软硬适中的刷子，蘸着漆料刷在管道的表面上。涂刷时用力要均匀，左右拉开，不应有堆积、流淌和漏刷现象。

8.8.9.2 喷漆：先调配好漆料，再调好喷漆机的喷头，然后对着管道表面均匀平稳移动，必须保证漆面均匀一致。

8.8.10　管道保温材料有多种，应根据设计要求选用。室外供热管道保温层施工时应注意下列几点：

8.8.10.1　保温材料在运输、储存与施工时应避免受潮。

8.8.10.2　管道和附件应在检测合格后进行管道保温层的施工，在施工时管道表面应保持清洁和干燥。

8.8.10.3　方形补偿器和管道弯头处的保温层应设伸缩缝。

8.8.10.4　管道保温层施工完毕后，要做保温层的保护层。保护层应具备良好的防水性能，一般耐压强度不应小于0.8MPa，可燃性有机物含量不大于15%，且不易开裂。

保护层及其外表面做法以《全国民用建筑工程设计技术措施》为准。

8.8.10.5　为分辨各种介质的管道，在保护层外每隔10m左右的距离，涂刷宽为0.1～0.5m的色漆环。对半通行及不通行地沟，可仅在检查井内的管道上涂色漆。

8.8.11　直埋无补偿供热管道预热伸长及三通加固应符合设计要求。回填前应注意检查预制保温层外壳及接口的完好性。回填应按设计要求进行。

8.8.12　在施工技术交底后，对管材、管件、阀门应按设计要求核对无误，管道内部已清洗干净，不存杂物的情况下，进行管道安装。

质　量　要　求

8.8.13　室外供热管道安装允许偏差和检验方法应符合表8.8.13。

表 8.8.13

<table>
<tr><th>顺　序</th><th colspan="3">项　　目</th><th>允许偏差(mm)</th><th>检　验　方　法</th></tr>
<tr><td rowspan="2">1</td><td rowspan="2" colspan="2">坐标(mm)</td><td>埋　地</td><td>50</td><td rowspan="2">用水准仪(水平尺)、直尺、拉线</td></tr>
<tr><td>敷设在沟槽内及架空</td><td>30</td></tr>
<tr><td rowspan="2">2</td><td rowspan="2" colspan="2">标高(mm)</td><td>埋　地</td><td>±15</td><td rowspan="2">尺量检查</td></tr>
<tr><td>敷设在沟槽内及架空</td><td>±10</td></tr>
<tr><td rowspan="4">3</td><td rowspan="4">水平管道纵横方向弯曲(mm)</td><td rowspan="2">每1m长</td><td>管径≤100mm</td><td>1</td><td rowspan="4">用水准仪(水平尺)、直尺、拉线和尺量检查</td></tr>
<tr><td>管径>100mm</td><td>1.5</td></tr>
<tr><td rowspan="2">全　长
(25m以上)</td><td>管径≤100mm</td><td>≯13</td></tr>
<tr><td>管径>100mm</td><td>≯15</td></tr>
<tr><td rowspan="5">4</td><td rowspan="5">弯　管</td><td rowspan="2">椭圆率
$D_{max}-D_{min}/D_{max}$</td><td>管径≤100mm</td><td>8%</td><td rowspan="5">用外卡钳和尺量检查</td></tr>
<tr><td>管径>100mm</td><td>5%</td></tr>
<tr><td rowspan="3">折弯不平度
(mm)</td><td>管径≤100mm</td><td>4</td></tr>
<tr><td>管径125～200mm</td><td>5</td></tr>
<tr><td>管径250～400mm</td><td>7</td></tr>
</table>

8.8.14　管道的曲弯半径要符合下列要求：

8.8.14.1　热煨应不小于管道外径的3.5倍；冷煨应不小于管道外径的4倍。

8.8.14.2　焊接弯头应不小于管道外径的1.5倍；冲压弯头应不小于管道外径。

8.8.15 地沟内的供热管道安装位置，其保温层外表面的净距，应符合下列要求：

8.8.15.1 与沟壁为100～150mm，与沟底为100～200mm。

8.8.15.2 与沟顶：不通行地沟为50～100mm；半通行地沟为200～300mm。

8.8.16 架空铺设的室外供热管道安装高度，如设计未规定时（以保温层外表面计）：人行地区，不应小于2.5m；车辆通行地区，不应小于4.5m；跨越铁路，距轨顶不应小于6m。

8.8.17 室外热网中必须设置排气和放水装置。排气点应设在管网中的最高位，一般排气阀门直径选用15～25mm。在管网最低点设置放水装置，放水阀门的直径一般选用热水管径的1/10左右，但不应小于20mm。

8.8.18 补偿器位置、管道固定支架的位置及构造必须符合设计要求。方形补偿器水平安装，应与管道坡度一致；垂直安装，应有排气装置。

8.8.19 系统水压试验及运行调试：

8.8.19.1 室外供热管网系统试压前应做到以下几点：

1. 管道工程的施工质量应符合设计要求，试压方案已经得到批准。

2. 管道支架吊架已安装调试完毕，固定支架的混凝土及填充物，已达到设计强度。

3. 焊缝及应检查的部位尚未涂漆和保温。

4. 试验压力表已校验，压力表精度不应低于1.5级。

5. 直埋管道的沟槽中应设有可靠的排水设施。

6. 试验场地已清理完毕；管道阀门全开，管道应做标记的地方要有明显的标记；并将管道中的空气排干净。

8.8.19.2 管道水压试验应符合下列要求：

1. 试压环境温度低于5℃时，应有防冻措施。

2. 对管道进行升压，升压应缓慢均匀。

3. 室外供热管道的试验压力为工作压力的1.5倍，但不应小于0.6MPa。在试验压力下10min压力降不应大于0.05MPa，然后降至工作压力下检查，不渗不漏为合格。

8.8.19.3 在试压合格后，要对供热管道进行清洗，应符合下列要求：

1. 清洗前应充水浸泡管道，清洗应按主干线、支干线、用户线的顺序分别进行。

2. 水力冲洗应连续进行，并应尽量加大冲洗的速度，一般情况下，对管道的冲洗速度不应小于1m/s。冲洗的合格标准，是以排水中全固形物的含量接近或等于清洗用水中全固形物的含量为合格。当设计无明确规定时，则入口水与排出水的透明度一样，即为合格。

8.8.19.4 供热管网的热运行必须缓慢地升温，在低温热运行期间，应对管网进行全面检查，支架的工作情况应作为重点检查。然后供热管网在设计参数下热运行的时间为连续运行72h。符合设计参数的热运行应选择在供暖期前进行，热运行合格后，可直接转入正常的热运行。

8.9 室内燃气系统

一般规定

8.9.1 本节适用于住宅室内燃气管道及设备安装。

8.9.2　室内燃气管道及设备安装验收应符合《城镇燃气设计规范》(GB 50028)和《城镇燃气室内工程施工及验收规范》(CJJ 94—2003)的规定。

设 计 要 点

8.9.3　室内燃气管道的最高压力应符合《城镇燃气设计规范》(GB 50028)的规定。

8.9.4　燃气引入管不得敷设在卧室、浴室、地下室、易燃或易爆品仓库、有腐蚀介质的房间、配电间、变电室、电缆沟、烟道和进风道等地方。

8.9.5　室内燃气管道严禁引入卧室。

8.9.6　燃气管道与电器设备及其他管道之间的净距要求不应小于《城镇燃气设计规范》(GB 50028)的规定。

材 料 要 求

8.9.7　室内燃气管道所用的管材、管件、设备应符合国家现行标准的规定,并应有出厂合格证;燃具应采用符合国家现行标准并经国家主管部门认可的检测机构检测合格的产品。安装前应对管道、管件、管道附件及阀门等内部进行清扫,保证其内部清洁。

8.9.8　燃气管道的管材应采用下列国家现行标准规定的管道:

《输送流体用无缝钢管》(GB/T 8163)

《低压流体输送用焊接钢管》(GB/T 3091)

《输送流体用不锈钢无缝钢管》(GB/T 14976)

《低压流体输送用不锈钢焊接钢管》(GB/T 12271)

《无缝铜水管和铜气管》(GB/T 18033)

8.9.9　燃气管道及阀门的连接管件和附件应符合下列国家现行标准规定:

《可锻铸铁管路连接件》(GB/T 3287)

《六角头螺栓》(GB/T 5780—5784)

《六角螺母》(GB/T 6170—6171)

《平面,突面板式平焊钢制管法兰》(GB/T 9119)

《凸面板式平焊钢制管法兰》(JB/T 81)

《卡套式直通接头》(GB/T 3737)

《卡套端三通接头》(GB/T 3741.1)

《卡套式焊接管接头》(GB/T 3747.1)

《铜管接头》(GB/T 11618)

《建筑用铜管管件》(CJ/T 117)

《管路法兰技术条件》(JB/T 74)

8.9.10　燃气阀门应采用符合下列国家现行标准规定的阀门:

《钢制阀门的一般要求》(GB/T 12224)

《城镇燃气用球墨铸铁、铸钢制阀门通用技术要求》(CJ/T 3056)

《家用燃气具旋塞阀总成》(CJ/T 3072)

《家用燃气燃烧器具自动燃气阀》(CJ/T 132)

8.9.11 燃气计量表标牌上应有 CMC 标志、出厂日期和表编号。超过有效期的燃气计量表应全部进行复检;燃气计量表的外表面应无明显的损伤。

8.9.12 灶具可选择当地管理单位认定的并符合国家标准《家用燃气灶》(CJ 4—83)要求的产品。

施 工 要 点

8.9.13 室内燃气管道安装

工艺流程如下:

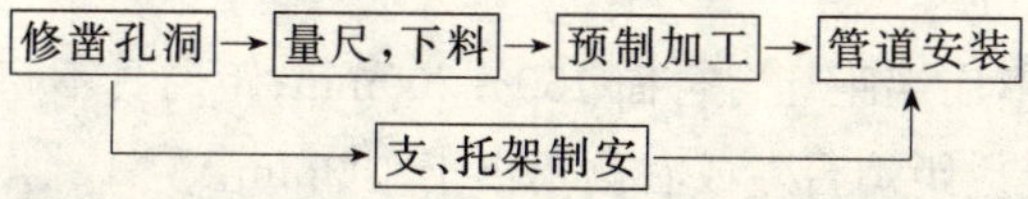

8.9.13.1 燃气管道穿过建筑物基础、墙壁、楼板应设置钢套管;穿楼板燃气管的套管上端应高出楼板地面 30~50mm,套管的下端与顶棚平。穿墙壁时,套管两端均与墙面平。管径不宜小于表 8.9.13.1 的规定。

表 8.9.13.1

燃气管直径(mm)	*DN*15	*DN*20	*DN*25	*DN*32	*DN*40	*DN*50	*DN*65	*DN*80	*DN*100	*DN*150
套管直径(mm)	*DN*32	*DN*40	*DN*50	*DN*65	*DN*65	*DN*80	*DN*100	*DN*100	*DN*150	*DN*200

8.9.13.2 修凿孔洞时,遇有钢筋不得随意切断,必须征得土建技术负责人同意,并采取可靠可行的技术措施。

8.9.13.3 燃气管道的切割、弯管制作、焊接、管件连接应符合《城镇燃气室内工程施工及验收规范》(CJJ 94—2003)的规定。

8.9.13.4 燃气管道的支承不得设在管件、焊口、螺纹连接口处;立管宜以管卡固定,水平管道转弯处 2m 以内设固定托架不应少于一处;钢管的水平管和立管的支承之间的最大间距宜按表 8.9.13.4-1、2 选择。

钢管支承最大间距 **表 8.9.13.4-1**

管道公称直径(mm)	最大间距(m)	管道公称直径(mm)	最大间距(m)	管道公称直径(mm)	最大间距(m)
15	2.5	70	6.0	250	14.5
20	3.0	80	6.5	300	16.5
25	3.5	100	7.0	350	18.5
32	4.0	125	8.0	400	20.5
40	4.5	150	10.0		
50	5.0	200	12.0		

钢管支承最大间距　　表 8.9.13.4-2

公称外径(mm)		15	18	22	28	35	42	54
最大间距(m)	立　管	1.8	1.8	2.4	2.4	3.0	3.0	3.0
	水平管	1.2	1.2	1.8	1.8	2.4	2.4	2.4
公称外径(mm)		67	85	108	133	159	219	—
最大间距(m)	立管	3.5	3.5	3.5	4.0	4.0	4.0	—
	水平管	3.0	3.0	3.0	3.5	3.5	3.5	—

8.9.13.5　室内明设燃气管道与墙面的净距，当管径小于 *DN*25 时，不宜小于 30mm；管径在 *DN*25～*DN*40 时，不宜小于 50mm；管径等于 *DN*50 时，不宜小于 60mm；管径大于 *DN*50 时，不宜小于 90mm。

8.9.13.6　燃气双叉气嘴底端距灶台台面 150～200mm；距燃具不超过 1m。距燃气表水平距离大于 1m。气嘴装置应距炉台左或右侧不小于 100mm。

8.9.14　燃气计量表安装工艺流程如下：

进气管安装 → 表位测定或砌墩 → 计表安装 → 配管

8.9.14.1　燃气计量表安装位置应满足抄表、检修和安全使用的要求。

8.9.14.2　燃气计量表高位安装时，表底距地面不宜小于 1.4m；低位安装时，表底距地面不宜小于 0.1m；燃气表高位安装时与燃气灶的水平净距不得小于 300 mm，表后与墙面净距不得小于 10mm；燃气计量表安装后应横平竖直，不得倾斜；表安装在橱柜内时，橱柜的形式应便于抄表、检修和更换，并具有自然通风的功能。

8.9.14.3　燃气计量表前应设阀门一个。

8.9.15　家用燃具安装应满足下列要求：

8.9.15.1　家用燃具的安装应符合《家用燃气燃烧器具安装及验收规程》CJJ 12 的规定；家用燃具应采用低压燃气设备。

8.9.15.2　燃具的水平烟道不宜超过 3m，并应有 1%坡向燃具的坡度 。燃气灶的设置应符合下列要求：

1. 燃气灶应安装在通风良好的厨房内。

2. 燃气灶与可燃或难燃烧的墙壁之间应采取有效的防火措施。

3. 燃气灶的灶面边缘和烤箱的侧壁距木制家具的净距不应小于 200mm；燃气灶与对面墙之间应有不小于 1m 的通道。家用燃气灶与燃气管道连接为软管时，软管的长度不应超过 2m，并不应有接口。

8.9.15.3　燃气热水器的设置应符合下列要求：

1. 燃气热水器应安装在通风良好的房间或过道内，并应根据有关规定留出安全距离和检修距离。直接排气式热水器严禁安装在浴室内。

2. 热水器排气管尽量少拐弯，水平排气管尽量短，距顶棚等易燃部位要留出 45mm 以上距离，排气管的垂直部分尽量长一些。在穿过墙壁时，要在排气管周围用 20mm 以上厚度的不燃烧材料进行隔热。

3. 在热水器冷水进水口处必须设有进水主阀门；热水管道安装一定要使热水器内的水能完全排除，同时使管道内不能存留空气。

8.9.15.4 燃气采暖装置安装应符合下列要求

1. 采暖装置应有熄火保护装置和排烟设施。

2. 容积式热水采暖炉应安装在通风良好的走廊或其他非居住房间内，与对面墙之间应有不小于 1m 的通道。

3. 燃气采暖炉安装前应做灌水及水压试验。

质 量 要 求

8.9.16 燃气管材、管件、配件、阀门等都应有产品合格证明。燃气计量表及燃气设备应有检定标志及产品说明书，性能、规格、适用压力满足设计要求。

8.9.17 燃气管道分段作强度试验和严密性试验，试验前应进行吹扫，吹扫介质宜采用空气。

8.9.17.1 强度试验压力应符合下列规定：

设计压力小于 10kPa 时，试验压力为 0.1MPa；

设计压力大于或等于 10kPa 时，试验压力为设计压力的 1.5 倍，且不得小于 0.1MPa。

8.9.17.2 严密性试验应在强度试验之后进行。中压管道的试验压力为设计 压力，但不得低于 0.1MPa，低压管道的试验压力不应小于 5kPa。

8.9.18 管道的坡向、坡度必须符合设计要求。

8.9.19 室内低压燃气管道安装的允许偏差和检验方法见表 8.9.19。

室内燃气管道安装后检验的允许偏差和检验方法 **表 8.9.19**

<table>
<tr><th>序号</th><th colspan="3">项目</th><th>允许偏差(mm)</th><th>检验方法</th></tr>
<tr><td>1</td><td colspan="3">标高</td><td>±10</td><td>用水准仪和直尺尺量检查</td></tr>
<tr><td rowspan="4">2</td><td rowspan="4">水平管道纵横方向弯曲</td><td rowspan="2">每 1m</td><td>管径小于或等于 DN100</td><td>0.5</td><td rowspan="4">用水平尺、直尺、拉线和尺量检验</td></tr>
<tr><td>管径大于 DN100</td><td>1</td></tr>
<tr><td rowspan="2">全长(25m 以上)</td><td>管径小于或等于 DN100</td><td>不大于 13</td></tr>
<tr><td>管径大于 DN100</td><td>不大于 25</td></tr>
<tr><td rowspan="2">3</td><td rowspan="2">立管垂直度</td><td colspan="2">每 1m</td><td>2</td><td rowspan="2">吊线和尺量检查</td></tr>
<tr><td colspan="2">全长(5m 以上)</td><td>不大于 10</td></tr>
<tr><td>4</td><td>进户管阀门</td><td colspan="2">阀门中心距地面</td><td>±15</td><td rowspan="2">尺量检查</td></tr>
<tr><td>5</td><td>阀门</td><td colspan="2">阀门中心距地面</td><td>±15</td></tr>
<tr><td rowspan="3">6</td><td rowspan="3">管道保温</td><td>厚度(δ)</td><td></td><td>+0.1δ
−0.05δ</td><td>用钢针刺保温层检查</td></tr>
<tr><td rowspan="2">表面不整度</td><td>卷材或板材</td><td>5</td><td rowspan="2">用 1m 靠尺、楔形塞尺和观察检查</td></tr>
<tr><td>涂抹或其他</td><td>10</td></tr>
</table>

8.9.20 阀门安装位置、进口方向正确，连接牢固紧密；开闭灵活，表面洁净。

8.9.21 燃气计量表的验收应符合下列要求：

8.9.21.1　燃气计量表性能、规格、适用压力应按设计文件的要求检验。

8.9.21.2　燃气计量表的安装位置应符合设计文件的要求。

8.9.21.3　燃气计量表与用气设备、电气设施的最小水平净距应按设计文件的要求检验。

8.9.21.4　燃气表安装后，表应保持平正不倾斜，安装高度满足设计和规范要求安装后的允许偏差和检验方法应符合表 8.9.21.4 的要求。

燃气计量表安装的允许偏差和检验方法　　**表 8.9.21.4**

序号	项目		允许偏差(mm)	检验方法
1	$<25m^3/H$	表底距地面	±15	吊线和尺量
		表后距墙饰面	5	
		中心线垂直度	1	
2	$\geqslant 25m^3/H$	表底距地面	±15	吊线、尺量、水平尺
		中心线垂直度	表高的 0.4%	吊线和尺量

8.9.22　燃具验收应符合《家用燃烧器具安装及验收规程》(CJJ 12)的有关规定。

8.9.22.1　观察燃具安装场所是否符合“GB 50028”的有关规定。

8.9.22.2　检查燃气种类和压力，燃具上的燃气接口，进出水的压力和接口应符合燃具说明书的要求；与室内燃气管道和冷热水管道的连接必须正确，并应连接牢固，不易脱落。

8.9.22.3　燃具与电气开关、插座等的最小水平距离应按现行国家标准“GB 50028”的规定检验。

8.9.22.4　燃具安装方式应符合设计文件或产品说明书的规定，牢固端正，无倾斜，朝向合理，便于操作。

（本章主要起草人：曾捷、徐素琴、宋维）

9 住宅通风与空调系统

9.1 基本规定

设计要点

9.1.1 应严格执行国家和地方的建筑节能设计标准，减少建筑能耗。应认真分析比较，选择最佳冷、热源供应方案。

9.1.2 应选用低噪声设备并采取有效的隔振、减振、隔声和消声措施，使传至室内和室外的噪声等于或小于允许的噪声标准。

9.1.3 空调冷、热水管道穿地下室或地下构筑物外墙时，应采取防水措施，穿地下储藏和居住房间外墙时，应采用柔性防水套管。

9.1.4 空调冷、热水管道穿结构伸缩缝、抗震缝、建筑物沉降缝时应采取的技术措施参见本导则 8.1.4.1、8.1.4.2 和 8.1.4.3 条。

9.1.5 空调冷、热水管道穿墙和楼板时应采取的技术措施参见 8.1.5.1 和 8.1.5.2 条。

材料要求

9.1.6 使用的材料、设备及制品等，应符合国家或部颁现行的技术标准，必须具有产品合格证及质量证明书，其规格、型号及性能应满足设计要求。

9.1.7 材料、设备进场时应进行检验，进场验收单必须经专职质检员签字，并经监理工程师核查确认。

9.1.8 产品应附有安装使用说明书，特殊产品应有配套工具。国外产品应有商检证明和完整的中文资料。

施工要点

9.1.9 住宅通风空调工程施工前应具备下列条件：

9.1.9.1 设计及其他技术文件齐全，并已通过施工图审查。

9.1.9.2 按批准的施工方案，已进行技术交底。

9.1.9.3 材料、施工力量、机具等能保证正常施工。

9.1.9.4 施工场地及施工用水、电等临时设施，能满足施工需要。

9.1.10 应按通过审查的施工图设计图纸施工，修改设计应有设计单位批准的设计变更。

9.1.11 通风空调工程的施工应编制施工组织设计或施工方案，经批准后方可实施。

9.1.12 通风空调工程与相关各专业之间应进行交接质量检验，并形成记录。

9.1.13 施工应采取样板先行的程序，样板间或样板工段内的该项工作全部完成后，应由施工单位会同设计、监理和业主进行检查，认可后，方可进行该项目的施工。

9.1.14 隐蔽工程应在隐蔽前经验收各方检验合格后，才能隐蔽，并形成记录。

9.1.15 施工应与建筑及其他有关专业工种密切配合。在施工过程中应作好质量检验评定，保证工程质量达到国家标准和设计要求

质 量 要 求

9.1.16 施工质量的验收应按《通风与空调工程施工质量验收规范》(GB 50243—2002)的规定进行检查。

9.1.17 各种承压的空调水管系统和设备应进行水压试验，非承压的空调水管系统和设备应进行灌水试验，风管系统应进行严密性和漏风量的检验。

9.2 厨房和卫生间排风系统

一 般 规 定

9.2.1 本节适用于住宅内的厨房和卫生间排风系统的安装工程。

设 计 要 点

9.2.2 当厨房排油烟机的排气管排至竖向通风道时，竖向排风道的断面应根据所担负的排气量计算确定，应采取支管无回流、竖井无泄漏的措施。对于当地已经推广应用、并经实用证明排风效果满足设计要求的通用图和成品风道应优先选用。

9.2.3 当厨房排油烟机的排气管通过外墙直接排至室外时，应在室外排气口设置避风和防止污染环境的构件，排气口的位置应避开单元出入口和上层住户的窗子。

9.2.4 严寒地区、寒冷地区和夏热冬冷地区的厨房，除设置排气机械外，还应设置供房间全面排气的自然通风设施。

9.2.5 无外窗的卫生间，应设置有防回流构造的竖向排风道，其断面应根据所担负的排气量计算确定，并预留安装卫生间排气扇的位置和条件。对于当地已经推广应用，并实用证明排气效果满足设计要求的通用图和成品风道应优先选用。

9.2.6 对于有外窗的卫生间，在外墙上应预留卫生间排气扇的排气洞口和电源插座，洞口要用可拆卸的盖子封堵严密。

9.2.7 在厨房和卫生间的门下部应设有效截面积不小于 $0.02m^2$ 的固定百叶，或距地面留出不小于 30mm 的缝隙。

9.2.8 以煤、薪柴为燃料的厨房应设烟囱；上、下层相邻厨房合用一个烟囱时，必须采取防止串烟的措施。

9.2.9 每层水平排风管与竖向排风管相接处应设向上开口的导流板(装在竖井内)，使每层

排风向上流进竖向主风道。

9.2.10 每层水平排风管与竖井相接处应设逆止阀，宜选用开口气流向上斜的逆止阀(阀板带平衡重)。

材料要求

9.2.11 厨房和卫生间竖向排风道宜采用钢丝水泥成品风道(用M20水泥砂浆和24号六角网孔钢丝网或厚质玻璃纤维网格布制作，模具成型)，壁厚15～20mm。

9.2.12 厨房排油机排风管，逆止阀宜用铝材或不燃材料，卫生间排风扇、排风管、逆止阀宜用塑料制品。

9.2.13 现场检查验收成品风道：外观检查，风道是否完整，有无破损，尺寸误差不得超过5mm。内表面要求严密平滑，不得有凹凸物，上下接口是否平、直对中，支管开口位置和尺寸是否正确，风道配件是否齐全，水平排风支管、逆止阀和接头连接件等质量是否符合要求。

施工要点

9.2.14 厨房和卫生间排风系统施工应按下列安装工艺流程进行：

安装准备 → 预留、预埋 → 预制加工或采购成品风道 → 风道安装(立管—支管) → 管道严密性检查和漏风量试验 → 排油烟机和排风扇安装 → 测量调试每层排风量

9.2.15 在建筑楼板施工时做好预留孔洞，孔洞尺寸比竖风道外形断面尺寸每边大50～80mm，上、下各层孔洞中心要对准，洞边要平行一致，垂直向错位误差不得大于3mm。

9.2.16 竖向排风道的安装应该由下向上逐层进行，连接处要上、下对齐，并严实密封，尤其注意靠近墙面处要留有15～20mm的施工空隙以便充填密封砂浆。

9.2.17 水平排风支管与竖风道接口处应牢固、严密，缝隙处应用密封胶和密封胶带封严。

质量要求

9.2.18 在竖向排风道做好之后，先进行严密性检验(采用漏光法)，然后进行漏风量测试抽验，每幢楼抽验一条最长的竖风道，进行负压漏风量测试，将所有开口封闭，抽成100Pa的负压，测量在100Pa负压下的漏风量。厨房用竖风道漏风量小于或等于25m^3/h·层为合格，卫生间竖风道漏风量小于或等于5m^3/h·层为合格。

9.2.19 在各层厨房排油烟机和卫生间排风扇全部安装完毕之后，应进行验收抽检。将全部排油烟机或排风扇同时开启，测试每一台排油烟机或排风扇的排风量，当每台排风机的排风量等于或大于该机额定排风量的70%时为合格(每幢楼抽检一条最长的厨房排风系统和一条最长的卫生间排风系统)。

9.3 防排烟系统

一般规定

9.3.1 高层住宅楼的防排烟系统应符合《高层民用建筑设计防火规范》(GB 50045—95

2001 年版)的规定。

设 计 要 点

9.3.2　高层住宅楼和住宅楼下的裙房、地下车库等公共用房的防排烟系统应按《高层民用建筑设计防火规范》(GB 50045—95　2001 年版)和《汽车库修车库停车场设计防火规范》(GB 50067—97)设置机械防排烟系统。

9.3.3　靠近居室安装的正压送风机和排烟风机应设减振支座或减振吊架(避免平时设备定期运行检查时影响住户)。

材 料 要 求

9.3.4　正压送风和排烟竖向风道宜用金属风道、混凝土风道或砖风道。水平连接的管道应用金属风管或不燃材料制作的风道,金属风道的壁厚参照《高层民用建筑设计防火规范》(GB 50045—95　2001 年版)8.1.5 条说明及表 16。

9.3.5　排烟风机,防火阀、排烟口和前室正压送风口等设备和部件应采用当地消防部门认可的产品。

9.3.6　排烟风机进出口处的柔性接管应用不燃材料制作。排烟管道的法兰垫应用耐火胶垫或用其他不燃材料(非石棉制品)制作的密封垫。

9.3.7　对运到现场的防火阀、排烟口、正压送风口等部件要进行验收检查,检查尺寸、型号是否符合设计要求,外观是否完整无损,转轴是否灵活,阀片是否关闭严密,验收之后要妥善入库保存。

9.3.8　正压送风机和排烟风机到场后,施工单位应会同建设单位、监理、和供货商共同开箱验收,并将验收记录由参与人员会签存档。

9.3.8.1　开箱前检查外包装有无损坏和受潮。开箱后认真核对设备名称、型号、规格和技术参数是否符合设计要求。产品说明书、合格证、随机清单和设备技术文件是否齐全。设备表面有无缺损、锈蚀和受潮现象。

9.3.8.2　用手转动风机叶轮检查是否与机壳相碰,有否摩擦声。

9.3.8.3　开箱检查地点如果不是安装地,应恢复包装装箱以便进行运输。

施 工 要 点

9.3.9　正压送风和排烟管道系统施工应按下列安装工艺流程进行:

安装准备 → 预留、预埋 → 预制加工风道和支吊架 → 风道安装(立管—支管) → 管道严密性检查 → 正压送风机和排烟风机安装 → 测量调试送风量、正压值和排烟量

9.3.10　正压送风和排烟管道要严密,砖风道和混凝土风道内表面要平整光滑,严密无缝隙。当砖风道内断面尺寸不能进入人抹灰时,应边砌边抹,应由底层逐层向上砌筑并逐层检查风道内表面抹灰质量,砖缝要充满砂浆,不能有空隙,砖墙与楼板相接处的缝隙要用砂浆充满填实。金属风道与竖向土建风道相接处要按照建筑节点详图施工,确保相接处不仅牢固而且严密。

9.3.11 现场运输和吊装风机时，绳索不得损伤风机外表面，机壳、转子、轴颈和轴封等处均不得用绳捆绑。运输过程要平稳，倾斜度要满足设备要求。

9.3.12 风机安装前应检查风机基础或吊架的位置、尺寸是否正确，基础强度或吊点强度是否满足要求。

9.3.13 风机就位后要调正、调平，支座或吊杆受力要均匀，标高与风口朝向要符合设计要求。正压风机要通过柔性管与风管相接，排烟风机要通过耐火的柔性管与排烟风管相接，风机吸入口处的柔性管要有钢环加强筋支撑，柔性管长度100～150mm。

9.3.14 金属排烟风管的壁厚和风管穿防火墙和变形缝处防火阀的安装方法，按照《高层民用建筑设计防火规范》(GB 50045—95 2001年版)说明8.1.5条表16和说明8.5.3条图25、26。

质 量 要 求

9.3.15 在风道做好之后，先进行严密性检验(采用漏光法)。

9.3.16 风机安装完毕风管接通之后，首先进行单机运行检查，开启有关的阀门，接通电源，检查叶轮转向是否正确，风机运行是否平稳，有无异常振动和声响，紧固件连接部位有无松动。经2h额定转速运转后，滑动轴承外壳温度不得超过70℃；滚动轴承不得超过80℃。

9.3.17 正压送风系统的调试：

9.3.17.1 对于设自垂式百叶风口的楼梯间，要测定风机的送风量，各个风口的送风量和各层正压值，各个风口风量的偏差不宜大于15%，防烟楼梯间的正压值应为40～50Pa。

9.3.17.2 对于防烟前室要按设计要求每次开启本层和上、下相邻的两个风口，测量每个风口的风量和风机风量；并测量前室内的正压值是否满足25～30Pa的要求。

9.3.17.3 如果达不到要求的正压值应查找原因，并针对存在的问题采取改正措施，直到满足正压值为止。当正压值普遍偏高时，可在风机进口处加设挡板减少进风量。当风机总送风量已达到设计值，但正压值普遍偏低时应检查风道的漏风量，对前室或者楼梯间的漏风缝隙要认真封堵。当风道漏风量低于10%，前室或楼梯间密封良好，正压值仍不能满足要求时应通过设计更换风机。

9.3.18 排烟系统的调试：开启两个最大防烟分区内的排烟口，测试风机总风量和排烟口排烟量，并核算风道漏风量，如果因漏风量过大使排烟量不能达到设计要求应查找漏风原因进行封堵。当最大的防烟分区满足排烟量要求后，再逐个检查其他防烟分区排烟量，实际排烟量应≥设计排烟量。最大的防烟分区在设计排烟量时，排烟口的风速不宜大于10m/s。

9.3.19 检查防排烟系统的自控系统，对人控按钮和消防控制中心的控制点逐个进行运行检查，检查相关的风机、风阀是否按要求开启，相关的信号和报警与执行机构是否按设计要求进行动作，并作好调试记录存档备查。

9.4 空 调 系 统

一 般 规 定

9.4.1 本节适用于户用空调系统，仅包括户用空调室内机、室外机、风机盘管和与其相配套的风、水管和冷媒管道系统，不包括集中供冷的冷水机组和冷却塔等大型中央空调设备。

设计要点

9.4.2　空调系统的选择：

9.4.2.1　南方夏热冬暖的地区宜用单冷空调机。

9.4.2.2　夏热冬冷的地区（长江中下游及其周边地区）宜选用空气源热泵型空调机，夏季供冷、冬季供暖。

9.4.2.3　北方大部分地区冬季有专用热源和设备供暖时夏季宜采用单冷空调机，如果冬季没有专用热源和设备供暖时，宜选用冷暖兼供的水（或地）源热泵型空调机或选用配备辅助热源的空气源热泵型空调机。

9.4.3　新风系统的选择：对于南方地区和对新风要求较高的高档住宅宜设新风系统，对于无新风系统仅靠开窗供新风的住宅，空调机要考虑负担新风负荷。当采用房间新排风换气机供新风时应协调好新风入口和排风出口的位置；对于集中供应新风的高挡住宅要安排好新风机房和新风管道的位置。

9.4.4　在住宅空调设计时应安排好室内、外空调机和新风换气机、空调风、水管和凝结水管的安装位置。做好风、水管墙、板留洞图和设备基础图。在最热月平均室外气温高于和等于25℃的地区，当空调设备由住户自费安装时，住宅设计应预留安装空调设备的位置和条件（如室外机挑台、凝结水立管、电源插座、结构墙管洞等）。

9.4.5　设备（室外机、室内机、风机盘管、循环水泵和新风换气机等）的噪声应能满足住宅允许的噪声标准，应选用低噪声设备或采用消声措施。风管和风口的风速应满足室内噪声要求（见表 9.4.5）。住宅的卧室、起居室（厅）内的允许噪声级（A 声级）昼间应小于或等于50dB，夜间应小于或等于 40dB。

住宅风管的适宜风速　　**表 9.4.5**

部　位	风机出口	主风管	支风管	支立管	新风入口	空气过滤器	换热盘管	送风口	回风口
风　速 m/s	5.0～8.0	3.5～4.5	3.0	2.5	3.5	1.2	2.0	2.5～2.0	1.5～1.0

材料要求

9.4.6　空调水管宜采用焊接钢管、热镀锌钢管、无缝钢管、铝塑复合管和 PB、PP-R 塑料管，空调凝结水管宜采用热镀锌钢管或 PVC-U 塑料排水管，管件、阀门的材质规格按照设计规定。

9.4.7　氟利昂冷媒管采用专用铜管（见表 9.4.7）。氟利昂冷媒专用铜管标准（磷脱氧无缝铜管 JIS H 3300-C1220T　GB 1527—TP1）。

9.4.8　风管材料应满足防火和环保要求，宜选用镀锌钢板、铝箔复合酚醛泡沫板、无机玻璃钢复合风管和铝制波纹管成品风管。

9.4.9　保温材料应满足防火和环保要求，宜选用加筋铝箔超细玻璃棉板和氧指数大于 32 的闭孔聚乙烯泡沫保温板和闭孔橡塑泡沫保温板。

表 9.4.7

铜管外径(mm)	铜管壁厚(mm)(设计压力 3.06MPa 表压力)	铜管外径(mm)	铜管壁厚(mm)(设计压力 3.06MPa 表压力)
6.35	0.8	25.40	1.20
9.52	0.8	28.58	1.20
12.70	0.8	34.92	1.30
15.88	1.00	38.10	1.30
19.05	1.00	41.28	1.70
22.22	1.20		

施 工 要 点

9.4.10 空调风管系统施工应按下列工艺流程进行：

安装准备 → 预留、预埋 → 预制加工风道和支吊架 → 风道安装(立管、支管、风阀、风口) → 管道清扫及严密性检查 → 管道保温 → 室内、外机安装 → 测量调试送风量

9.4.11 空调风管系统施工要点如下：

9.4.11.1 风管系统施工前首先要熟悉图纸、变更及有关技术文件，现场综合协调各种管线的安装位置。配合土建施工预留墙、板洞口和预埋件。

9.4.11.2 现场测量与安装管道有关的各种尺寸，如建筑空间尺寸、净高、梁高、墙、柱、尺寸和间距以及洞口尺寸，设备接口尺寸和定位尺寸等。

9.4.11.3 绘制风管加工草图，注意留出施工安装空间，并按《全国通用通风管道配件图表》和《通风与空调工程施工质量验收规范》(GB 50243—2002)的要求确定风管的壁厚和细部尺寸。

9.4.11.4 风管的加工制作：根据风管加工草图在风管加工厂进行下料、加工制作。当设计没有特殊要求时，住宅内的空调风管系统应按低压系统(工作压力 $P \leqslant 500$Pa)制作，板材厚度、连接方式、法兰材料及规格和风管加固方法等应遵照验收规范(GB 50243—2002)的规定。

9.4.11.5 对运到现场的风管部件应进行验收检查，检查尺寸是否符合要求，检查外观平整度、接缝严密度等，并做好成品保护；对运到现场的风阀和防火阀等部件要进行验收检查，检查尺寸、型号是否符合设计要求，外观是否完整无损，转轴是否灵活，阀片是否关闭严密，验收之后要妥善入库保存。按总数抽查 10%，且不少于 5 个。

9.4.11.6 应按规范(GB 50243—2002)的规定制作风管支、吊架。水平管直径或长边尺寸小于或等于 40mm，支、吊架间距不应大于 4m；水平管直径或长边尺寸大于 400mm，间距不应大于 3m，竖向风管支架不应大于 4m，单根直管至少应有 2 个固定点。

9.4.11.7 风管的安装应遵照规范(GB 50243—2002)的规定。安装前应清除内外杂物并做好清洁和保护工作，安装位置要正确，接口要严密，外观平直无扭曲。支、吊架要牢固并有防晃措施。

9.4.11.8　风管法兰间密封垫应用阻燃型橡胶垫，转角处 90°切口不得断开，接头处做成梯型企口。

9.4.11.9　风管安装完之后要进行严密性检验，低压风管系统抽检 5%，采用漏光法检测。检测不合格时，应做漏风量测试。低压风管系统的漏风量，矩形风管应符合 $Q_L \leqslant 0.1050P^{0.65}$ 要求。

Q_L—漏风量　$m^3/h \cdot m^2$　　　P—工作压力　Pa

低压圆形金属风管、复合材料风管以及采用非法兰形式的非金属风管的允许漏风量，应为矩形风管规定值的 50%。

9.4.11.10　在风管系统严密性检验合格后进行绝热层施工，绝热材料应采用不燃或难燃材料，其材质密度规格与厚度应符合设计要求。如果采用难燃材料时，应对其难燃性进行检查，合格后方可使用。绝热层应用胶粘剂或保温钉固定在风管上，绝热材料与风管表面应紧密贴合，无空隙；防潮层应紧密粘贴在绝热层上，接缝处应用专用防潮粘胶带封严，胶带宽度不应小于 50mm。玻璃丝布保护层要紧贴在防水层上，搭接宽度 60～80mm，并用 18♯镀锌铁丝捆扎牢固，捆扎间距＜300mm。

9.4.12　空调水管系统施工应按下列工艺流程进行：

安装准备 → 预留、预埋 → 加工、安装支吊架 → 水管和阀门安装 → 管道系统水压试验 → 管道系统冲洗 → 管道保温 → 家用冷水机组和风机盘管安装 → 系统试运行、调试

9.4.13　空调水管系统施工要点如下：

9.4.13.1　水管系统施工前首先要熟悉图纸、变更及有关技术文件，现场综合协调各种管线的安装位置。配合土建施工预留墙、板洞口和预埋件。

9.4.13.2　现场测量与安装管道有关的各种尺寸，如建筑空间尺寸、净高、梁高、墙、柱、尺寸和间距以及洞口尺寸，设备接口尺寸和定位尺寸等。

9.4.13.3　绘制水管加工草图。

9.4.13.4　对水管材管件、阀门进行现场检查验收，查外观质量和产品质量证明文件。国产阀门的名牌应符合现行国家标准。对于工作压力大于 1.0MPa 及在主干管上起到切断作用的阀门，应进行强度和严密性试验，合格后方准使用。

9.4.13.5　管道和管件安装前应将其内、外壁的污物和锈蚀清除干净，安装过程间断时应及时封闭敞开的管口。

9.4.13.6　管道支、吊架的型式、位置、间距、应符合验收规范“GB 50243—2002”的相应规定，标高应符合设计要求。

9.4.13.7　管道的连接方式应按照设计规定进行。金属管道焊接时，应由具备操作资格证书的技术工人进行，管的坡度符合设计要求。采用上皮平变径。

9.4.13.8　空调水系统试压按设计要求进行。当设计无规定时，应符合下列规定：

冷、热水、冷却水系统的试验压力，当工作压力小于或等于 1.0MPa 时为 1.5 倍工作压力，要不低于 0.6MPa；当工作压力大于 1.0Pa 时试验压力为工作压力加 0.5MPa，试验压力下稳压 10 分钟压力降不大于 0.02MPa，再将系统压力降至工作压力，外观检查无渗漏为合格。凝结水管采用充水试验，应以不渗不漏为合格。

9.4.13.9 水系统试压之后应进行反复冲洗，彻底清除系统内存留的铁锈、焊渣、锈渣和其他杂物，冲洗至排污水与进水颜色一致为止。

9.4.13.10 当管道冲洗合格之后，如果不立即与设备相接应做临时封堵避免再次污染。管道系统与有振动的设备(如风机盘管，水泵等)相接处应用弹性软管(软紫铜管或不锈钢波纹管)。

9.4.14 氟利昂冷媒管道系统施工应按下列工艺流程进行：

安装准备 → 预留、预埋 → 加工、安装支吊架 → 冷媒管道和阀门安装 → 管道系统用氮气吹扫 → 管道系统用氮气进行压力试验 → 管道系统进行抽真空试验 → 管道保温 → 室内机和外机安装 → 系统充灌冷媒 → 系统试运行、调试

9.4.15 氟利昂冷媒管道系统施工要点如下：

9.4.15.1 施工前首先要熟悉图纸、变更及有关技术文件，现场综合协调各种管线的安装位置。配合土建施工预留墙、板洞口和预埋件。

9.4.15.2 现场测量与安装管道有关的各种尺寸，如建筑空间尺寸、净高、梁高、墙、柱、尺寸和间距以及洞口尺寸，设备接口尺寸和定位尺寸等。

9.4.15.3 绘制冷媒管施工草图。

9.4.15.4 氟利昂冷媒管道、管件和阀门的型号、材质及工作压力等必须符合设计要求，并应具有出厂合格证和质量证明书。

9.4.15.5 冷媒管道的施工应由专业空调制冷公司的技术工人进行。

9.4.15.6 管道安装前应检查铜管外观质量，管材应完整无损伤，并且内外壁应十分清洁干燥无任何污物，施工过程中对暂时不接的管口都应该封堵，防止进入污物。

9.4.15.7 铜管管道支吊架的型式、位置、间距及管道标高应符合设计要求，管道上下平行敷设时，吸气管应在下方。

9.4.15.8 分支管应按介质流向弯成90°弧度与主管连接，不宜使用弯曲半径小于1.5D的压制弯管。

9.4.15.9 铜管切口应平整、不得有毛刺、凹凸等缺陷，切口允许倾斜偏差为管径的1%，管口翻边后应保持同心，不得有开裂及皱褶，并应有良好的密封面。

9.4.15.10 采用承插钎焊焊接连接的铜管，其插接深度应符合表9.4.15.10的规定，承插的扩口方向应迎介质流向。当采用套接钎焊焊接连接时，其插接深度应不小于承插连接的规定，采用对接焊缝组对管道的内壁应齐平，错边量不大于0.1倍壁厚，且不大于1mm。

承插式焊接的铜管承口的扩口深度表(mm) **表 9.4.15.10**

铜管规格	≤*DN*15	*DN*20	*DN*25	*DN*32	*DN*40	*DN*50	*DN*65
承插口的扩口深度	9～12	12～15	15～18	17～20	21～24	24～26	26～30

9.4.15.11 制冷剂液体管不得向上装成“Ω”形。气体管道不得向下装成倒“Ω”形(特殊回油管除外)；液体支管引出时，必须从干管顶部或侧面接出；有两根以上的支管从干管引出时，连接部位应错开，间距不应小于2倍支管直径，且不小于200mm 。

9.4.15.12 制冷机与附属设备之间制冷管道的连接，其支承间距，坡度与坡向应符合设计

及设备技术文件要求。当设计无规定时，应符合表 9.4.15.12-1、2 的规定；当液管和气管共同悬吊时以液管尺寸为准。

制冷剂管道支承间距表 **表 9.4.15.12-1**

管道外径 mm	6.32～9.52	12.70 以上
支承间距 m	1.2 以下	1.5 以下

制冷剂管道坡度、坡向表 **表 9.4.15.12-2**

管道名称	坡向	坡度	管道名称	坡向	坡度
压缩吸气水平管(氟)	压缩机	≥10/1000	冷凝器水平供液管	贮液器	(1～3)/1000
压缩排气水平管(氟)	油分离器	≥10/1000	油分离器至冷凝器水平管	油分离器	(3～5)/1000

9.4.15.13 制冷系统阀门的安装应符合下列规定：

1. 制冷剂阀门安装前应进行强度和严密性试验。强度试验压力为阀门公称压力的 1.5 倍，时间不得少于 5min；严密性试验压力为阀门公称压力的 1.1 倍，持续时间 30s，不漏为合格。合格后应保持阀体内干燥。如阀门进、出口封闭破损或阀体锈蚀的还应进行解体清洗；

2. 位置、方向和高度应符合设计要求；

3. 水平管道上的阀门的手柄不应朝下；垂直管道上的阀门手柄朝向便于操作的地方；

4. 自控阀门安装的位置应符合设计要求。电磁阀、调节阀、热力膨胀阀、升降式止回阀等的阀头均应向上；热力膨胀的安装位置应高于感温包，感温包应装在蒸发器末端的回气管上，与管道接触良好，绑扎紧密；

5. 安全阀门应垂直安装在便于检修的位置，其排气管的出口应朝向安全地带，排液管应装在泄水管上。

9.4.15.14 制冷系统的吹扫排污应采用压力为 0.6MPa 的干燥压缩空气或氮气，以浅色布检查 5min，无污物为合格。系统吹扫干净后，应将系统中阀门的阀芯拆下清洗干净。

9.4.15.15 制冷管道系统安装完闭之后要用氮气进行气密性试验，气压 0.3MPa 保持 3 分钟，然后 1.5MPa 保持 3min，再后 2.8MPa 保持 24h，气压不下降为合格。

9.4.15.16 制冷管道系统进行气密性试验之后要进行真空干燥试验，应抽至真空度 −775mmHg 且保持 1h 以上，不上升为合格。

9.4.15.17 制冷系统投入运行前，应对安全阀进行调试校核，其开启和回座压力应符合设备技术文件的要求。

9.4.16 设备现场开箱验收：户用空调设备主要是室外空调机(包含制冷压缩机)、室内空调机(风机加表冷器)或者风机盘管。设备现场开箱验收应由施工安装单位会同业主、监理和供货方共同进行，做好验收检查记录，并由参与人员会签章、存档。

9.4.16.1 开箱前检查外包装有无损坏和受潮。开箱后认真核对设备名称、规格、型号、技术条件是否符合设计要求。产品说明书、合格证、随机清单和设备技术文件是否齐全，主机附件、专用工具、备用件等是否齐全，设备表面应无缺陷、缺损、损坏、锈蚀、受潮现象。

9.4.16.2 检查风机叶轮是否与机壳相碰，有无摩擦声，风机减振部分是否附合要求。

9.4.16.3 检水管接口的临时封堵保护是否完好，过滤器零部件是否齐全，滤料及过滤形式是否符合设计要求。

9.4.16.4 制冷设备充有保护性气体时，应检查有无泄漏。

9.4.16.5 开箱后的设备如不立即安装，应该恢复包装箱，放入现场仓库妥善保管。

9.4.17 设备现场运输：从现场仓库运至安装地点，尽量不开箱，利用现场运输工具进水平和竖向运输，确保运输过程安全，不得损伤设备。

9.4.18 室外空调机的安装：安装之前要认真熟悉图纸、设备说明书、空调施工图及有关技术资料，按照施工图复核设备型号和安装位置，设备周边要有冷却风的进出空间。设备就位后要调正、调平、上紧固定螺栓，并做好成品保护。

9.4.19 室内空调机的安装：按设计图纸确定室内机的位置；并确认定位处可以安装坚固的吊杆($\phi8 \sim \phi10$)，吊杆长度需根据吊顶高度及室内机的尺寸来确定，与室内机吊点相接处吊杆螺纹长度>100mm，以便调整室内机的高度和水平度，非镀锌吊杆需做二次防锈处理。检查室内机型号是否与图纸相符，将室内机运到安装位置后方可拆除包装，检查室内机外表无损伤后才能进行吊装。根据设计标高调节室内机高度并用水平仪校正水平度，在确认高度与水平度无误之后，拧紧固定螺栓，吊点处上、下各一组弹簧垫圈和固定螺母、上下对夹定位，吊装后应做好成品保护。对于暗装的室内机待装璜吊顶结束后，调试前安装室内机面板并将室内机接插件连通。

9.4.20 风机盘管的安装：

9.4.20.1 按图纸确定风机盘管的位置并确认该处可以设固定吊杆($\phi8 \sim \phi10$)，吊杆的长度根据风机盘管设计标高确定。为了调节高度吊点处螺纹长度应大于100mm，非镀锌吊杆需做二次防锈处理。

9.4.20.2 将风机盘管运到安装位置后方可拆除包装，风机盘管安装前应逐台检查电机、风机、壳体及表冷器有无损伤、锈蚀、缺件等缺陷。并逐台进行通电和水压试验。

9.4.20.3 通电试验：机械部分不得有摩擦声，整机不应有抖动失稳，噪声不应超过产品说明书的规定，电气部分不得漏电。

9.4.20.4 水压试验：试验压力为系统工作压力的1.5倍，先升至工作压进行全面检查，无渗漏时再升至工作压力的1.5倍，观察5min压力不降为合格，卸压、放水待安装。

9.4.20.5 吊装前复查风机盘管型号是否与设计相符，吊装后用吊点处的上、下螺母调节高度和水平度，上、下固定螺母处设弹簧垫圈。吊杆上端设橡胶减振垫。

9.4.20.6 风机盘管的供、回水连接管应采用金属软管(包括软紫铜管)或非金属软管。橡胶软管只能用于工作压力较低并且是单冷工况的场合。凝结水的连接管宜用透明软塑料管，并用卡子卡住凝结水盘一端，另一端应插入 *DN*20 的凝结水支管上，进入量应大于50mm，要找好坡度，使凝水通畅地流到排水口，凝水盘应无积水现象。

9.4.20.7 卧式暗装风机盘管下部吊顶上应留有活动检查口，便于机组的拆卸和维修。

9.4.20.8 风机盘管出风和回风接口应用柔性风管与送、回风管相接，风口、风管相接处应牢固严密不漏风。

9.4.20.9 对明装风机盘管，安装后应做好成品保护，防外壳损伤和污染。

质 量 要 求

9.4.21 空调系统调试：

9.4.21.1 施工单位负责系统调试，监理单位监督，设计单位和建设单位参与和配合。

9.4.21.2 调试前承包调试单位应编制调试方案报送专业监理工程师审核批准；调试结束后必须提供调试资料和报告。

9.4.21.3 系统调试的次序为：先做设备单机试运转及调试，单机试运转及调试合格后再做系统无生产负荷下的联合试运转及调试。

9.4.21.4 设备单机调试的工作内容为：检查设备中的风机、水泵、叶轮旋转方向是否正确，运转是否平稳，有无异常振动与声响，紧固连接部位有无松动以及电机功率是否符合技术文件的规定等。在额定转速下连续运转 2h 后滑动轴承最高温度不得超过 70℃，滚动轴承不得超过 80℃（风机），75℃（水泵）。

9.4.21.5 系统无生产负荷的联合试运转及调试工作内容为：

1. 测量风系统总风量，调节各个送风口的风量，调节之后的总风量与设计风量的偏差不应大于 10%，各风口风量偏差不应大于 15%。

2. 测试空调冷、热水的总流量，调节末端设备的水量，调节之后的总水量与设计水量的偏差不应大于 10%，末端设备水量偏差不应大于 20%。

3. 使用氟利昂冷媒的空调系统：在气密性试验和真空干燥试验合格之后才可根据系统容积充灌氟利昂制冷剂，并用气体检漏仪或肥皂水进行检查是否有泄漏。检查室外、室内机的电源、电压。在室外机保持连续通电 6h 之后，将遥控器设定至风扇档开机运行，检查室外机和每台室内机动作和运转声音是否正常，用遥控器分别进行设定，然后关机切断电源，五 min 之后再次接通电源，根据现场情况对室外机进行设定，检查室外机电流、电压情况有无异常，检查室内机进出口风的温度并记录，确认单独开启每个室内机时，室外机能起动并且能制冷，判断系统运行是否正常，是否需要再补充氟利昂制冷剂，整理调试报告。

9.4.22 竣工验收

9.4.22.1 空调系统联合试运转调试合格后，应由建设单位负责组织施工、设计、监理等单位共同进行验收。验收时，应检查下列文件及记录。

1. 图纸会审记录，设计变更通知书和竣工图；
2. 主要材料、设备、成品、半成品和仪表的出厂合格证明及进场检（试）验报告；
3. 隐蔽工程检查验收记录；
4. 工程设备、风管系统、管道系统安装及检验记录；
5. 管道试验记录；
6. 设备单机试运转记录；
7. 系统无生产负荷联合试运转与调试记录；
8. 分部（子分部）工程质量验收记录；
9. 观感质量综合检查记录；
10. 全部功能检查资料的核查记录。

9.4.22.2 观感质量检查应包括以下项目；

1. 风管表面应平整、无损坏；接管合理，风管的连接以及风管与设备或调节装置的连接无明显缺陷。

2. 风口表面应平整，颜色一致，安装位置正确，风口可调节部件应能正常动作。

3. 各类调节装置的制作和安装应正确牢固，调节灵活，操作方便。防火及排烟阀等关闭严密，动作可靠。

4. 制冷及水管系统的管道、阀门及仪表安装位置正确，系统无渗漏。

5. 风管、部件及管道的支、吊架形式、位置及间距符合规范要求。

6. 室内、外空调机和风机盘管机组的安装应正确牢固。

7. 消声器安装方向正确，外表面应平整无损坏。

8. 风管、部件、管道及支架的油漆应附着牢固，漆膜厚度均匀，油漆颜色与标志符合要求。

9. 绝热层的材质、厚度应符合设计要求，表面平整，无断裂和脱落；室外防潮层或保护壳应顺水搭接、无渗漏。

检查数量：风管、管道各按系统抽查10%，且不得少于1个系统。各类部件、阀门及仪表抽检5%，且不得少于10件。

检查方法：尺量、观察检查。

（本章主要起草人：李厚祥、徐素琴）

10 电 气 工 程

10.1 基 本 规 定

10.1.1 住宅电气工程应按已审批的设计图纸施工。

10.1.2 施工前应熟悉施工图纸，编制施工方案。

10.1.3 电工、电焊工、起重吊装工应持有特殊行业操作证，电气调试人员应持有相应岗位证书。

10.1.4 安装调试用的各类计量器具应在检定合格有效期内。

10.1.5 住宅电气工程施工质量验收应执行《建筑电气工程质量验收规范》(GB 50303—2002)。

10.1.6 除设计要求外，承力建筑钢结构构件上不得采用熔焊连接固定电气线路、设备和器具的支架螺栓等，且严禁热加工开孔。

10.1.7 工程验收时，应具备以下资料：

10.1.7.1 设计图纸、工程变更。

10.1.7.2 主要材料合格证及进场验收记录，并具有相应的质量证明，实行生产许可或认证制度的产品应有相应证书。

10.1.7.3 试验记录、试运行记录。

10.1.7.4 隐蔽工程验收记录。

10.1.7.5 检验批、分项分部工程验收记录。

10.2 导管敷设与管内穿线、管内穿电缆

一 般 规 定

10.2.1 煤气管进户位置应在设计阶段确定，以便电气设计时使电气导管、电器等位置与煤气管道保持规范要求的距离。

设 计 要 点

10.2.2 配电箱(柜)、电气导管、桥架、接线盒及开关插座面板与煤气管的距离应符合《城镇燃气设计规范》规定。

10.2.3 设计图纸应注明干线分支连接做法。

10.2.4 低压配电线路支线宜以防火分区或结构缝为界。

10.2.5 应按不同电气设备选择相应耐热、耐火、阻燃等要求的线缆。

10.2.6 强电线路与弱电线路间距应满足规范要求。

10.2.7 现浇混凝土板内管路应尽量不交叉，特殊情况需交叉的应符合结构专业相应规定。

10.2.8 敷设在现浇混凝土板内的电线管最大外径不宜超过板厚1/3。

10.2.9 在住宅的顶棚内应采用金属管、金属线槽布线。

10.2.10 明敷于潮湿场所或埋地敷设的金属管应采用焊接钢管。

10.2.11 管内导线(两根除外)的总截面积(包括外护层)不应超过管内截面积的40%，并应考虑电线载流量的修正系数。

10.2.12 住户室内配电线路宜采用暗敷设，敷设方式应符合安全和防火要求。

10.2.13 住宅照明系统电缆相线与中线应等截面。

10.2.14 住户配电单相回路的中性线应与相线截面相等。

10.2.15 应采用铜芯电线电缆。

10.2.16 疏散照明线路应采用耐火电线、电缆。穿管暗敷时保护层厚度不小于30mm。

10.2.17 在装有澡盆和淋浴的场所0、1、2区内不允许非本区的配电线路通过，也不允许在该区内装设接线盒。

材 料 要 求

10.2.18 导管应具有合格证，绝缘导管表面应有阻燃标记和制造厂标，镀锌管表面应有制造厂标。

10.2.19 钢导管无压扁，内壁光滑，壁厚均匀；非镀锌钢导管无严重锈蚀，按制造标准油漆出厂的，油漆完整；镀锌钢导管镀层覆盖完整，表面无锈斑。

10.2.20 设计无要求时，埋设在墙内或混凝土内的绝缘导管，采用中型以上导管。

10.2.21 敷设于室内干燥场所的金属导管壁厚不小于1.5mm。

10.2.22 PVC管连接用胶粘剂及套管应采用与该PVC管相配套的产品。

10.2.23 接线盒应选用有安全认证的产品。

10.2.24 额定电压450/750V及以下导线需选用获得中国强制性安全认证的产品。

10.2.25 电力电缆应选用有生产许可证产品，并应有出厂试验记录。电缆无压扁、扭曲，铠装不松卷。耐热、阻燃的电线、电缆外护层有明显标志。

10.2.26 导线连接用连接管、接线端子应有合格证，规格应与线缆的芯线相配合。

10.2.27 导线连接涮锡不得用酸性焊剂。

施 工 要 点

10.2.28 主要施工流程：

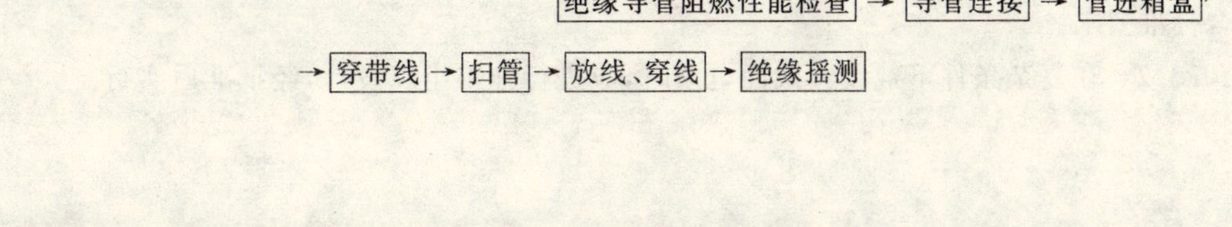

10.2.29 电缆导管穿越防火分区其管口处应做防火封堵。

10.2.30 导管在建筑物变形缝处应有补偿措施。

10.2.31 现浇混凝土板内并列敷设的管距应符合结构专业要求。

10.2.32 埋设于混凝土内的非镀锌金属导管内壁应做防腐处理。

10.2.33 暗配的导管埋设深度与建筑物、构筑物表面距离不应小于15mm。

10.2.34 住宅装修管线敷设应有经审批的设计图纸，不得在承重结构上横向剔凿敷管。

10.2.35 当绝缘导管在砌体上剔墙敷设时，应采用强度等级不小于M10的水泥砂浆抹面保护，保护层厚度大于15mm。

10.2.36 直埋于地下或楼板内的刚性绝缘导管在穿出地面或楼板易受机械损伤的一段，应采取保护措施。

10.2.37 金属导管严禁对口熔焊连接，镀锌管及壁厚小于或等于2mm的钢导管不得套管熔焊连接。

10.2.38 镀锌的钢导管、可挠性导管不得熔焊跨接接地线。以专用接地卡跨接的两卡间连线为铜芯软导线，截面积不小于$4mm^2$。

10.2.39 电线、电缆穿管前，应清除杂物和积水。

10.2.40 三相或单相的交流单芯电缆，不得单独穿于钢导管内。

10.2.41 不同回路、不同电压等级和交流与直流的电线、不应穿于同一导管内；同一交流回路的电线应穿于同一金属导管内，管内不得有导线接头。

10.2.42 当采用多相供电时，同一建筑物、构筑物的电线绝缘层颜色选择应一致，即保护地线(PE)线应是黄绿相间色，零线用淡蓝色；相线用：A相—黄色，B相—绿色，C相—红色。

10.2.43 导线在敷线放线时不应出现背扣、打结或螺旋形圈。

10.2.44 住宅装修导线应穿管或线槽保护，导线不得裸露。

质 量 要 求

10.2.45 电缆导管的弯曲半径不应小于电缆最小允许弯曲半径。

10.2.46 金属导管接地连接紧密牢固、无遗漏。

10.2.47 绝缘导管连接牢固、严密。

10.2.48 测量导线、电缆的绝缘电阻符合要求，低压电线电缆线间和线对地间的绝缘电阻必须大于0.5MΩ。

10.3 电缆桥架敷设及桥架上电缆敷设

一 般 规 定

10.3.1 电缆桥架的标高应与其他相关专业协调确定；电缆桥架与其他专业管道距离应符合标准要求。

10.3.2 在复杂条件下敷设大截面电缆时，应进行施工组织设计，经批准后实行。

设 计 要 点

10.3.3 电缆桥架过墙、板处应有预留孔洞。

10.3.4 应有桥架内电缆敷设排列图。

10.3.5 电力电缆在桥架内横断面的填充率不应大于40%。

10.3.6 在潮湿环境下的电缆桥架应注明防腐措施。

材 料 要 求

10.3.7 桥架的材质,规格应符合设计及标准要求。

10.3.8 电缆桥架应有合格证,部件齐全,表面光滑、不变形;钢制桥架涂层完整、无锈蚀;玻璃钢制桥架色泽均匀,无破损碎裂;铝合金桥架涂层完整,无扭曲变形,不压扁,表面不划伤。

10.3.9 潮湿环境下的电缆桥架、紧固件、支架应热镀锌或按设计有其他防腐措施。

10.3.10 应根据允许拉力和剪力选择金属膨胀螺栓。

10.3.11 电缆生产厂应有生产许可证,电缆无压扁,无扭曲,铠装不松卷。电缆外护层有明显标志。

10.3.12 电缆盘不应平放运输和平放贮存。

施 工 要 点

10.3.13 主要施工流程:

弹线定位 → 桥架、支架外观检查 → 支架吊架安装 → 桥架安装 → 接地连接 → 电缆绝缘测试 → 电缆敷设

10.3.14 电缆桥架安装

10.3.14.1 金属电缆桥架及其支架全长应不少于2处与接地(PE)或接零(PEN)干线相连接。

10.3.14.2 非镀锌金属电缆桥架间连接板的两端跨接铜芯接地线,接地线最小允许截面积不小于$4mm^2$。

10.3.14.3 镀锌电缆桥架间连接板两端不跨接地线,但连接板两端不少于2个有防松螺帽或防松垫圈的连接固定螺栓。

10.3.14.4 电缆桥架在建筑物变形缝处应设置补偿装置,直线段钢制电缆桥架长度超过30m时,需设伸缩节。

10.3.14.5 电缆桥架转弯处应符合桥架内电缆最小允许弯曲半径的要求。

10.3.14.6 敷设在竖井内和穿越不同防火区的桥架,按设计要求位置有防火隔堵措施。

10.3.15 电缆敷设

10.3.15.1 电缆各支持点的距离应符合规范要求。

10.3.15.2 电缆敷设前应核对其规格、型号、长度是否符合要求。

10.3.15.3 电缆允许敷设的最低温度,在敷设前24h内的平均温度以及电缆敷设现场的温度应符合规定。当温度低于规定时,应采取加热措施。

10.3.15.4 电缆敷设前，电缆绝缘电阻测试合格。

10.3.15.5 剥除电缆绝缘层不应伤及线芯。

10.3.15.6 电缆固定在支架上应采用配套的卡具。交流单芯电缆或分相后的每相电缆固定用的夹具，不应形成闭合铁磁回路。

10.3.15.7 铠装电力电缆头的接地线应采用铜绞线或镀锡铜编织线，其截面积应符合要求。

质 量 要 求

10.3.16 电缆型号、规格应符合设计。

10.3.17 电缆桥架及铠装电缆的接地应符合标准要求。

10.3.18 电缆弯曲半径符合规范要求。

10.3.19 并联运行电缆的型号、规格、长度、相位应一致。

10.3.20 电缆支架、电缆卡固应符合规范、标准要求。

10.4 普通灯具安装

一 般 规 定

10.4.1 住宅灯具安装应安全、防火、固定牢固可靠。

10.4.2 大型灯具的吊挂做法应经结构专业设计责任人会签。

设 计 要 点

10.4.3 潮湿场所的灯具及安装高度低于 2.4m 的灯具应可靠接地或接零。

10.4.4 卫生间灯具应选密闭防潮型。

10.4.5 厨房灯具应选用易于清洁的类型，并配以防潮灯口。

材 料 要 求

10.4.6 灯具应有合格证、安全认证。

10.4.7 灯具涂层完整，无损伤，附件齐全。

10.4.8 灯具绝缘电阻、内部接线应符合标准要求。

10.4.9 灯饰所用材料的燃烧性能不应低于 B1 级。

10.4.10 需要接地的灯具应有专用接地螺栓，并有标志。

10.4.11 固定灯具的带电部件的绝缘材料及提供防触电保护的绝缘材料应耐绝缘和防火。

10.4.12 除敞开式灯具外，其他各类灯具灯泡容量在 100W 及以上者采用瓷质灯头。

10.4.13 灯头的绝缘外壳不破损不漏电。带有开关的灯头、开关手柄无裸露的金属部分。

10.4.14 软线吊灯软线两端做保护扣，芯线搪锡；装升降器时，套塑料软管，采用安全灯头。

施工要点

10.4.15 施工主要工艺流程：

灯具底座检查
大型灯具预埋件检查 → 灯具外观检查 → 绝缘测试 → 防火处理
按规范要求 → 安装接线、接地

10.4.16 当灯具自重在 3kg 及以上时，应固定在螺栓或预埋吊钩上。

10.4.17 花灯吊钩圆钢直径不应小于灯具挂销直径，且不应小于 6mm。大型花灯的固定及悬吊装置应按灯具重量的 2 倍做过载试验。

10.4.18 灯具固定牢固可靠，不得使用木楔固定。固定灯具的螺栓或螺钉应不少于两个。

10.4.19 采用白炽灯、卤钨灯等光源的灯具不直接安装在可燃装修材料或可燃物体上；运行中温度大于 60℃的灯具，当靠近非 A 级装饰材料时，应采取隔热、散热等防火措施。

10.4.20 装有白炽灯泡的吸顶灯具，灯泡不应紧贴灯罩；当灯泡与绝缘台间距离小于 5mm 时，灯泡与绝缘台间应采取隔热措施。

质量要求

10.4.21 安装大型灯具的预埋螺栓、吊杆应按设计及规范要求承载试验合格。

10.4.22 当采用螺口灯头时，相线接于螺口灯头中间端子上。

10.4.23 灯具绝缘电阻符合标准要求。

10.5 专用灯具安装

一般规定

10.5.1 本节适用于住宅疏散照明及小区庭院灯、路灯安装。

设计要点

10.5.2 用于疏散照明的光源，应选用可以瞬时起动的光源。

10.5.3 疏散照明宜设在墙面或顶棚上，安全出口标志宜设在出口的上方。

疏散走道的指示标志宜设在疏散走道及拐角处距地面 1m 以下的墙上。

10.5.4 每套路灯应在相线上装设熔断器或断路器。

材料要求

10.5.5 疏散照明灯具应具有消防部门颁发的消防产品型式认可证书，并有出厂合格证及说明书，其备用时间应符合设计及规范要求。

10.5.6 庭院灯、草坪灯、路灯应有安全认证，且有防水功能。灯具的接线盒或熔断器盒防水密封垫完整，并有专用接地端子，且有标志。

10.5.7 钢制灯柱外观涂层完整，根部接线盒盒盖紧固件和内置熔断器、开关等器件齐全，盒盖密封垫片完整。钢柱内设有专用接地螺栓。地脚螺孔位置按提供的附图尺寸，允许偏差为±2mm。

10.5.8 室外用封闭式灯具应有泄水孔。

10.5.9 所有室外或潮湿场所灯具钢制件及连接件、紧固件应经热镀锌或设计采用的其他防腐措施。

施 工 要 点

10.5.10 主要施工流程：

[灯具基础制作
接地干线敷设] → [灯具外观检查
绝缘测试] → [灯具固定、防水处理] → [安装接线]

10.5.11 疏散标志灯的设置，不影响正常通行，且不在其周围设置容易混同疏散标志灯的其他标志牌等。

10.5.12 安全出口标志灯在出口上方安装时，在不影响通行条件下，宜与顶棚、顶板保持距离，且距地高度不低于2m。

10.5.13 温度较高(运行中温度大于60℃)的灯具，灯具周围及引线应采取隔热、散热及防火措施。

10.5.14 庭院灯、路灯与基础固定可靠，地脚螺栓、备帽齐全。

10.5.15 庭院灯、路灯应单设接地干线，干线沿庭院灯布置位置形成环网状，且不少于两处与接地装置引出线连接。

质 量 要 求

10.5.16 测试灯具绝缘电阻符合标准要求。

10.5.17 应急照明灯具在正常电源断电后的电源转换时间：疏散照明≤15s，安全照明≤0.5s。

10.5.18 疏散照明的持续时间应符合设计及规范要求。

10.5.19 灯具的接地或接零连接可靠，接地电阻符合要求。

10.6 开关、插座

一 般 规 定

10.6.1 开关、插座位置需与煤气、采暖、给排水专业协调，保持规范允许的距离。

10.6.2 空调、排风扇、抽油烟机、洗衣机等插座需与该家用电器预留位置相协调。

设 计 要 点

10.6.3 开关、插座与淋浴头、澡盆距离应符合规范要求。

10.6.4 厨房、卫生间开关宜安装在门外开启侧的墙体上。

10.6.5 住宅的公共部位除高层建筑的电梯厅和应急照明外，应采用节能自熄开关。

材 料 要 求

10.6.6 开关、插座应具有安全认证，并有出厂合格证。

10.6.7 不同电压等级的插座必须选择不同结构、不同规格和不能互换的插座。

10.6.8 接插有触电危险的家用电器单相电源，应采用能断开电源的带开关插座。

10.6.9 潮湿场所采用密封型并带保护地线触头的保护型插座。

10.6.10 厨房、卫生间采用防潮防溅水型开关面板及防溅水型插座。

10.6.11 住宅应选用具有保护门的安全型插座。

10.6.12 开关、插座面板及接线盒盒体完整、无碎裂、零件齐全。其塑料绝缘材料应具阻燃性能。

10.6.13 开关插座的电气和机械性能现场抽样检测应符合以下要求：

不同极性带电部件间的电气间隙和爬电距离不小于 3mm，绝缘电阻值不小于 5MΩ，用自攻锁紧螺钉或自切螺钉安装的，螺钉与软塑固定件旋合长度不小于 8mm；软塑固定件在经受 10 次拧紧退出试验后，无松动或掉渣，螺钉及螺纹无损坏现象。金属间相旋合的螺钉螺母拧紧后完全退出，反复 5 次仍能正常使用。

施 工 要 点

10.6.14 主要施工流程：

[接线盒固定、检查及清理] → [接线盒周围防火处理(按规范，必要时)] → [安装开关、插座，绝缘摇测] → [接线]

10.6.15 开关、插座就位前或接线前先测试绝缘电阻合格。

10.6.16 单相两孔插座接线：面对插座的右孔或上孔与相线连接，左孔或下孔与零线连接；单相三孔插座的接地或接零线接上孔；插座的接地端子不与零线端子连接。

10.6.17 接地(PE)或接零(PEN)线在插座间不串联连接。

10.6.18 开关、插座不应采用套接方式连接其他支路。

10.6.19 照明开关的相线经开关控制，民用住宅无软线引至床边的床头开关。

10.6.20 同一建筑物开关的通断位置一致。

10.6.21 浴室、卫生间等潮湿场所导线接头应采用涮锡方式连接。

10.6.22 开关、插座不应安装在 B1 级以上的材料上。

质 量 要 求

10.6.23 开关、插座分项工程中检验批的划分界区与建筑土建工程一致。

10.6.24 开关、插座绝缘电阻测试合格。

10.6.25 开关、插座安装位置符合要求。

10.6.26 开关、插座面板紧贴墙面，安装牢固，四周无缝隙，装饰帽齐全。

10.7　动力、照明配电箱(柜)安装

一 般 规 定

10.7.1　配电箱安装高度应便于操作,易于维护。

10.7.2　暗装配电箱预留孔洞位置及柜体安装基础应与土建专业协调。

10.7.3　外墙不应暗装配电箱。

设 计 要 点

10.7.4　每幢住宅总配电箱(柜)内的总进线断路器应具有漏电保护功能。

10.7.5　每套住宅应设置电源总断路器,并应采用可同时断开相线和中性线的开关电器。

10.7.6　每套住宅的空调电源插座、电源插座与照明应分路设计,厨房电源插座和卫生间电源插座应设置独立回路,除空调电源插座外的其也电源插座回路应设置漏电保护装置,其动作电流不大于30mA,动作时间不大于0.1s。

10.7.7　基本型、提高型住宅进户线截面不应小于$10mm^2$,先进型住宅进户线截面不应小于$16mm^2$,一般分支回路截面不应小于$2.5mm^2$,柜式空调、电热水器等插座回路不应小于$4mm^2$。

设 备 要 求

10.7.8　配电箱(柜)应具有安全认证,出厂合格证、出厂试验报告。

10.7.9　配电箱(柜)内元器件及接线应符合设计要求。

10.7.10　配电箱(柜)有铭牌。柜内元器件无损坏丢失,接线无脱落脱焊。

10.7.11　配电箱(柜)应采用A级防火材料制作。金属配电箱体钢板厚度不应小于1.5mm,钢板箱门钢板盘面厚度不小于2.0mm。

10.7.12　处于公共场所及住户内的配电箱内需有保护板(二层板、覆板)使带电部分不裸露。

10.7.13　配电箱(柜)的金属部分包括电器的安装板(支架)和电器的金属外壳均应有良好的接地。

10.7.14　导线穿过铁制安装板面时需在铁板处加装橡皮和塑料护圈。

10.7.15　配电箱(柜)内电源母线应有彩色分相标志。

10.7.16　照明箱内电气干线宜用硬母线,出线断路器应与电气干线单独连接,不得采用导线套接。

10.7.17　配电箱(柜)上下方应根据施工图要求的进出线方式留有电线电缆进出足够的空间。

10.7.18　双路电源自投、互投箱(柜)出厂前应作联动试验合格。

10.7.19　配电箱(柜)上计量仪表和与电气保护有关的仪表应在检定合格的有效期内。

施 工 要 点

10.7.20　主要施工流程:

配电箱(柜)支架、基础安装 → 配电箱外观及内部接线检查 → 箱柜安装固定 → 绝缘检测 → 柜盘调试

10.7.21 配电箱体高度小于 600mm 时箱体下口距地宜为 1.5m,箱体上口距室内地面不宜大于 2.2m,除配电小室外配电箱宜暗装。

10.7.22 明装配电箱安装用铁件宜先预埋入墙体内,预埋铁件需做防腐处理。混凝土墙明装铁箱可采用膨胀螺栓固定,螺栓规格应按箱体重量和产品技术要求选择,钻孔直径和深度应与螺栓规格相符。

10.7.23 暗装配电箱和四周墙体应无间隙,箱体后部墙体如已留通洞时,则箱体后墙在安装时需做防开裂处理。

10.7.24 配电柜基础型钢固定点间距不大于 1m。基础型钢底部应埋入地面内,型钢顶部宜高出地面 50mm。

质 量 要 求

10.7.25 柜、屏、台、箱、盘的金属框架及基础型钢必须接地(PE)或接零(PEN)可靠;装有电器的可开启门,门和框架的接地端子间应用裸编织铜线连接,且有标志。

10.7.26 动力、照明配电箱(盘)应有可靠的电击保护。柜(屏、台、箱、盘)内保护导体应有裸露的连接外部保护导体的端子,当设计无要求时,柜(屏、台、箱、盘)内保护导体最小截面积 S_p,应符合规定。

10.7.27 低压成套配电柜交接试验,必须符合"GB 50303"规定。

10.7.28 柜、屏、台、箱、盘间线路的线间和线对地间绝缘电阻值,馈电线路必须大于 0.5MΩ;二次回路必须大于 1MΩ。

10.7.29 柜、屏、台、箱、盘间二次回路交流工频耐压试验,当绝缘电阻值大于 10MΩ 时,用 2500V 兆欧表摇测 1min,应无闪络击穿现象;当绝缘电阻值在 1~10MΩ 时,做 1000V 交流工频耐压试验,时间 1min,应无闪络击穿现象。

10.7.30 箱(柜)内开关动作灵活可靠,带有漏电保护的回路,漏电保护装置动作电流及动作时间符合设计及规范要求。

10.7.31 双路电源自投、互投箱(柜)接线相位、相序正确,联动试验合格。

10.8 箱式变电站安装

一 般 规 定

10.8.1 本节适用于小区内户外箱式变电站安装。

10.8.2 户外箱式变电站的位置及下方电缆沟的设置应与建筑结构专业协调。

设 计 要 点

10.8.3 箱式变电站的容量不宜大于 1250kVA。

10.8.4 箱式变电站的设置应考虑负荷中心及进出线方便。距人行道边不小于 1m,距主体

建筑不小于1.5m。

10.8.5 箱式变电站的进出线宜采用电缆方式。户外箱式变电站的下方宜设电缆沟室并宜设有人孔。

设 备 要 求

10.8.6 箱式变电站应选用符合国家有关部门入网许可产品，有随带技术文件，并有出厂试验报告。

10.8.7 箱式变电站的防护等级宜不低于IP4X。

10.8.8 外观有铭牌，涂层完整，无明显碰撞凹陷，有通风口的风口防护网完好。

10.8.9 柜内元器件无损坏丢失，接线无脱落脱焊。绝缘件应无裂纹、缺损和瓷件瓷釉损坏等缺陷，外表清洁，测温仪表指示准确。

施 工 要 点

10.8.10 主要施工流程：

测量定位 → 基础制作、接地干线安装 → 箱式变电站搬运、稳固、接地连接 → 接线及交接试验

10.8.11 箱式变电站基础应高于室外地坪，周围排水通畅。

10.8.12 接地装置引出的接地干线与变压器的低压侧中性点直接连接；接地干线与箱式变电站的N母线和PE母线直接连接，变压器箱体、干式变压器的支架或外壳应接地(PE)，且有标志。所有连接应可靠，紧固件及防松零件齐全。

质 量 要 求

10.8.13 箱式变电所的交接试验，必须符合下列规定：

10.8.13.1 由高压成套开关柜、低压成套开关柜和变压器3个独立单元组合成的箱式变电所高压电气设备部分，按“GB 50303”规定交接试验合格。

10.8.13.2 高压开关、熔断器等与变压器组合在同一个密闭油箱内的箱式变电所，交接试验按产品提供的技术文件要求执行。

10.8.13.3 低压成套配电柜交接试验符合规范“GB 50303”规定。

10.8.14 箱式变电所的高低压柜内部接线完整、低压每个输出回路标记清晰，回路名称准确。

10.8.15 接地电阻测试合格。

10.9 电缆头制作、接线和线路绝缘测试

一 般 规 定

10.9.1 电缆连接位置、连接长度和绝缘测试合格后才能制作电缆头。

10.9.2 电线、电缆交接试验和相位核对合格后，才能接线。

设 计 要 求

10.9.3 干线分支处应注明分支位置及做法。

材 料 要 求

10.9.4 电缆头部件、压接管、接线端子，热缩管等一般应由电缆附件生产厂配套供应，并应有合格证及相应技术文件。

10.9.5 电缆头部件齐全、表面无裂纹和气孔、随带的袋装涂料或填料不泄漏。

10.9.6 电线、电缆的芯线连接金具规格应与芯线的规格适配，且不得采用开口端子。

施 工 要 点

10.9.7 主要施工流程：

核对电缆 → 外观检查 → 绝缘测试（耐压试验） → 电缆头制作 → 绝缘测试（耐压试验）接地测试 → 与设备连接

10.9.8 电缆头制作前应核对电缆的类型、电压等级、截面及电缆另一端的情况，并对电缆进行绝缘电阻测定和耐压试验合格。

10.9.9 严禁在雾或雨中制作电缆终端和接头。

10.9.10 从剥切电缆开始至电缆终端头制作完成必须连续进行，在制作电缆终端头的整个过程中应采取措施防止污物和潮气的进入。

10.9.11 制作终端和接头所用的电缆线芯连接金具，应采用符合标准的连接管和接线端子，其内径应与电缆线芯紧密配合。

质 量 要 求

10.9.12 高压电力电缆直流耐压试验必须按规范规定交接试验合格。

10.9.13 低压电线电缆的线间和线对地间的绝缘电阻值必须大于0.5MΩ。

10.9.14 铠装电力电缆头的接地线应采用铜绞线或镀锡铜编织线，截面积应符合规定。

10.9.15 电线、电缆接线必须准确，并联运行电线电缆的型号、规格、长度、相位应一致。

10.9.16 电线、电缆的回路标记应清晰，编号准确。

10.10 低压电气动力设备试验和试运行

一 般 规 定

10.10.1 应编制试验和试运行方案或指导书，经审批后施行。

10.10.2 用于测试的仪表应在检定合格的有效期内。

设 计 要 求

10.10.3 系统图应注明各配电箱、柜的计算电流、功率因数及各回路额定电流。

材料、设备要求

10.10.4 各设备上计量仪表与电气保护有关仪表应在检定合格有效期内。

10.10.5 动力设备安装位置正确，可动部分的传动情况良好。当工艺设备要求不可逆向转动的其电动机的相位标志清楚。

施 工 要 点

10.10.6 主要施工流程：

试运行方案报批并做各项准备 → 检查各设备及线路试验（绝缘、接地） → 单机试通电 → 联机试验

10.10.7 试运行前，相关电气设备和线路应按“GB 50303—2002”试验合格。

10.10.8 现场单独安装的低压电器应按“GB 50303—2002”试验合格。

10.10.9 电动机应试通电，检查转向和机械转动有无异常。可空载试运行的电动机，时间一般为 2h，记录空载电流，且检查机身和轴承的温升。

10.10.10 对远距离操作设备试运行时，应设专人监视设备试运行情况。

质 量 要 求

10.10.11 配电箱、柜的运行电压、电流应正常，各种仪表指示正常。

10.10.12 大容量（630A 及以上）导线或母线连接处，在设计计算负荷运行情况下应做温度抽测记录，温升值稳定且不大于设计值。

10.10.13 电动执行机构的动作方向及指示，应与工艺装置的设计要求保持一致。

10.11 住宅照明通电试运行

一 般 规 定

10.11.1 应编制试运行方案或指导书，经批准后实行。

10.11.2 用于测试的仪表应在检定合格的有效期内。

设 计 要 求

10.11.3 系统图应注明各配电箱、柜的计算电流、功率因数。

材 料 设 备 要 求

10.11.4 各配电箱柜计量仪表应在检定合格的有效期内。

施 工 要 点

10.11.5 主要施工流程：

试运行方案报批并做各项准备 → 检查各户箱、层箱、总箱柜内部接线无异常，所有绝缘试验记录及接地电阻试验记录完备 → 逐户、逐层投入试运行

10.11.6 试运行前应检查各配电箱、柜接线牢固、可靠、无脱落。

10.11.7 试运行前核查绝缘电阻及接地、接零符合要求。

10.11.8 应按逐户、逐层、全负荷的顺序送电试运行。

10.11.9 民用住宅照明系统通电连续试运行时间应为 8h，所有照明灯具均应开启，每 2h 记录运行状态一次。

质 量 要 求

10.11.10 灯具回路控制应与照明配电箱及回路的标志一致；开关与灯具控制顺序相对应，风扇的转向及调速开关正常。

10.11.11 连续试运行时间内无故障。

10.11.12 量测的电流在设计范围内，且三相不平衡在设计允许范围内。

10.12 防 雷 接 地

一 般 规 定

10.12.1 利用混凝土中钢筋作为防雷装置应有相关专业（建筑、结构）设计责任人会签。

10.12.2 屋顶共用电视天线应另按相应规范设置防雷措施，不得利用共用天线杆顶上的接闪器保护建筑物。

设 计 要 点

10.12.3 住宅防雷设计应符合《建筑物防雷设计规范》(GB 50075—94)2000 年版规定。

10.12.4 预计雷击次数大于 0.3 次/a 的住宅为第二类建筑物。

10.12.5 预计雷击次数大于或等于 0.06 次/a 且小于或等于 0.3 次/a 的住宅划为第三类防雷建筑物。

10.12.6 防雷装置应优先利用建筑物钢筋混凝土内钢筋。

10.12.7 高度超过 45m 的钢筋混凝土结构、钢结构建筑物，应采取以下防侧击和等电位的保护措施：

10.12.7.1 钢构架和混凝土的钢筋应互相连接，钢筋的连接应符合《建筑物防雷设计规范》要求。

10.12.7.2 应利用钢柱或柱中钢筋作为防雷装置引下线。

10.12.7.3 应将 45m 及以上外墙上的栏杆、门窗等较大的金属物与防雷装置相连接。

10.12.7.4 竖直敷设的金属管道及金属物的顶端和底端与防雷装置连接。

10.12.8　装有防雷装置的建筑物，在防雷装置与其他设施和建筑物内人员无法隔离的情况下，应采取等电位联结。

10.12.9　属于第三类防雷建筑物的住宅，防雷的接地装置宜与埋地金属管道相连。当不共用不相连时，两者间在地中的距离不应小于2m。在共用接地装置与埋地金属管道相连的情况下，接地装置宜围绕建筑物敷设成环形接地体。

材料要求

10.12.10　选用金属型材规格需符合设计要求，并有合格证，材质证明。

10.12.11　按《额定电压450/750V及以下聚氯乙烯绝缘电缆》标准生产的产品有安全认证标志。

10.12.12　电焊条、防腐用涂料应具有合格证、技术资料。

10.12.13　埋于土壤中或在室外大气环境下的钢材及连接件应采用热镀锌或其他设计要求的防腐措施。镀锌件应有镀锌质量证明书，镀层完整，表面无锈斑。

10.12.14　不得采用装有放射性物质的接闪器。

10.12.15　埋于土壤中的人工垂直接地体宜采用角钢、钢管或圆钢，埋于土壤中的人工水平接地体宜采用扁钢或圆钢。圆钢直径不应小于10mm，扁钢截面不应小于100mm^2，其厚度不应小于4mm；角钢厚度不应小于4mm；钢管壁厚不应小于3.5mm。

10.12.16　凡需与防雷装置相连接的栏杆、门窗等在订货制造应预留相应的连接端子，连接应防止电化学腐蚀发生。

施工要点

10.12.17　施工主要工艺流程：

接地装置安装 → 接地电阻测试 → 接地干线安装 → 引下线安装 / 均压环安装 / 金属门窗接地连接 → 避雷针（带）安装 → 防雷接地测试

10.12.18　防雷系统应按接地装置→引下线→接闪器的先后顺序施工。

10.12.19　接地装置的焊接处应焊缝饱满，不得有夹渣、咬肉、裂纹、虚焊、气孔。焊后应清除焊渣，刷二遍沥青漆。

10.12.20　接地装置

10.12.20.1　防直击雷的人工接地体距建筑物出入口或人行道不应小于3m，当小于3m时应采取下列措施之一。

1. 水平接地体局部深埋不应小于1m。

2. 水平接地体局部应包绝缘物，可采用50～80mm厚的沥青层。

3. 采用沥青碎石地面或在接地体上敷设50～80mm厚的沥青层，其宽度应超过接地体2m。

10.12.20.2　当设计无要求时，接地装置顶面埋设深度不应小于0.6m，圆钢、角钢及钢管接地极应垂直埋入地下，间距不应小于5m。

10.12.20.3 接地装置的焊接应采用搭接焊，搭接长度应符合下列规定：

1. 扁钢与扁钢搭接为扁钢宽度的2倍，不少于三面施焊。
2. 圆钢与圆钢搭接为圆钢直径的6倍，双面施焊。
3. 圆钢与扁钢搭接为圆钢直径的6倍，双面施焊。
4. 扁钢与钢管，扁钢与角钢焊接，紧贴角钢外侧两面或紧贴3/4钢管表面，上下两侧施焊。
5. 除埋设在混凝土中的焊接接头外，有防腐措施。

10.12.20.4 接地干线应在不同的两点及以上与接地装置连接。

10.12.20.5 接地线在穿越墙壁、楼板和地坪处应加套钢管或其他坚固的保护套管，钢套管应与接地线做电气连通。

10.12.21 引下线

10.12.21.1 明敷引下线宜采用圆钢或扁钢，宜优先采用圆钢，圆钢直径不应小于8mm；扁钢截面不应小于48mm²，其厚度不应小于4mm。

10.12.21.2 明敷引下线应沿建筑物外墙敷设并经最短路径接地。

10.12.21.3 在易受机械损坏和防人身接触的地方，地面上1.7m至地面下0.3m的一段接地线应采取暗敷或镀锌角钢、改性塑料管等保护设施，不应将引入线穿入钢管内。

10.12.21.4 利用建筑物钢筋做引下线时，应配合土建施工，按设计要求标出所利用钢筋位置，做好标记，确保钢筋上下连接符合电气要求。引下线下部必须与接地装置焊接连通，上部必需与接闪器相连的钢筋焊接连通。

10.12.22 接闪器

10.12.22.1 避雷针、避雷带、避雷网焊接固定的焊缝饱满无遗漏，螺栓固定的防松零件齐全，焊接部分补刷防腐油漆完整。

10.12.22.2 避雷针安装要牢固，应与土建施工人员配合安装底座，并按图纸施工。

质量要求

10.12.23 防雷及接地装置安装工程中分项工程检验批：人工接地装置和利用建筑物基础钢筋的接地体各为一个检验批，大型基础可按区块划分成几个检验批；避雷引下线安装6层以下的建筑为1个检验批，高层建筑依均压环设置间隔的层数为1个检验批；接闪器安装同一屋面为一个检验批。

10.12.24 接地装置与引下线的连接，引下线与接闪器的连接应100%经检查符合设计及规范要求。

10.12.25 测试接地装置的接地电阻值应符合设计要求，防雷系统测试合格。

10.12.26 避雷带应平正顺直，每个支持件应能承受49N的垂直拉力。

10.13 等电位联结

一般规定

10.13.1 燃气管道的等电位联结应由符合燃气行业资质管理的单位设计及施工。

10.13.2　应按设计图纸进行等电位联结施工。

设 计 要 点

10.13.3　住宅供电系统的设计应采用 TT、TN-C-S 或 TN-S 接地方式，并进行总等电位联结。

10.13.4　浴室、卫生间宜做局部等电位联结。

材 料 要 求

10.13.5　等电位联结线和等电位联结端子板宜采用铜质材料。

10.13.6　等电位联结端子板的截面不应小于 $50mm^2$。

10.13.7　等电位联结线的截面应符合设计及规范要求，应有黄绿相间的色标。

10.13.8　不允许用下列金属部分作为联结线：

10.13.8.1　金属水管。

10.13.8.2　输送爆炸气体或液体的金属管道。

10.13.8.3　正常情况下承受机械压力的结构部分。

10.13.8.4　易弯曲的金属部分。

10.13.8.5　钢索配线的钢索。

10.13.9　需等电位联结的高级装修金属部件或零件，应有专用接线螺栓。

10.13.10　等电位联结用的钢材及连接件包括螺栓、垫圈、螺母应做热镀锌处理。

施 工 要 点

10.13.11　施工主要工艺流程：

总等电位联结安装 → 局部等电位联结安装 → 等电位联结导通性测试

10.13.12　等电位联结干线应从与接地装置有不少于 2 处直接连接的接地干线或总等电位箱引出。等电位联结干线或局部等电位箱间的连接线形成环形网络，环形网络应就近与等电位联结干线或局部等电位箱连接，支线间不串联连接。

10.13.13　等电位联结中不同材料压接时必须避免电化学腐蚀。

质 量 要 求

10.13.14　等电位联结的可接近裸露导体或其他金属部件、构件与支线连接应可靠，熔焊、钎焊或机械紧固应导通正常。

10.13.15　所有等电位连接必须牢固可靠，并有防松措施。

10.13.16　等电位联结完毕后应进行导通性测试合格。

（本章主要起草人：章美芬）

11 智能化工程

11.1 基本规定

设计要点

11.1.0.1 住宅智能化工程的规划、设计、建设应与土建工程的规划、设计、建设同步进行，其功能设置应与住宅的定位和住宅的性能标准相适应。

11.1.0.2 住宅智能化工程设计应符合《智能建筑设计标准》(GB/T 50314)的有关规定，并符合《居住区智能化系统配置与技术要求》(CJ/T 174)有关要求。

11.1.0.3 住宅智能化系统监控接警中心应设置为禁区，应具备保证自身安全的防护措施和进行内外联络的通讯手段，在突发事件发生时应能紧急报警。其环境应符合《智能建筑工程质量验收规范》(GB 50339)中第12节 的有关规定。

材料要求

11.1.0.4 智能化工程使用的材料、设备，必须具有出厂合格证及质量证明书，其质量应符合国家技术标准。

11.1.0.5 实施生产许可证和安全认证制度的产品，必须具有生产许可证和安全认证标志。

11.1.0.6 智能化工程使用的新材料、新产品尚应提供主管部门规定的相关证明文件。

11.1.0.7 智能化工程使用的进口产品应提供原产地证明和商检证明，配套提供的质量合格证明、检测报告及安装、使用、维护说明书等文件资料应为中文文本(或附中文译本)。

11.1.0.8 必须按照合同技术文件和工程设计文件的要求，对设备、材料和软件进行进场验收，并按《智能建筑工程质量验收规范》(GB 50339)附录B中表B.0.1的要求填写设备材料进场检验表，经监理工程师或建设单位签字确认。未经进场验收的设备及材料不许在工程中使用。

11.1.0.9 设备、材料的品牌、型号、规格应符合设计文件的规定。若有变更，应办理变更手续并填写变更审核表。

11.1.0.10 施工现场应设有符合产品存放环境要求的库房，到场的材料和设备要分门别类、整齐存放；进场验收合格和进场验收不合格及未经进场验收的产品要分开存放，并有明显的标志。

施工要点

11.1.0.11 智能化工程施工前，应具备下列条件：

1. 设计和其他技术文件齐全，并已通过施工图审查。

2. 设计已进行技术交底。

3. 具有已批准的施工组织设计或施工方案。

4. 按要求具有开工报告。

5. 施工力量、工具、材料能保证正常施工。

6. 具有施工用电等临时设施。

7. 具有现场质量管理检验制度、安全生产管理制度。

11.1.0.12 智能化工程应按照设计文件及施工图进行施工，不得擅自修改设计。工程中出现的设计变更，应按《智能建筑工程质量验收规范》(GB 50339)附录B中表B.0.3的要求填写更改审核表。

11.1.0.13 施工中应和建筑、管线预埋及其他有关专业、工种密切配合，及时做好与建筑结构、建筑电气、建筑装饰、电梯等相关分部工程的工序交接和接口确认。

11.1.0.14 文明施工。施工中不许损坏其他专业、工种已完成的工程，不许污染墙面、地面，做到人走地净。

11.1.0.15 住宅智能化工程使用的各类计量器具应在检定有效期内。

质量要求

11.1.0.16 住宅智能化工程质量验收应按《智能建筑工程质量验收规范》(GB 50339)的规定执行，同时还应执行国家公共安全行业及其他相关行业的有关规定。

11.1.0.17 住宅智能化工程的现场质量管理应符合《智能建筑工程质量验收规范》(GB 50339)附录A中表A.0.1的要求并经总监理工程师(或建设单位项目负责人)签字确认。

11.1.0.18 竣工验收应具备下列资料：

1. 工程合同及设计技术文件。

2. 竣工图纸和竣工技术文件，包括：

1) 系统结构图；

2) 各子系统原理图；

3) 施工平面图；

4) 电气接线图；

5) 监控中心设备布置图。

3. 工程实施和质量控制记录：

1) 设备及材料进场检验表(GB 50339 附录B中表B.0.1)；

2) 隐蔽工程验收表(GB 50339 附录B中表B.0.2)；

3) 绝缘电阻和接地电阻测试记录；

4) 工程安装质量及观感质量验收记录(B50339 附录B中表B.0.4)；

5）系统调试记录；

6）试运行记录(GB 50339 附录 B 中表 B.0.5)。

4. 设备和系统检测记录(GB 50339 附录 C 中表 C.0.1、表 C.0.2、表 C.0.3)。

5. 技术、使用和维护手册。

6. 售后服务条款。

7. 其他另有规定的文件。

11.1.0.19 为使住宅智能化系统建成后能长期正常地运行，施工单位应及时协助建设单位和物业管理单位组建运行管理队伍，健全管理制度，并对运行管理人员进行的培训。参加培训人员需经考核合格，具备独立上岗能力。

11.2 导管和线槽敷设

一般规定

11.2.0.1 本节规定适用于住宅智能化工程各子系统电缆导管、电缆线槽的敷设。

设计要点

11.2.0.2 导管与线槽的尺寸应满足下列要求：

1. 导管截面积利用率不大于 40%。

2. 线槽截面积利用率不大于 60%。

3. 墙体中预埋导管最大外径不宜大于 50mm，楼板中预埋导管最大外径不宜大于 25mm。

11.2.0.3 明敷在潮湿场所或埋设在地下的金属导管应选用水、煤气钢管；埋设在混凝土内或墙内的 PVC 绝缘导管应采用中型以上的导管。

11.2.0.4 电缆导管与下列功能管道的距离应符合下列要求：

1. 距燃气管：平行净距不小于 0.3m，交叉净距不小于 20mm。

2. 距热力管：有保温层，平行净距不小于 0.5m ，交叉净距不小于 0.3m；无保温层，平行净距不小于 0.5m，交叉净距不小于 0.5m。

3. 距电气线缆导管：平行敷设时不小于 0.3m，交叉时保持垂直交叉。

11.2.0.5 敷设在地下停车场的导管和线槽的安装位置、走向、标高，应与消防、电气、采暖通风等相关专业相协调，且标高距地不应小于 2.2m。

11.2.0.6 线槽穿过墙体、楼板时，穿越处应预留孔洞。

11.2.0.7 住户私有的停车房或储物间不许设置公用的箱体，明敷的导管和线槽也不宜从其间穿过。

11.2.0.8 智能化系统的总线接线盒(箱)应设在弱电竖井或公用楼道墙体上，不应置于住户室内。

材 料 要 求

11.2.0.9　导管进场应验收并符合本章第 11.1 节“材料要求”中的有关规定，同时应达到下列要求：

1. 材质、管径、壁厚应符合设计要求。

2. 钢导管无压扁，内壁光滑无毛刺；镀锌钢管镀层均匀，覆盖完整，表面无锈斑；非镀锌钢管无严重锈蚀；PVC 管不碎裂，表面有阻燃标记和制造厂标。

11.2.0.10　线槽进场应验收并符合本章第 11.1 节“材料要求”中的有关规定，同时应达到下列要求：

1. 规格、型号符合设计要求且部件齐全。

2. 表面光滑、无碰伤、不变形；钢制线槽镀层涂漆无脱落、表面无锈蚀。

施 工 要 点

11.2.0.11　敷设电缆导管应满足：

1. 导管的路由应符合设计要求。

2. 导管的埋深应符合下列规定：

1）导管外壁距墙表面不得小于 15mm；

2）室外导管埋深不应小于 0.7m；

3）埋设在现浇混凝土楼板内的导管应敷设在底层钢筋和上层钢筋之间。

3. 现浇混凝土板内并列敷设的导管管距不应小于 25mm。

4. 导管连接应符合下列要求：

1）PVC 管应采用套管连接，导管插入深度不小于 1.5 倍导管外径，对接的管口应光滑平齐，连接时结合面应采用专用粘合剂粘接牢固；

2）钢导管熔焊连接时，应采用套管熔焊，套管长度不小于 2 倍导管管径，对接管口光滑平齐，焊接后表面要做防腐、防锈处理；

3）室外暗埋的金属导管在手孔井处断接时，应采用圆钢熔焊跨接接地线，圆钢直径不应小于 14mm；

4）导管与线盒、线槽、箱体连接时，管口必须光滑，盒（箱）体或线槽外侧应套锁母，内侧应装护口。

5. 敷设导管时，直管段每超过 30m，或含有一个弯头的管段每超过 20m，或含有两个弯头的管段每超过 15m，或含有 3 个弯头的管段每超过 8m，应加装拉线盒。

6. 导管敷设后，需做好管口的封口处理，防止浇注时或穿线作业前杂物落入管内造成管路堵塞。

7. 金属导管接地必须可靠。镀锌钢导管跨接接地线时，应采用专用接地卡，接地卡间使用截面积不小于 $4mm^2$ 的铜芯导线连接；非镀锌钢导管采用螺纹连接时，连接处两端应熔焊跨接接地线。

8. 导管通过伸缩缝或沉降缝时应有补偿措施，穿越有防火要求的区域时墙体洞口应做防火封堵。PVC管在穿出地面或楼板时应采取保护措施，以免受机械损伤。

9. 导管在砌体上剔墙敷设时，应采用强度等级不小于M10的水泥砂浆抹面保护，保护层厚度不小于15mm。

10. 金属软管作电缆套管时，长度不宜超过2m，且应采用管卡固定，固定点间距不应大于0.5m。金属软管与盒(箱)体或线槽间应采用锁母固定连接，并按照配管规定接地。

11. 暗埋导管布管后，应按照施工图逐一检查，确保埋设位置正确、没有漏埋、连接可靠，并经隐蔽工程随工验收合格后，填写"隐蔽工程随工验收单"，才可以实施隐蔽作业。

11.2.0.12 敷设线槽应满足：

1. 应按照设计要求确定线槽支架安装位置及路由，经测量、定位、划线后，才能安装支架。

2. 支架间距当设计无要求时，水平段取1.5～3m，竖直段取不大于2m；在线槽接头处及转弯处、离线槽出口0.5m处，均应安装支架。支架应固定牢固、横平竖直、整齐美观，同一直线段上的支架间距应均匀。

3. 水平段线槽盖板距楼板底不小于300mm，距横梁底不宜小于50mm。

4. 金属线槽必须可靠接地，全长应不少于两处与接地(PE)或接零(PEN)干线相连接。当金属线槽连接处两端采用跨接地线时，应使用截面积不小于$4mm^2$的铜芯导线。镀锌金属线槽连接板两端应有不少于2个用防松螺帽或有防松垫圈连接的固定螺栓。

5. 线槽在跨越建筑物变形缝时应设置补偿装置；直线段钢制线槽长度超过30m时，应设置伸缩节。

6. 线槽转弯处应满足槽内敷设电缆所允许的弯曲半径的要求。

7. 敷设在竖井内和穿越不同防火区的线槽，应有防火隔堵措施。

质 量 要 求

11.2.0.13 用拉线、尺量检查线槽的平倾斜度及垂直度，其偏差每米不应超过2mm，线槽总长超过5m时，偏差不应超过10mm。

11.2.0.14 用样板尺检查导管的弯曲半径，必须符合设计要求。

11.2.0.15 目测检查线槽外观，不允许出现扭曲变形，镀层或涂漆必须完好，无锈斑；线槽固定牢固并有防松措施，对口无错边。

11.2.0.16 导管弯曲处表面无裂缝无凹陷；成排敷设的导管，其高度及弯曲弧度应一致，排列应横平、竖直、整齐。

11.2.0.17 按5%的比例，检查导管与接线盒(箱)、线槽的连接，应达到设计要求。

11.2.0.18 检查金属导管、金属线槽的接地电阻应符合规范要求。

11.3 电(光)缆敷设与连接

一 般 规 定

11.3.0.1 本节规定适用于住宅智能化工程各个子系统电(光)缆敷设与连接。

设计要点

11.3.0.2　工程中选用的电缆的种类、型号、规格应满足相关设备的技术要求。

11.3.0.3　应有线槽内电缆排列图。

11.3.0.4　应有可供识别的电缆编号的设计。

11.3.0.5　接线箱、操作台、监视柜应有接线图。

材料要求

11.3.0.6　电线、电缆进场应验收并符合本章第11.1节“材料要求”中的有关规定，同时应达到下列要求：

1. 有3C认证要求的电缆必须通过认证并具备认证标志。

2. 包装完好，绝缘层厚度均匀、无损伤，电缆无压扁、无扭曲、不松卷。

3. 抽样检测线芯截面积和电缆绝缘电阻，线芯截面积误差不得大于标称面积的2%，电缆绝缘电阻不小于20MΩ。

4. 对有异议的电缆应进行见证取样检测，检测合格后该批电缆方可使用。

5. 对绞电缆电气性能、传输性能应符合《数字通信对绞/星绞对称电缆》(YD/T831)的相关规定。

11.3.0.7　光缆进场应验收并符合本章第11.1节“材料要求”中的有关规定，同时应达到下列要求：

1. 光缆的型号、规格符合设计规定。

2. 具有产品合格证及检验测试数据。

3. 光缆外表无损伤，端头封装良好。

4. 光跳线两端的活接头应有保护盖帽，光跳线中光纤的类型应有明显的标志。

施工要点

11.3.0.8　电缆敷设应具备下列条件：

1. 建筑抹灰及地面工程已经结束。

2. 已完成线槽安装并经工程验收合格。

3. 与导管连接的盒、箱、柜、槽均已安装到位并经检查合格。

4. 金属线槽、金属导管接地及其他焊接工作已完成并经检查合格。

5. 导管及线槽内杂物已清理干净，积水已经排除。

6. 电缆经绝缘电阻和导通测试合格并经型号、规格确认符合设计要求。

11.3.0.9　桥架中电缆敷设的要求：

1. 电缆在桥架中应按设计规定的排列有序地进行敷设，敷设时电缆应自然平直地布放，不得出现扭绞或打圈，不允许损伤电缆护套，线槽中电缆不应有接头。

2. 水平线槽中敷设的电缆每隔5～10m，或在首尾两端、转弯处两侧应设固定点；竖直线槽中敷设的电缆固定点间距不大于1m。

3. 线槽内电缆敷设后,应盖好盖板并锁紧。电缆出入口应做封口处理。

11.3.0.10 导管内电缆敷设的要求:

1. 同穿在一根导管内的电缆不应扭绞打结,电缆在导管内不应有接头。

2. 敷设在地下导管内的电缆应做到"一线到位",在手孔井中或导管内不应有接头;电缆在手孔井内应有套管保护,套管两头应插入导管内,并做好管口封堵防水处理。

3. 电缆在吊顶内或从导管端口引入前端设备时,应采用软管保护并按规定做好连接。

4. 严禁将电缆直接埋入墙内或地板中。

5. 电缆敷设时两端应留有余量:

1) 接线盒内为100~200mm;

2) 箱体内为箱体四周周长的一半。

6. 多芯电缆敷设的弯曲半径不应小于6倍的电缆外径;同轴电缆敷设的弯曲半径不应小于15倍的电缆外径。

7. 电缆出入建筑物、电缆沟、竖井、柜、盘、箱、台、桥架及管口应做好封口密封处理。

8. 电缆敷设到位后,应将电缆盘入盒内或箱内,并要防止水进入盒、箱体内;暂不作接线时,应将电缆端头密封,防止芯线受潮氧化。

9. 电缆敷设后两端应加永久性的电缆编号标志,电缆编号应符合设计规定,书写端正、清晰、正确。

11.3.0.11 光缆敷设的要求:

1. 敷设前应核对光缆长度,按施工图给出的敷设长度选配光缆,配盘时应使接头避开河沟、道路和其他障碍物。

2. 光缆经检查确认光纤无断点、光纤衰减值符合设计要求后才能敷设。

3. 光缆与电缆同管敷设时,应在暗管内预置塑料子管,子管内径应不小于光缆外径的1.5倍。光缆敷设在子管内,电缆敷设在子管外。

4. 布放光缆时,光缆的牵引端头应作技术处理,并应采用能自动控制牵引力的牵引机牵引;牵引力不得超过150kg,牵引速度宜为10m/min,一次牵引的直线长度不宜超过1km。管道光缆敷设时,光缆应由人工逐个人孔牵引。

5. 光缆敷设的弯曲半径不应小于光缆外径的20倍,敷设时不应损伤光缆。

6. 光缆敷设时应按设计要求留有余量,设计未做规定时,盘留3~5m。

7. 光缆敷设后,光缆敷设的损耗经检测合格后,才能进行光缆的接续。

8. 光缆的接续应由受过专门训练的人员来操作,接续时应采用仪器进行监视,使接续损耗达到表11.3.0.11的要求:

光纤接续损耗表(dB) **表 11.3.0.11**

光纤类别	多模		单模	
	平均值	最大值	平均值	最大值
独接	0.15	0.30	0.15	0.30
机械接续	0.15	0.30	0.20	0.30

9. 光缆接续后应做好保护，装好接头护套；接续点和终端应做永久性标志。

11.3.0.12　电缆接线的要求：

1. 导线应经绝缘电阻检查合格后才能进行接线。

2. 剥除电缆护套时不应损伤导线绝缘层，剥除导线绝缘层时不应损伤芯线。

3. 导线接头应采用焊接或端子连接。采用端子连接时，端子应拧紧，防松零件应齐全，每个端子最多连接2根导线。

4. 浴室、卫生间等潮湿环境的导线线头应先搪锡再连接或直接采用焊接。

5. 缆线屏蔽层应与接插件屏蔽罩360°圆周接触，接触长度不宜小于10mm。

6. 对绞电缆终接时，每对对绞线应保持扭绞状态，五类线扭绞松开长度不应大于13mm。

7. 对绞线与8位模块式通用插座相连时，必须按色标和线对顺序进行卡接。端接时插座类型、色标和编号应符合T586A或T586B端接标准的规定，在同一住宅小区中宜采用同一种端接标准。

8. 在盒、箱、柜、台及设备内，布线应整齐美观，线缆宜绑扎成束且线号标志正确完整。

9. 按接线图的规定接线，接线无误且接触可靠。

10. 8位模块式通用插座与交接配线设备间的对绞电缆的线路连接，不应存在反向线对、交叉线对或串对的错误，连接电缆长度应符合设计规定。

11. 水平电缆敷设后，其近端串扰应大于24dB，衰减应小于23.2dB。

质量要求

11.3.0.13　按5%的比例，检查盒(箱)体、操作台、监视柜内布线及接线质量，应达到布线整齐、接线可靠、线标齐全。

11.3.0.14　查验系统绝缘电阻测试记录，电缆芯线间及导线与金属导管间绝缘电阻应符合规范要求。

11.4　安全防范子系统

11.4.1　访客对讲装置

一般规定

11.4.1.1　本节规定适用于访客对讲装置的施工。

设计要点

11.4.1.2　访客对讲装置分非可视与可视两类，根据住宅使用性能的要求，构成小区联网型和楼道独立(非联网)型访客对讲系统。

11.4.1.3　访客对讲门口机宜安装在防雨淋的楼道外。可视对讲门口机宜装在侧面墙上，避免逆光影响图像效果。

11.4.1.4 为避免住户二次装修时使对讲装置的总线短路，系统入户线与总线间宜设置短路保护器加以隔离。

11.4.1.5 在火灾等紧急情况下，电控锁应能自动释放，大门应朝外开。

11.4.1.6 为避免扰民，宜采用静音型电控锁。

材 料 要 求

11.4.1.7 访客对讲设备进场应验收并符合本章第11.1节"材料要求"中的有关规定，同时应达到下列要求：

1. 设备的品牌、型号、规格、数量与设计一致。
2. 包装完好，配件齐全，外壳无碰伤，内件无松动。

11.4.1.8 访客对讲设备进场后应经通电检查及功能检查合格后才可安装。检查比例如下：

1. 门口机和管理员机：100％。
2. 室内机：10％。
3. 短路保护器：10％。
4. UPS电源：100％。

施 工 要 点

11.4.1.9 访客对讲设备安装前应具备下列条件：

1. 建筑装饰工程已完成，户内门、窗均已安装。
2. 楼道入口防盗门已安装到位。
3. 系统电缆已敷设。
4. 设备经进场验收及性能检查合格。
5. 具备系统安装调试所需电源。

11.4.1.10 设备安装时螺丝应上齐拧紧，并有防松措施；外观应做到横平竖直、设备外壳无损伤；接线正确，接触良好、可靠。

11.4.1.11 门口机安装时其操作键盘距地1.3～1.5m，摄像机镜头距地1.5～1.7m。安装门口机应有防震、防淋、防拆措施。

11.4.1.12 室内机安装应紧贴墙面，其中心的安装高度距地1.4～1.5m，并与并列安装的电气开关取齐。

11.4.1.13 闭门器安装后应反复调整其拉力和关门速度，以降低防盗门关门时的噪声。

11.4.1.14 对不具备逆光补偿功能的可视门口机，宜作环境亮度处理。

11.4.1.15 管理员机安装应平稳牢固，便于操作。

质 量 要 求

11.4.1.16 门口机、管理员机应能正常呼叫室内机，呼叫时室内机不应出现串号现象，门口机、管理员机应能听到回铃声。

11.4.1.17　门口机、室内机、管理员机三者之间呼通后应能双向通话，通话时话音清晰，无明显噪声，声级一般不低于 60dBA。

11.4.1.18　室内机应能遥控开锁；具有密码开锁或感应卡开锁功能的门口机，相应的开锁功能应正常。

11.4.1.19　可视对讲画面应达到可用图像的要求（一般水平清晰度不低于 200 线，灰度等级不低于 6 级，边缘允许有一定几何失真、无明显干扰）。门口机 CCD 的红外夜视功能应正常。

11.4.1.20　系统备用电源在市电断电时应能自动投入并能维持工作不少于 8h。

11.4.2　住宅报警装置

一般规定

11.4.2.1　本节规定适用于住宅报警装置的施工。

设计要点

11.4.2.2　住宅报警装置应根据不同户型和环境，确定需要防护的部位，设计防区平面布置图。防区的设置应能有效地探测入侵者从住户门、窗非法入侵的行为或在室内作案的警情，并能及时向小区控制中心发送报警信号。

11.4.2.3　住宅报警装置应由入侵探测器、住户报警主机（控制器）、中心接警设备组成。中心接警设备应能正常接收、显示住户报警主机（控制器）的布/撤防、报警信息，并能进行实时记录、打印。存储记录的保存时间应满足管理要求。

11.4.2.4　系统应具备防拆报警、信号线路故障（开路、短路）报警、电源线断路报警功能。

11.4.2.5　住宅报警入侵探测器盲区边缘与防护目标间的距离应≥5m；探测器的作用距离、覆盖面积，宜具有 25%～30%的余量，并能通过灵敏度进行调节。

11.4.2.6　已建立区域性安全报警网络的地区，中心报警设备应具备报警信号联网上传功能的通信接口。

材料要求

11.4.2.7　住宅报警设备进场应验收并符合本章第 11.1 节“材料要求”的有关规定。

11.4.2.8　设备进场后按 5%的比例进行功能性试验，抽检合格率应达到 100%。

11.4.2.9　利用公用电话网或公共数据网传输报警信号时，住户报警主机（控制器）应符合公共网的入网要求，并具备相应的入网许可证。

11.4.2.10　微波多普勒探测器、被动红外探测器、微波与被动红外复合探测器、主动红外探测器必须经过 3C 认证并具备认证标志。

施工要点

11.4.2.11　住宅报警设备安装前应具备下列条件：

1. 建筑装饰工程已完成，户内门、窗均已安装。

2. 系统电缆已敷设。

3. 设备到场并经进场验收及功能抽检合格。

4. 具备系统安装调试所需电源。

5. 作业人员已了解各探测器安装位置及其防护区域。

11.4.2.12 应配合装饰专业，在安装门、窗时及时将门、窗磁安装到位。

11.4.2.13 被动红外探测器靠墙安装的安装高度距地 2.2m，探测器与墙面倾角应能覆盖设计规定的全部防护区域。

11.4.2.14 吸顶式被动红外探测器宜安装在防护部位上方的天花板上，应水平安装。

11.4.2.15 被动红外探测器不应安装在热源正上方，不准正对空调、换气扇，其视窗不应正对强光源或阳光直射的窗户。

11.4.2.16 红外探测器正前方不准有遮挡物，同时应避免窗帘飘动的影响。

11.4.2.17 燃气泄漏探测器安装高度应符合下述规定：当燃气比空气重，下缘距地面 300mm；当燃气比空气轻，下缘距房顶 300mm。

11.4.2.18 紧急按钮宜安装在隐蔽、在紧急状态下人员易于可靠触发的部位。

11.4.2.19 住户报警主机（控制器）安装应横平竖直、固定牢靠。

质 量 要 求

11.4.2.20 探测器安装后应对其防护范围、灵敏度以及防误报、防漏报、防宠物、防拆报警功能逐一进行调试和测试，均应正常并符合设计要求。

11.4.2.21 住户报警主机（控制器）安装后应对其布/撤防功能、旁路功能、本地/异地报警功能、报警优先功能、防拆报警功能、自检及报警显示功能逐一进行调试和测试，均应正常并符合设计要求。

11.4.2.22 系统完成调试后，随机抽取 10％的住户，检查探测器、住户报警主机（控制器）、中心接警设备各部分的功能是否正常。抽检合格率应达到 100％。

11.4.2.23 报警装置在市电断电时，备用电源应能自动投入并能持续工作 24h。

11.4.3 周界防越报警装置

一 般 规 定

11.4.3.1 本节规定适用于住宅小区周界防越报警装置的施工。

设 计 要 点

11.4.3.2 周界防越报警装置应根据住宅小区周边围栏（墙）形状、高度、长度和干扰源情况及气候条件，确定采用探测器的类型和数量。

11.4.3.3 应在周界防范区域设置监视区，对其警情应具有图像复核手段。在探测器被触发时，联动系统应能自动开启报警现场照明灯，自动启动监控摄像机、录像机，调入相应的监视画面并给予录像。

11.4.3.4　周界防越报警装置应由住宅小区监控中心监控，发生非法跨越事件时，中心应能实时发出声光报警并在模拟屏上显示报警部位、报警时间，自动记录报警信息。所记录报警信息及图像资料保存时间应符合设计要求且不得少于7d。

材料要求

11.4.3.5　设备进场应验收并符合本章第11.1节“材料要求”中的有关规定。

11.4.3.6　设备进场后应进行功能性试验，并达到设计及产品的技术要求。

11.4.3.7　主动红外探测器不适宜在气候恶劣，特别是经常有浓雾、毛毛细雨的地域内使用；在气候恶劣的环境中使用的主动红外探测器，应具有在浓雾或恶劣天气下能自动增加灵敏度的功能。

施工要点

11.4.3.8　周界防越报警设备安装前应具备下列条件：

1. 小区周边围栏（墙）已完成施工。
2. 设备都已到位，电缆敷设业已完成。
3. 报警中心已能进行接警工作。

11.4.3.9　应配合小区周界围栏（墙）施工人员，在围栏（墙）施工时及时埋设周界防越报警装置的电缆导管。

11.4.3.10　主动红外探测器宜隐蔽安装，安装时防区应交叉，防护范围内不应有盲区，特别应注意避免树叶晃动的影响。

11.4.3.11　主动红外探测器及其支架安装应牢固，刮风时不应引起误报；在周界拐角处不宜将两个防区的接收器相邻安装，否则应对相邻防区发射器的光束采取遮挡措施。

11.4.3.12　电缆振动探测器的传感电缆敷设时，每隔200mm应固定一次，每隔10m应留一个半径80mm左右的维护环。

11.4.3.13　传感电缆穿越大门敷设时，应将电缆穿入埋入深度不小于1m的金属导管中。

质量要求

11.4.3.14　小区周界任一防区发生翻越事件时，中心应接到报警信号并发出警声，模拟图上应正确显示发生报警的防区。

11.4.3.15　周界防越报警装置的前端设备被拆或连接线路被切断时，系统应发出报警。

11.4.4　闭路电视监控装置

一般规定

11.4.4.1　本节规定适用于住宅闭路电视监控装置的施工。

设 计 要 点

11.4.4.2 应根据设计任务书的要求以及监控点的实际情况确定摄像机类型，其技术指标应满足监视现场需要。

11.4.4.3 监视目标应具有一定的光照度：黑白电视监控系统的监视目标最低照度不应小于10Lx；彩色电视监控系统的监视目标最低照度不应小于50 Lx。达不到照度要求时，前者宜采用高压水银灯，后者宜采用碘钨灯作照度补偿。没有条件作照度补偿时，应采用低照度或超低照度的摄像机。

11.4.4.4 住宅闭路电视监控装置视频信号一般采用视频同轴电缆进行传输；大型居住区传输距离较远，或是环境干扰噪声较强时，宜采用光缆进行传输。

11.4.4.5 黑白电视基带信号为5MHz时，在不平坦度≥3dB处，宜加电缆均衡器；在不平坦度≥6dB处，宜加电缆均衡放大器。彩色电视基带信号为5.5MHz时，在不平坦度≥3dB处，宜加电缆均衡器；在不平坦度≥6dB处，宜加电缆均衡放大器。

11.4.4.6 摄像机宜由监控中心集中供电。当摄像机采用220V交流电源供电时，电源线应单独敷设在接地良好的金属导管内，不应和信号线、控制线共管敷设。

11.4.4.7 监控中心的供电电源应有专用配电箱，宜有两路在末端切换的独立电源供电，其容量不应低于系统额定功率的1.5倍。

11.4.4.8 宜与周界报警装置构成联动系统，以便发生报警时对报警现场进行监视。

材 料 要 求

11.4.4.9 设备进场应验收并符合本章第11.1节“材料要求”中的有关规定。

11.4.4.10 设备到场后应100%进行通电试验和性能试验，应达到设计及产品的技术要求。

施 工 要 点

11.4.4.11 摄像机安装前应预先调整其焦面同步，使图像质量达到要求后方可安装。安装后还应对其监视范围、聚焦、后靶面进行调整，使图像效果达到最佳状态。

11.4.4.12 室外安装的摄像机离地不宜低于3.5m，室内安装的摄像机离地不宜低于2.5m。

11.4.4.13 电梯轿厢内的摄像机应安装在厢门上方的左或右侧，并能有效监视厢内乘员的面部特征；电梯轿厢的视频同轴电缆及电源线，宜由建设方向电梯供应商提出配套供应，以保证图像质量。

11.4.4.14 摄像机立杆的安装强度应达到能抗拒安装环境可能出现的最大风力的要求，立杆安装基础应稳固，地脚螺栓应配齐拧紧，防松垫片应齐全。

11.4.4.15 安装云台时螺丝应上紧，固定应牢靠，云台的转动应灵活、无晃动，云台的转动角度范围应满足设计要求。

11.4.4.16 监控中心操作台、机柜、机架安装应符合下列要求：

1. 操作台正面与墙的净距不应小于1.2m；主通道上其侧面与墙或其他设备的净距不

应小于1.5m，次通道上不应小于0.8m。

2. 机柜、机架的背面和侧面与墙的净距不应小于0.8m。

3. 应有稳固的基础，螺丝应上齐拧紧。

4. 安装垂直度偏差不大于1.5mm/m。

5. 相邻两柜(台)顶部高差不大于2mm，总高差不大于5mm。

6. 相邻两柜(台)正面平面度偏差不大于1mm，五面以上相连接的平面度总偏差不大于5mm。

7. 操作台、机柜上的各种零件不得碰坏或脱落，漆面如有脱落应予补漆。

8. 各种标志应完整、清晰。

11.4.4.17　监控中心控制设备、开关、按钮操作应灵活、方便、安全。对前端解码器、云台、镜头的控制应平稳，图像切换、字符叠加功能应达到设计要求。

11.4.4.18　录像应能正常显示摄像时间、位置；录像回放质量，至少应达到能辨别人的面部特征的水平；现场图像记录保存期限应符合设计规定，但不得少于7d。

11.4.4.19　具有报警联动功能的监控系统，当报警发生时，应自动开启指定的摄像机及监视器，显示现场画面，录像设备也应以单画面形式记录报警现场图像。

质量要求

11.4.4.20　质量验收时摄像机抽检数量应不低于总数的20%且不少于3台，监控中心设备应100%检测。

11.4.4.21　图像质量应达到下述指标：

1. 黑白监视系统水平清晰度应≥400线。

2. 彩色监视系统水平清晰度应≥270线。

3. 灰度等级不低于8级。

4. 信噪比不低于38dB。

5. 图像质量的主观评价不低于4级。

11.4.4.22　操作台、机柜、设备的防雷与接地应符合“GB 50339”第11节的有关要求。系统接地电阻当采用专用接地装置时，不应大于4Ω；采用综合接地时，不应大于1Ω。

11.4.5　电子巡更装置

一般规定

11.4.5.1　本节规定适用于住宅电子巡更装置的施工。

设计要点

11.4.5.2　根据现场条件及用户要求，可选择在线式或是离线式的巡更方式，但应便于设定、读取、查询、修改与监督。

11.4.5.3　在线式巡更系统应具有异常情况下的即时报警功能。离线式巡更系统巡更人员应配备无线对讲机。

11.4.5.4 根据现场需要确定巡更点的数量，巡更点的设置应以不漏巡为原则，安装位置应尽量隐蔽。

11.4.5.5 宜采用计算机随机设定巡更路线和巡更间隔时间的方式。计算机可随时读取巡更时所登录的信息。

11.4.5.6 巡更系统应能按照预定的巡逻图，对巡更的人员、地点、顺序及时间进行监视、记录、查询及打印。

材 料 要 求

11.4.5.7 设备进场应验收并符合本章第 11.1 节“材料要求”中的有关规定。

11.4.5.8 设备进场后需经功能测试，测试合格后才允许使用。

施 工 要 点

11.4.5.9 应与小区物业管理协商，确定信息开关或信息钮的安装位置。

11.4.5.10 信息开关及信息钮安装高度距地面为 1.3～1.5m，安装应牢固、端正、不易受破坏，户外应有防水措施。

11.4.5.11 巡更装置安装后应经调试并达到下列要求：

1. 巡更系统信息开关(信息钮)、读卡机、计算机及输入接口均能正常工作。

2. 检查在线式巡更站的可靠性、实时巡更与预置巡更的一致性，并查看记录、存储信息以及发生巡逻人员不到位时的即时报警功能。

3. 检查离线式巡更系统，确保信息钮的信息正确，数据的采集、统计、打印等功能正常。

质 量 要 求

11.4.5.12 检验巡更系统巡更设置功能。在线式巡更系统应能设置保安人员巡更软件程序，应能对保安人员巡逻的工作状态(是否准时、是否遵守顺序等)进行监督、记录，发生保安人员不到位时应有报警功能；离线式巡更系统应能保证信息识读准确、可靠。

11.4.5.13 检验巡更系统记录功能，应能记录执行器编号、执行时间、与设置程序的对比等信息。

11.4.5.14 检验巡更系统管理功能，应能有多级系统管理密码，对系统中的各种动作均应有记录。

11.5 管理与设备监控子系统

11.5.1 自动抄表装置

一 般 规 定

11.5.1.1 本节规定适用于自动抄表装置的施工。

设计要点

11.5.1.2　住宅自动抄表装置应能对住户的水、电、燃气、热(冷)能等表具的读数实现远程抄收,通过系统可对其进行查询、统计、打印及费用计算。

11.5.1.3　设计文件中应有表具数据探测电缆编号表。

材料要求

11.5.1.4　住户现场计量所选用的表具应符合国家产品标准,应具有产品合格证和计量检定书,并经当地相关的职能部门核准。

11.5.1.5　数据采集部件进场时应经进场验收合格,并经性能抽样测试合格方可安装。抽样数量应不低于总数的10%且不少于10个,总数少于10个时全部测试。

施工要点

11.5.1.6　自动抄表装置施工前应具备的条件:

1. 供水、燃气、冷(热)源工程配管施工已经结束。
2. 表具已安装到位。

11.5.1.7　表具的数据探测电缆不应外露,需用软管保护,软管需加固定,软管与表具壳体应使用专用接头连接。

11.5.1.8　数据采集部件不宜装于厨卫等潮湿环境中,安装在潮湿环境中的数据采集部件应采取可靠的防潮措施。

11.5.1.9　从数据采集器箱引至各表具的电缆,应设置线号标志,线号应符合设计规定且能长期保存、字迹清晰。箱体内宜附有接线表,以便维修。

11.5.1.10　系统安装接线后,应对接线的正确性进行复查,确保数据采集部件与表具正确对应。

11.5.1.11　系统投入使用后应及时将表具的原始读数输入到抄表计算机中,以保证远程抄表的准确性。

11.5.1.12　业主进行厨、卫装修时,不应封堵表具读数盘,不应打断表具的探头线,以免影响系统正常工作。

质量要求

11.5.1.13　表具现场采集的数据与远传的数据应一致。每类表具抽检数量应不低于总数的10%且不少于10个,总数少于10个时全部检测。

11.5.1.14　在市电断电时,系统不应出现误读数,数据应能保存4个月以上;市电恢复后,保存数据不应丢失。

11.5.1.15　系统应具有时钟、故障报警、防破坏报警功能。

11.5.2 车辆出入与停车管理装置

一 般 规 定

11.5.2.1 本节规定适用于车辆出入与停车管理装置的施工。

设 计 要 点

11.5.2.2 车辆出入与停车管理装置宜采用非接触卡方式控制车辆出入，应能自动控制出入口挡车器的启闭，对停放车辆能自动计时、自动计费、自动显示收费金额，并能自动进行统计。

11.5.2.3 车辆出入口出票机、读卡机、挡车器、地感线圈的安装位置应符合系统的技术要求，并和现场环境相适应。

11.5.2.4 挡车器的类型、尺寸，应符合安装现场的条件。

材 料 要 求

11.5.2.5 设备进场应验收并符合本章第 11.1 节"材料要求"中的有关规定，同时应达到下列要求：

1. 按装箱单核对货物无误，设备的种类、型号、规格、数量与设计一致。
2. 包装完好，配件齐全，外壳无碰伤，内件无松动。
3. 零配件、随机技术资料齐全。

11.5.2.6 设备在现场安装前，应对其性能逐一进行检查，达到设计要求及产品技术指标后才能安装。

施 工 要 点

11.5.2.7 设备安装位置应符合设计规定；当设计无要求时，读卡机和挡车器的中心距宜取 2.4～2.8m。

11.5.2.8 读卡机与挡车器的安装基础应平稳坚固、表面平整且高于地面，并有防撞措施。

11.5.2.9 设备安装时，固定螺丝应拧紧，防松零件应配齐，箱体应保持与水平面垂直，不得倾斜；当露天安装时，应有防淋的措施。

11.5.2.10 感应线圈埋设位置及埋设深度应符合设计或产品使用的要求。感应线圈的引出线应采用金属管保护，引出线在金属管中不应有接头。

11.5.2.11 车位状况显示器应安装在车辆入口的明显位置，其底部距地面高度宜为 2～2.4m。车位引导显示器应安装在车道中央上方；车位状况显示器宜安装在室内，当露天安装时，应有防雨防晒措施。

11.5.2.12 安装后，应对系统进行调整，调整内容和要求如下：

1. 对车辆探测器的灵敏度进行调整，应能有效地探测车辆，探测的响应速度符合设计要求。

2. 对发卡器进行调整，应能正常发卡，并能正确记录车辆入场日期、时间。

3. 对验票机进行调整，应能正确验票。

4. 对读卡器进行调整，应能正确识别卡的有效性，且读卡距离达到设计要求。

5. 对挡车器进行调整，应能正常起落或启闭，且动作时间、动作范围符合设计的要求。

6. 对系统的防砸车功能进行调整及检查，应达到防砸有效、稳定可靠。

7. 对具有图像对比功能的停车场，应对探测出/入口车牌、车型的视频监控系统进行调整，达到对车牌、车型的图像记录清晰，调用图像的信息符合实际情况。

质量要求

11.5.2.13　系统对车辆进出的信息管理、计费、收费、统计、显示、车牌号及车型复核、信息储存的时间应符合设计，并能满足管理的要求。

11.5.2.14　对车辆出入和停车管理的各项功能逐一进行检测，合格率应达到100％；车牌识别率应不低于98％。

11.5.3　紧急广播和背景音乐

一般规定

11.5.3.1　本节规定适用于紧急广播和背景音乐装置的施工。

设计要点

11.5.3.2　住宅小区背景音乐应能进行分区控制，分区的划分应与消防分区一致。

11.5.3.3　紧急广播与背景音乐共用设备时，其紧急广播应由消防控制中心控制，发生火灾或突发事件时，应强制切换为紧急广播并以最大音量播出。

11.5.3.4　应设置火灾紧急广播备用扩音机，其容量不应小于火灾时需同时广播的扬声器最大容量总和的1.5倍。

11.5.3.5　播音中心设备宜安装在标准机柜内，或安装在监控系统的操作台或机柜中，排放整齐，散热通风良好。

材料要求

11.5.3.6　播音设备的品种、型号、规格、数量应符合设计要求。产品合格证、零配件、随机技术资料应齐全。

11.5.3.7　安装在室外的音箱应能满足室外环境的要求。

施工要点

11.5.3.8　音箱(扬声器)安装部位应符合设计的规定，其安装基础应高出地面，以防音箱被雨水浸泡。音箱安装时要小心轻放，不得碰伤，排列整齐，固定牢靠。

11.5.3.9　按照系统分区及接地要求进行系统电缆敷设与连接。音箱接线可靠，并有防潮、防蚀、抗氧化措施。

11.5.3.10 安装后应对系统的输出电频、信噪比、声压级、频宽、响度、音色等进行调试。播音系统的响度，音色，音度应与播音内容和环境相协调。

质 量 要 求

11.5.3.11 紧急广播和背景音乐装置应按"GB 50339"中 4.2.10 款的规定进行系统检测并达到其要求。

11.5.3.12 背景音乐中心设备应 100％检测，音箱抽检数量应不低于总数的 10％且不少于 10 个，总数少于 10 个时全部检测。

11.5.3.13 系统的最高输出电频，输出信噪比，声压级和频宽等指标应符合设计要求，紧急广播强制切入功能正常有效。

11.5.4 设备监控装置

一 般 规 定

11.5.4.1 本节规定适用于设备监控装置的施工。

设 计 要 点

11.5.4.2 应能在物业管理中心或分控制中心对小区的设备运行状态进行监控，包括给排水设备故障报警，蓄水池、污水池高低水位报警，饮用蓄水池过滤、杀菌设备的故障报警，变配电设备故障报警，电梯故障报警，小区场景照明的控制与调整，小区园林绿化浇灌的控制，集中供热设备运行状态及故障状态的监测等。

材 料 要 求

11.5.4.3 设备进场应验收并符合本章第 11.1 节"材料要求"中的有关规定，同时应达到下列要求：

1. 设备的品牌、型号、规格、数量与设计一致。
2. 包装完好，配件齐全，外壳无碰伤，涂层完整，内件无松动。
3. 各类传感器、变送器、控制器、电动阀门随带的技术文件齐全。

施 工 要 点

11.5.4.4 设备监控装置安装前，应具备下列条件：

1. 机房、弱电井的建筑施工已完成。
2. 已按设计规定预埋管和预留孔。
3. 受监控的设备已安装就位，并按设计文件的要求预留好控制信号接入点。

11.5.4.5 现场控制器应安装在光线充足，通风良好，便于操作，不容易受振动影响的地方；安装时连接应紧密，紧固件应有防锈措施。

11.5.4.6 各类传感器、压差开关、水流开关、温控开关应按设计规定位置进行安装，固定应牢靠，密封良好，流体介质不应外冒滴漏。

11.5.4.7 执行器应按设计指定的型号、规格、材质进行安装，安装时应保持流体流动方向与阀体标明的流向一致。阀的行程，阀芯泄漏率必须符合产品说明书的技术指标。

11.5.4.8 设备监控装置的调试要求

1. 调试前应编制工程调试大纲，并经过审查批准后，有序地按照调试大纲的规定进行调试；调试应达到“GB 50339”中第 3.3 节的有关要求。

2. 调试工作应在专业工程师指导下进行。

3. 调试工作应在设备已完成安装并达到安装质量的要求，经检查系统接线正确、接地可靠，设备供电电压及电源极性正确后才能通电调试。

4. 应按照设备供货商提供的调试说明书中规定的方法、步骤进行调试。

11.5.4.9 系统调试后，施工单位应对传感器、执行器、控制器以及系统功能（包括联动功能）逐点逐项进行现场测试，必须全部符合设计要求。现场测试应填写系统自检表。

质 量 要 求

11.5.4.10 工程质量验收应按“GB 50339”第 6 节的规定执行。

11.5.4.11 验收时设备检测的抽检数量：传感器应不低于总数的 10%且不少于 10 台，总数少于 10 台时全部检测；控制器和执行器抽检数量应不低于总数的 20%且不少于 5 台，总数少于 5 台时全部检测；设备故障状态报警 100%检测。检测合格率 100%时为检测合格。

11.5.4.12 验收时还应提供系统控制原理图、监控点明细表等资料。

11.5.5 物业管理计算机系统

一 般 规 定

11.5.5.1 本节规定适用于物业管理计算机系统的施工。

设 计 要 点

11.5.5.2 小区物业管理中心配备计算机或局域网，配置适宜的物业管理软件，实现物业管理计算机化，并将安全防范子系统、自动抄表装置、设备监控装置在物业管理中心集中管理。档次较高的小区，可提供网上查询物业管理信息、电子商务、VOD、远程医疗、远程教育等服务。

材 料 要 求

11.5.5.3 物业管理计算机系统的硬件设备、器材、软件配置应符合设计规定，软件必须是正版产品。

11.5.5.4 物业管理计算机系统的设备进场时，应按“GB 50339”中 3.2.5 款的规定进行检查，检查合格后才能使用；进场时还应检查设备的序列号并进行登记。

11.5.5.5 网络设备进场后应通电检查，需达到启动正常，状态指示灯显示正确。

11.5.5.6 计算机软件产品及系统接口的现场质量检查应符合“GB 50339”中 3.2.6 及 3.2.7 款的规定。

施 工 要 点

11.5.5.7 物业管理计算机系统安装调试前应具备下列条件：

1. 已完成机房的建筑装饰工程，机房环境达到“GB 50339”中第 12 节的规定。

2. 已建立物业管理机构，规章制度健全，物业管理计算机系统的管理、操作人员已经到位。

3. 已具备物业管理计算机系统各种管理功能所需要的原始资料。

4. 已按设计要求完成了物业管理计算机局域网的布线、接线。

11.5.5.8 设备的安装位置、类型、规格、配置应符合设计规定。系统通电前应确认供电电压、极性无误后再通电。

11.5.5.9 安装后，应对系统前台、后台功能逐一进行测试，并按各功能模块的要求输入原始资料，包括：住户人员管理、交费管理功能，房产维修管理、公共设施管理功能，物业公司人事管理、财务管理、企业管理功能等方面的资料。

11.5.5.10 测试物业管理软件各项功能运行情况，应能正常运行。

11.5.5.11 测试软件的响应时间、吞吐量、辅助存储区、处理精度等性能，应满足设计的要求。

11.5.5.12 检查软件的用户文档，应达到清晰，准确的要求。

11.5.5.13 软件安装调试后，应进行不少于一个月的试运行，依照试运行阶段的实际效果来考核软件的可靠性，应达到设计要求。

质 量 要 求

11.5.5.14 物业管理计算机系统的质量验收应符合“GB 50339”的有关规定。系统经不少于一个月的试运行后，应达到运行稳定可靠、各项功能正常，并能有效提高物业管理的工作效率和服务质量。

11.5.5.15 操作系统、数据库管理系统、应用系统软件、信息安全及网管软件等商业化软件，应具有使用许可证并在允许的范围内使用。

11.5.5.16 质量验收时还应提供物业管理应用软件的测试记录。

11.6 信息网络子系统

11.6.1 电话网

一 般 规 定

11.6.1.1 本节规定适用于住宅电话网的施工。

11.6.1.2　住宅小区内的电信线缆应由电信运营商负责设计、施工。

设　计　要　点

11.6.1.3　电话网设计必须遵循电信行业的有关规定，并符合电信的接口要求。

11.6.1.4　住户电话线及电话插座应配置到位，小区居民入住时只需向电信营运商办理开通手续，即可开通电话。

11.6.1.5　智能化住宅小区每户至少应配置两对电话线。

材　料　要　求

11.6.1.6　交接设备、配线模块、电话插座应有出厂检验证明材料。电话插座的部件应完整，塑料材质应符合设计要求。

施　工　要　点

11.6.1.7　电话线与配线模块的连接必须按照设计文件中规定的电话端口与配线模块端口位置对应关系接线，应做到接线正确、接触可靠，标志齐全。

11.6.1.8　施工时应对每对电话线的导通性进行检查，不应有断路或短路的情况。

11.6.1.9　电话插座下沿安装高度距地 0.3m。外观整齐，安装螺丝必须拧紧，安装后面板应加标志。

11.6.1.10　电话网安装后应按"GB 50339"第 4 节表 4.2.8 中规定的测试内容进行测试，测试方法、操作程序和步骤应符合国家和行业现行的有关标准和规范的规定，测试结果应符合"GB 50339"中 4.2.6、4.2.7 款的规定。

质　量　要　求

11.6.1.11　电话网工程质量验收应符合"GB 50339"第 4 节的有关规定。

11.6.1.12　住户电话线路检测的合格率应达到 100%。

11.6.2　有线电视网

一　般　规　定

11.6.2.1　本节规定适用于住宅有线电视网的施工。

设　计　要　点

11.6.2.2　有线电视网设计必须遵循《有线电视系统工程技术规范》(GB 50200)的有关规定。

11.6.2.3　住户的有线电视同轴射频电缆及电视插座应配置到位，小区居民入住时只需向营运商办理开通手续，即可开通有线电视。

11.6.2.4　智能化住宅小区每户至少应配置两个电视插座。

11.6.2.5 最后一个分支器的主输出口,必须终接 75Ω 的终端负载电阻。

材 料 要 求

11.6.2.6 设备进场应验收并符合本章第 11.1 节“材料要求”中的有关规定。

施 工 要 点

11.6.2.7 施工前施工人员应熟悉施工图并了解工程特点、施工方案、工艺要求、质量标准。

11.6.2.8 不得将射频电缆与电力线同导管、同出线盒、同连接箱安装,明敷时两者平行间距不应小于 0.3m。

11.6.2.9 分配放大器、分支分配器的分接箱应安装在弱电井(可明装)或楼道的墙上(宜暗装),分接箱下沿距地不宜小于 2m。

11.6.2.10 电视插座面板下沿距地应为 0.3m 或 1.5m。

11.6.2.11 有线电视网安装后应按“GB 50339”第 4 节表 4.2.8 中规定的测试内容进行测试,测试方法、操作程序和步骤应符合国家和行业现行的有关标准和规范的规定,测试结果应符合“GB 50339”中 4.2.9 款的规定。

质 量 要 求

11.6.2.12 质量验收应符合“GB 50339”第 4 节的有关规定。

11.6.2.13 住户有线电视线路检测合格率应达到 100%。

11.6.3 宽带接入网

一 般 规 定

11.6.3.1 住宅小区宽带接入网一般分为 LAN 宽带接入、HFC 宽带接入和 ADSL 宽带接入三种方式,本节仅限于 LAN 宽带接入网的施工。

设 计 要 点

11.6.3.2 智能化住宅小区每一住户至少应有一个信息插座,每个信息插座配备一条 4 对对绞电缆,并应与交接间或设备间的配线设备进行连接,配线设备至住户信息插座的配线电缆长度不应超过 90m。

11.6.3.3 信息插座邻近至少应配置一个 220V 交流电源插座。

材 料 要 求

11.6.3.4 接插件进场应验收并符合本章第 11.1 节“材料要求”中的有关规定,同时应达到下列要求:

1. 配线模块、信息插座、接插件的部件应完整,面板材质应满足设计要求。
2. 光纤插座连接器、光/电缆交接设备的型式、规格、数量应与设计相符。

11.6.3.5　网络设备开箱后应通电检查,设备应能正常启动,状态指示灯应能正常显示。有序列号的设备进场时必须登记设备的序列号。

施工要点

11.6.3.6　电缆、光缆的敷设和终接应符合本章 11.3 节的有关规定。

11.6.3.7　落地安装的机柜(架)应有稳固的基础,壁挂式机柜底面距地高度不宜小于 300mm。机柜(架)安装垂直偏差应不大于 3mm,安装时螺丝应拧紧配齐,机柜(架)上的各种零件不得碰坏或脱落,漆面应完整。

11.6.3.8　机柜(架)正面至少应有 800mm 的空间,机架背面距墙不应小于 600mm。

11.6.3.9　背板式跳线架安装时,应先将配套的金属背板及接线管理架安装在墙上,金属背板与墙壁应紧固,再将跳线架装到金属背板上。

11.6.3.10　配线设备交叉连接的跳线应是专用的插接软跳线。

11.6.3.11　信息插座面板下沿距地应为 300mm。

11.6.3.12　信息插座应是 8 位模块式通用插座,一条 4 对对绞电缆应全部固定终接在一个信息插座上。

11.6.3.13　工作区的电源插座应是带保护接地的单向电源插座,保护接地与零线应严格区分。

11.6.3.14　配线设备、信息插座、电缆、光缆均应有不易脱落的标志,并有详细的书面记录和图纸资料。

11.6.3.15　按照“GB 50339”第 5.5 节的规定对网络安全系统进行测试,信息的安全性能应符合设计要求。

质量要求

11.6.3.16　LAN 宽带接入网工程质量验收应符合“GB 50339”第 5 节及第 9 节的有关规定。

11.6.4　控制网

一般规定

11.6.4.1　小区控制网有各种不同的方式,本节只适用于采用 Lon Works 网络构成控制网的施工。

设计要点

11.6.4.2　按 LON 节点的数量和分布情况确定路由器的安装位置,应满足路由器负荷限制及总线长度的要求。

材料要求

11.6.4.3　设备、材料进场应验收并符合本章第 11.1 节“材料要求”中的有关规定。双绞电缆的扭绞应均匀，扭绞密度应符合要求。

11.6.4.4 家庭控制器进场后应对其功能进行抽检，抽检合格后才能使用。抽检数量为总量的10%，但不得少于10台，总量少于10台时全部检查。

施 工 要 点

11.6.4.5 电缆的敷设应符合本章11.3节的有关规定。

11.6.4.6 路由器和家庭控制器安装时下沿距地不宜低于2.2m，安装后外观应整齐、平直，涂层无脱落，表面无锈斑。

11.6.4.7 家庭控制器与各个前端探测器或受控设备之间的连接电缆应有线号标志，箱体内宜附接线表，接线表应和实际接线情况一致。

11.6.4.8 路由器和家庭控制器之间的现场控总线连接时，应按照端子标志接线，不得接反。

质 量 要 求

11.6.4.9 家庭控制器的报警功能、紧急求助功能、家用电器监控功能、表具数据采集与信息查询显示功能应正常，并符合设计要求。

11.6.4.10 控制网内各受控设备、传感器、执行装置信息交互功能正常，小区管理中心对其运行状态的实时监视及控制准确、有效。

（本章主要起草人：颜章义）

12 电梯安装工程

12.1 基本规定

12.1.1 一般规定

12.1.1.1 本导则适用于电力驱动的曳引式电梯安装工程施工，不适用于杂物电梯安装工程和家用电梯安装工程施工。液压电梯安装工程可参照本导则相关的分项工程执行。

12.1.1.2 本导则应与国家标准《电梯工程施工质量验收规范》(GB 50310—2002)配套使用。

12.1.1.3 电梯安装工程施工除应执行本导则外，尚应符合现行有关国家标准和企业标准的规定。

12.1.2 施工质量控制

12.1.2.1 设备进场验收应由监理(建设)单位、安装单位、电梯供应商三方共同进行，并应填写记录。

12.1.2.2 土建交接检验应由监理(建设)单位、安装单位、施工单位三方共同进行，并应填写记录。

12.1.2.3 电梯施工的每道工序均需要按自检、交接检验、班长及项目经理确认的质量控制制度进行，上一道工序没有合格，不能进行下一道工序。

12.1.2.4 组长负责及时填写每道工序的质量记录表和分项工程验收记录表。

12.1.2.5 隐蔽工程项目隐蔽前应经监理工程师(建设单位负责人)确认并在相关质量记录表上签字后，才可进行隐蔽。

12.1.2.6 安装工程中若需要技术变更，必须得到生产商及建设单位的同意签字确认后进行，技术变更应进行记录。

12.2 施工准备

12.2.1 主要机具、检测仪器检查

12.2.1.1 电梯安装施工中应根据电梯工程规模和特点配备一定数量的机具、量具和检测仪器。

12.2.1.2 检验量具与仪器应符合下列规定：

1. 应在计量检定合格的有效期内，应附有检验单位及其设备编号。

2. 精度应满足下列要求：

1) 质量、力、距离、速度和时间：±1%；

2) 加速度、减速度：±2%；

3) 电压、电流：±5%；

4) 温度：±5℃。

12.2.2 现场组织

12.2.2.1 了解设备到货和保管情况，进入现场通道，提升设备，确定设备运输和堆放措施，制定设备的就位方案。

12.2.2.2 落实电源、库房、工具房等施工用临时设施，及井道施工照明及用电布设。

12.2.2.3 根据工程特点、产品特性、业主要求确定施工方案，明确安全、防火、环保、质量、工期等目标。

12.2.2.4 落实井道脚手架搭设工作。

12.2.3 作业条件检查

12.2.3.1 施工现场和通道应安全，应清除障碍物和积水。当工作区有孔洞时，应设置防护栏或进行覆盖。

12.2.3.2 仓库应保持干燥、通风，设有照明灯，且仓库门应能锁住。

12.2.3.3 机房（如果有）应符合下列条件：

1. 机房墙面、房顶应已完成装修，地面宜完成粗装修。机房中杂物应清理干净。

2. 机房尺寸、与井道相互位置关系、预留孔与预埋件的位置和尺寸、驱动主机承重钢梁位置和尺寸、吊装装置应符合电梯土建布置图的要求。

3. 进入机房的电源零线和接地线应始终分开。

4. 主电源开关必须符合下列规定：

1) 主电源开关应能够切断电梯正常使用情况下最大电流；

2) 对有机房电梯该开关应能从机房入口处方便地接近；

3) 对无机房电梯该开关应设置在井道外工作人员方便接近的地方，且应具有必要的安全防护。

5. 机房内应设有固定的电气照明，地板表面上的照度不应小于200lx。机房内应设置一个或多个电源插座。在机房内靠近入口的适当高度处应设有一个开关或类似装置控制机房照明电源。

6. 机房内应通风，从建筑物其他部分抽出的陈腐空气，不得排入机房内。

7. 设备进场所需要的通道和搬运空间满足合同要求。

8. 电梯工作人员应能方便地进入机房或滑轮间，而不需要临时借助于其他辅助设施。

9. 机房应采用经久耐用且不易产生灰尘的材料建造。

10. 机房应有良好的防渗、防漏水保护。

12.2.3.4　井道应符合下列条件：

1. 当底坑底面下有人员能到达的空间存在，且对重（或平衡重）上未设有安全钳装置时，对重缓冲器必须能安装在（或平衡重运行区域的下边必须）一直延伸到坚固地面上的实心桩墩上。

2. 电梯安装之前，所有层门预留孔必须设有高度不小于1.2m的安全保护围封，并应保证有足够的强度。

3. 当相邻两层门地坎间的距离大于11m时，其间必须设置井道安全门，井道安全门严禁向井道内开启，且必须装有安全门处于关闭时电梯才能运行的电气安全装置。当相邻轿厢间有相互救援用轿厢安全门时，可不执行本条款。

4. 井道截面最小净空尺寸（宽度×深度）、底坑深度、顶层高度、井道预埋件（或圈梁）、层门预留孔、呼梯盒预留孔、顶部吊装装置应满足土建布置图要求。

5. 全封闭或部分封闭的井道，井道的隔离保护、井道壁、底面和顶板应具有安装电梯部件所需要的足够强度，应采用非燃烧材料建造，且应不易产生灰尘。

6. 当底坑深度大于2.5m且建筑物布置允许时，应设置一个符合安全门要求的底坑进口；当没有进入底坑的其他通道时，应设置一个从层门进入底坑的永久性装置，且此装置不得凸入电梯运行空间。

7. 井道应为电梯专用，井道内不得装设与电梯无关的设备、电缆等。井道可装设采暖设备，但不得采用蒸汽和水作为热源，且采暖设备的控制与调节装置应装在井道外面。

8. 井道内应设置永久性电气照明，井道内照度应不得小于50lx，井道最高点和最低点0.5m以内应各装一盏灯，再设中间灯，中间灯间距应满足土建布置图要求。应装有过载及短路保护，灯口应有防护罩，并分别在机房和底坑设置一控制开关。

9. 在井道内应设置工作电压不高于36V的电源插座，插座的位置应满足土建布置图要求。

10. 底坑内应有良好的防渗、防漏水保护，底坑内不得有积水。

11. 每层楼面应有水平面基准标志。

12. 井道凸出物应清理完，底坑内杂物应清理干净。

12.2.3.5　脚手架已搭设，且应符合12.4.1规定。

12.3　设备进场验收与堆放

12.3.1　设备进场验收

12.3.1.1　包装应与定货合同相符。核查包装箱数量、编号应与发货单相符，包装箱不应有明显的损坏。

12.3.1.2　开箱点件验收应符合下列要求：

1. 选好堆放地点，并打扫干净；

2. 开箱前应先清除箱顶上的泥土及杂物，然后从顶板开始由上向下进行。

3. 设备型号应与定货合同相符。

4. 按装箱单逐件清点、检查，并做记录。

5. 设备零部件应与装箱单内容相符，设备外观不应存在明显的损坏。如果清点、检查过程中发现问题，应及时提出。

12.3.1.3 应将装箱单、合格证、说明书、图纸、型式试验证书复印件等随机文件妥善保管。

12.3.2 设备堆放

12.3.2.1 机械零部件与电气设备零部件宜分别堆放在现场设置的两个仓库中，仓库的大小应与工程规模相符。仓库门锁的钥匙应由专人保管。

12.3.2.2 对易变形或可能被损坏的部件（如：导轨、门扇、门套、轿壁、驱动主机、导向轮等）应垫平或按安装说明书存放仓库中。

12.3.2.3 根据合同、安装说明书及现场情况制定设备部件进入现场运输方法，准备运输工具。

12.3.2.4 根据安装进度，将设备部件逐渐运入施工现场选定部位。运输过程中不应损坏设备部件及其包装。

12.4 样板安装及基准线挂设

12.4.1 井道内脚手架

12.4.1.1 脚手架在井道内的平面布置应符合安装说明书要求，宜按图 12.4.1.1 布置。

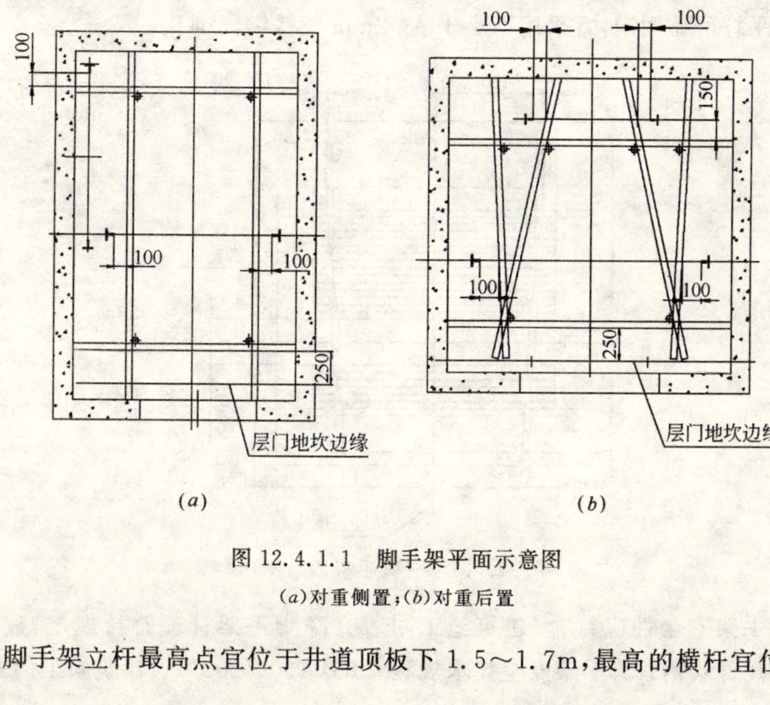

(*a*) (*b*)

图 12.4.1.1 脚手架平面示意图

(*a*)对重侧置；(*b*)对重后置

12.4.1.2 脚手架立杆最高点宜位于井道顶板下 1.5～1.7m，最高的横杆宜位于井道顶板下 1.6～1.8m，见图 12.4.1.2。顶层脚手架立杆宜用四根短杆，拆除此短杆后，余下的立杆顶点宜在最高层地面下 400～600mm 处。

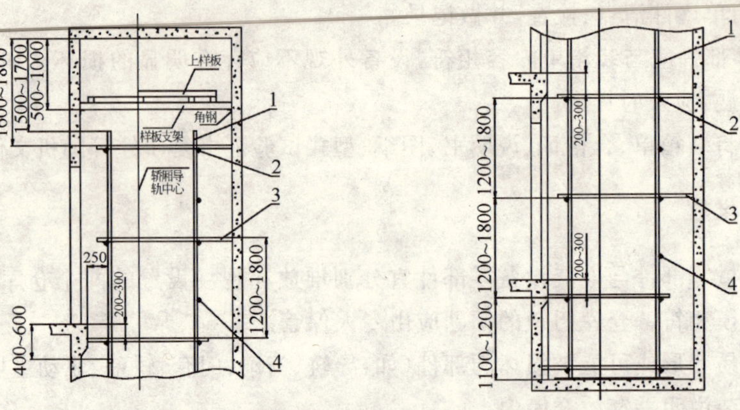

图 12.4.1.2　脚手架搭设示意图

(a)脚手架顶部；(b)脚手架底部

1—立杆；2—横向水平杆；3—纵向水平杆；4—攀登横杆

12.4.1.3　横向水平杆间隔应为 1.2～1.8m，每层地面下面 200～300mm 处宜设一档横向水平杆，见图 12.4.1.2。

12.4.1.4　在脚手架后侧的各两层纵向水平杆之间，应至少增加一根攀登横杆，增加攀登横杆的数量以便于施工人员上、下攀登为宜。

12.4.1.5　在各层纵向水平杆上应至少铺设 2/3 面积的脚手板，未铺设间隙不应大于 300mm，脚手板每端应伸出纵向水平杆 150～200mm，见图 12.4.1.5，各层应交错铺板。应将其与纵向水平杆可靠固定，宜采用不小于 $\phi3.2$mm 镀锌钢丝绑扎。

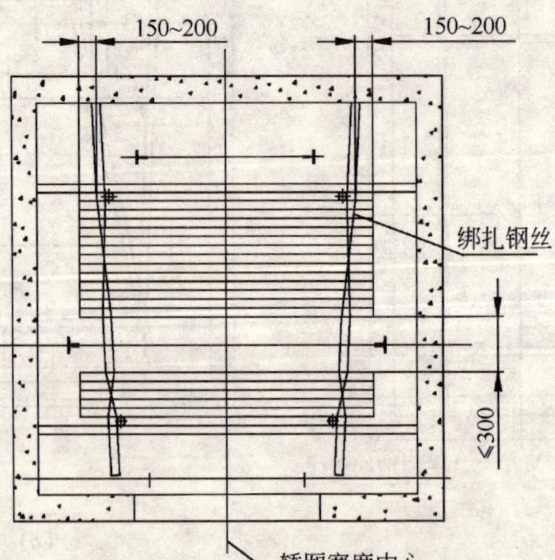

图 12.4.1.5　脚手板示意图

12.4.1.6　脚手架安全性应符合《建筑施工附着升降脚手架管理暂行规定》建[2000]230 号、《建筑施工扣件式钢管脚手架安全技术规程》(JGJ 130—2001)、《建筑施工门式钢管脚手架安全技术规程》(JGJ 128—2000)相关要求。脚手架必须经过监理工程师安全检查验收后，才可使用。

12.4.2 样板制作

12.4.2.1 木质样板应选用无节、干燥、韧性好、不变形的木条，每根应平直且表面刨光。其截面应为矩形，尺寸应不小于表12.4.2.1的值，当提升高度提高时木条截面尺寸应相应增加。

样板木条截面尺寸要求 **表 12.4.2.1**

提升高度 H(m)	厚度(mm)	宽度(mm)	提升高度 H(m)	厚度(mm)	宽度(mm)
$H \leqslant 20$	40	80	$40 < H \leqslant 90$	80	100
$20 < H \leqslant 40$	50	100			

12.4.2.2 当提升高度大于40m时，可采用不小于∟40mm×40mm×5mm的角钢作为样板材料，每段角钢应平直、无扭曲。

12.4.2.3 每段样板木条或角钢应按安装说明书要求制作，严禁使用气割加工每段角钢。

12.4.2.4 样板应在平坦的地面上制作。木质样板每段木条之间联结应在联结处先刷粘胶，再用钉子固定；角钢样板角钢之间应采用螺栓联结。样板制作过程中，应边联结边校对相互位置尺寸。宜按图12.4.2.4制作。

12.4.2.5 样板尺寸应与土建布置图中对应的尺寸相符，尺寸误差应在±0.15mm范围内。

12.4.2.6 在样板上应清晰地注明轿厢架中心线、层门和轿门中心线、层门和轿门开门宽度、导轨中心线、导轨间距中点等基准的标志和名称。划线应使用细铅笔。

12.4.2.7 各基准线的放线点确定后，应复核各对角线尺寸，其误差应在±0.3mm范围内。

12.4.2.8 如果是木质样板，用锯条或电工刀垂直锯或划一V形小槽，使V形槽顶点为放线点；如果是角钢样板，放线孔、每段之间的联结孔加工应符合安装说明书要求，放线孔的中心为放线点。见图12.4.2.8。

12.4.2.9 如果不采用整体样板（如：在样板支架上直接钉样板木条、固定角钢或从机房中放线），则样板制作也宜符合12.4.2规定。

12.4.3 搭设样板支架

12.4.3.1 样板支架宜采用截面尺寸不小于100mm×100mm方木或不小于80mm×43mm×5mm的槽钢。

12.4.3.2 顶部样板支架的固定应符合下列要求：

1. 当井道为混凝土结构时，在井道顶板下面500～1000mm处用膨胀螺栓将不小于60mm×60mm×6mm角钢水平牢固地固定在井道壁上，每根角钢应使用两个膨胀螺栓与井道壁固定。样板支架找平、端部垫实后，应将其固定在角钢上，见图12.4.1.2*a*。

2. 当井道壁为砖墙时，在井道顶板下500～1000mm处沿水平方向剔洞，样板支架放稳、找平、垫实后，将端部用木楔固定，见图12.4.3.2。

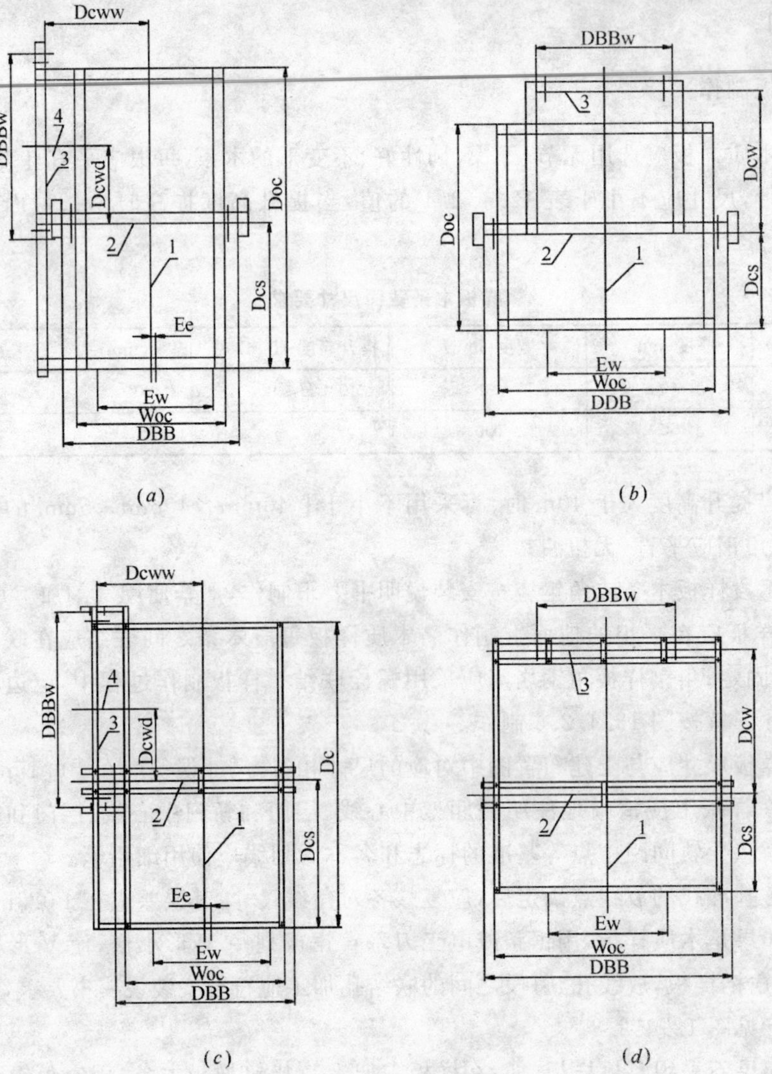

图 12.4.2.4　样板示意图

(*a*)木条样板架(对重侧置)；(*b*)木条样板架(对重后置)；

(*c*)角钢样板架(对重侧置)；(*d*)角钢样板架(对重后置)

1—轿厢宽度中心线；2—轿厢导轨中心线；3—对重导轨中心线；4—对重宽度中心线

DBB—轿厢导轨支架间的水平距离(mm)，通常 DBB＝导轨间距＋2×轿厢导轨高度＋2×δ(其中 δ 取 3～5)；Woc—轿底宽度(mm)；Doc—轿底深度(mm)；Ew—开门净宽度(mm)；Ee—开门宽度中心与轿厢宽度中心间的水平距离(mm)；Dcs—轿厢导轨中心与轿厢地坎边缘间的水平距离(mm)；Dcw—轿厢导轨中心与对重导轨中心间的水平距离(mm)；Dcww—轿厢宽度中心与对重导轨中心间的水平距离(mm)；Dcwd—轿厢导轨中心与对重宽度中心间的水平距离(mm)；DBBw—对重导轨支架之间的水平距离(mm)，通常 DBB_w＝导轨间距＋2×对重导轨高度＋2×δ(其中 δ 取 3～5)。

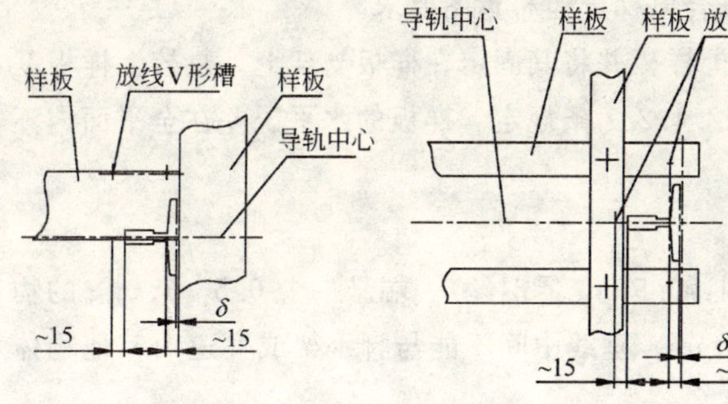

(a)　　(b)

图 12.4.2.8　放线点示意图

(a)木条样板放线 V 形槽;(b)角钢样板放线孔

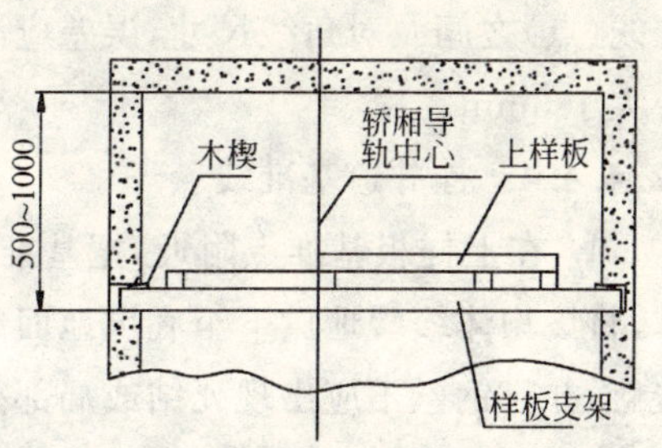

图 12.4.3.2　砖墙时样板支架固定示意图

3. 样板支架水平度不应大于 3‰。

12.4.4　样板固定与挂基准线

12.4.4.1　井道测量宜采用以下方法:

1. 以出入口基准线为基准,将样板暂时固定在样板支架上。在样板的开门宽度两基准点处放铅垂线坠入井道,铅锤离底坑地面约 100mm。

2. 用支撑木将下样板支架支撑在距底坑地面 800～900mm 高度,见图 12.4.4.4-1,并用木楔把下样板支架紧固在井道底坑的井道壁之间。样板支架水平度不应大于 3‰。

3. 当铅垂线停止摆动时,把两块 V 形槽木板放在下样板支架上,并将它们分别向铅垂线的方向推动,当木板的 V 形槽底部正好靠到铅垂线时,将木板固定,然后把铅垂线张紧并绕支架一圈以上。

4. 在每层地坎处测量图 12.4.4.1 标出的井道尺寸,并记录在表格中。

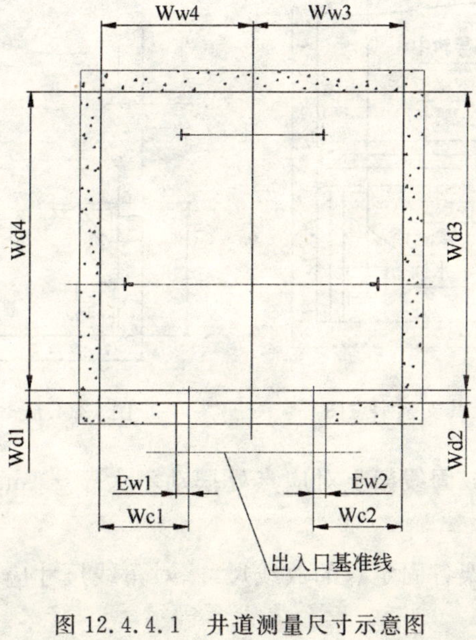

图 12.4.4.1　井道测量尺寸示意图

12.4.4.2　计算井道尺寸误差，该误差应符合电梯土建布置图要求。

12.4.4.3　根据12.4.4.2计算结果，调整上样板并将其固定在样板支架上。复核上样板基准线（点）之间及对角线尺寸，误差应满足12.4.2.7条规定。样板的水平误差在全平面内不应大于5mm。

12.4.4.4　挂井道基准线

1. 在上样板基准点附近，把基准线（如：ϕ0.5mm琴钢丝）一端悬一个0.5～1.0kg的物体，将该物体缓缓地放下至底坑地面约100mm。垂线中间不能与脚手架或井道内其他物体接触，并且钢丝不应出现死结或局部死弯现象。

2. 把线放入样板上V形槽顶点（放线点）处或穿入放线孔，并将尾线在该放线点的固定铁钉或螺栓上绑牢。

3. 基准线宜为10根，其中：轿厢导轨基准线4根，对重导轨基准线4根，层门地坎基准线2根（注：贯通门为4根）。

当现场不具备搭设脚手架的条件，采用无脚手架安装时，导轨支架基准线为2根，基准线距导轨中心300mm，距导轨端面10mm，以不影响导靴在导轨上、下运动为原则。

4. 线放到底坑后用8～15kg线坠替换放线时悬挂的物体，任其自然静止。当提升高度较高或有风，线坠不易静止时，可在底坑地面上放一水桶，桶内装入适量水或机油，将线坠置于水或机油中，增加其摆动阻力，使线坠尽快静止，见图12.4.4.4；当建筑物内因其他施工等造成线坠不易静止时，稳线工作应在凌晨进行。

5. 当底坑中采用下样板时，将下样板固定在12.4.4.4-1中的下样板支架上；当底坑中采用稳线架时，在距底坑地面以上500～800mm高度将固线架固定在井道壁上，见图12.4.4.4-2；下样板的水平和固线架的水平误差均不应大于3‰。

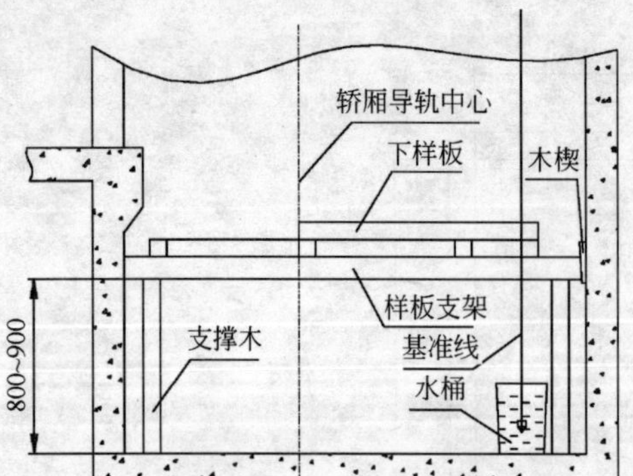

图12.4.4.4-1　下样板及其支架示意图

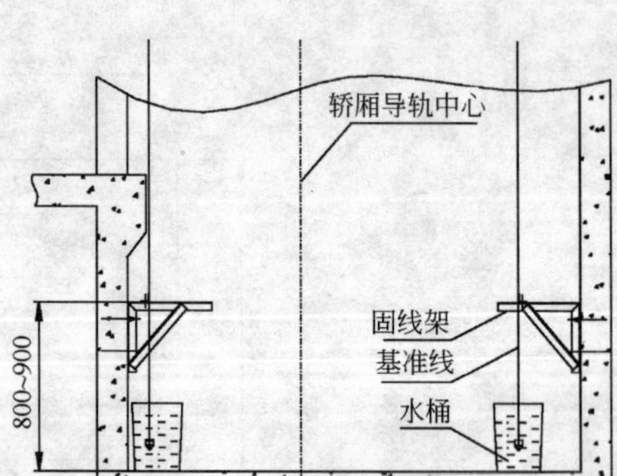

图12.4.4.4-2　稳线架示意图

6. 待基准线在下样板或固线架上对应点处摆动不大于±1mm时，将基准线固定于下样板或稳线架上。

7. 检查样板上或固线架各固定点的放线尺寸、对角线尺寸应与上样板一致，确定无误后，方可进行下道工序。

12.4.5 机房基准线

12.4.5.1 用线坠通过机房预留孔洞，将样板上的轿厢架中心线、导轨中心线、导轨间距中点、地坎安装基准线等标到机房地面上。

12.4.5.2 根据土建布置图中的尺寸，以标到机房地面的导轨中心线、轿厢宽度中心线为基础，划出绳孔的准确位置。

12.4.5.3 根据划线的准确位置，确定预留孔洞、承重梁及驱动主机的位置。如果预留孔洞不满足要求应进行修整，在剔楼板时，剔孔不应过大，且应防止剔掉物砸坏井道内样板和基准线。

12.4.6 底坑基准线

12.4.6.1 以下样板为基准，向底坑悬挂放下铅垂线。将导轨中心线、导轨间距中点标在底坑地面上。

12.4.6.2 根据安装说明书尺寸，将轿厢导轨和对重导轨的基座及缓冲器基座位置在底坑地面上标出。

12.5 导 轨

12.5.1 导轨支架

12.5.1.1 导轨支架位置

1. 导轨支架位置应按照土建布置图的要求布置，且宜满足：最下一排导轨支架距底坑装饰地面不宜大于1000mm；以上导轨支架之间的间隔不应大于2500mm，并应均匀分布；最上一排导轨支架距井道顶板不宜大于500mm。

2. 在确定导轨支架位置，计算导轨支架间距时，应核对每根导轨在井道中的位置，如果导轨连接板与导轨支架相遇，可适当调整导轨支架间距，两者错开的净距离不宜小于30mm，见图12.5.1.1，但相邻两排导轨支架间距不应大于2500mm。

3. 划出每个导轨支架高度位置线。

12.5.1.2 导轨支架安装前应对其基准线进行复核。

12.5.1.3 井道壁设有预埋件固定导轨支架

1. 应先清除预埋件表面的混凝土等粘连物。

2. 当井道预埋件的位置有偏离时，可在预埋件上补焊钢板，钢板的尺寸应满足安装说明书的要求，但厚度不应小于12mm，钢板与预埋件的搭接长度不应小于50mm，应三面连续焊。当钢板非搭接长度超过150mm时，其端部应采用膨胀螺栓固定，见图12.5.1.3，膨胀螺栓不应小于M12。

3. 测出每个导轨支架距预埋件的距离，在现场工作间加工制作，并按顺序编号，该号应与井道预埋件的编号一致。

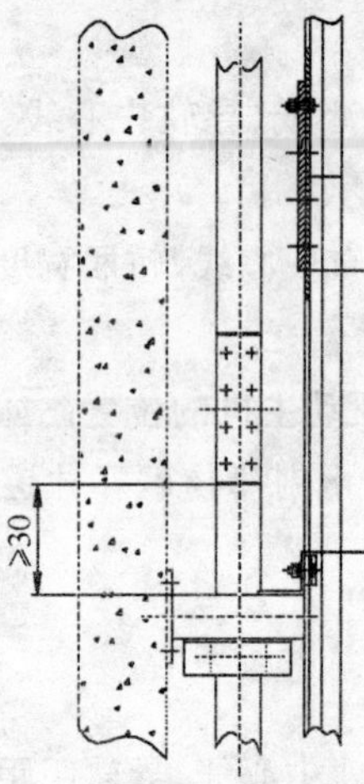

图 12.5.1.1　导轨连接板与导轨支架净距离示意图

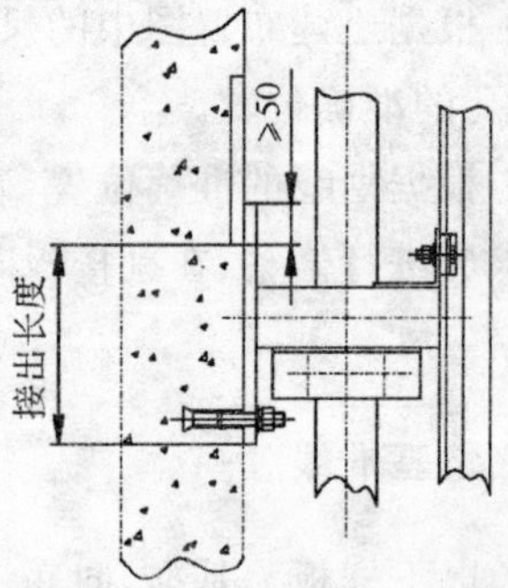

图 12.5.1.3　钢板与预埋件的搭接示意图

4. 按导轨支架上的编号，根据导轨支架基准线确定导轨支架安装位置，并对其进行找平、找正后与预埋件或搭接钢板焊接。焊接导轨支架时，导轨支架应与预埋件或搭接钢板接触，应采用四周双面焊接，焊缝高度应大于 5mm，焊缝应连续、均匀，且不能有夹砂、气孔等缺陷。

12.5.1.4　用膨胀螺栓固定导轨支架

1. 膨胀螺栓应联结在井道壁的混凝土构件上，混凝土构件的压缩强度应符合土建布置图要求。

2. 应根据导轨支架基准线确定膨胀螺栓位置，钻孔的直径和深度应符合安装说明书的要求，孔轴心应垂直于墙面，深度应在膨胀螺栓固定后，其护套外端面与井道壁表面相平或稍低。

3. 导轨支架与井壁墙面间隙不应大于 1mm，如果墙面垂直误差较大，应进行局部修整。

4. 如果为可调式导轨支架，找平、找正后，应锁紧调整处联结螺栓；如果为非可调式导轨支架，应将导轨支架编号、加工，然后将其就位、找平、找正，再用膨胀螺栓紧固。

5. 如果膨胀螺栓固定的导轨支架有松动，要向上或向下改变导轨支架的位置，重新按上述程序安装。

12.5.1.5　用螺杆固定导轨支架

1. 若井道壁厚度小于 150mm，井道内没有设置预埋件且不宜使用膨胀螺栓时，应采用螺杆固定。在井道壁钻通孔，用螺杆将厚度不小于 16mm 钢板固定，见图 12.5.1.5，螺杆另一端应加尺寸不小于 100mm×100mm×12mm 的垫板。

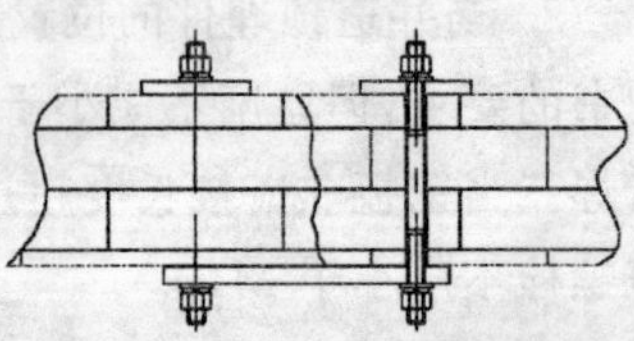

图 12.5.1.5　用螺杆固定示意图

2. 测出每个导轨支架距钢板的距离，在现场工作间加工制作，并按顺序编号，该号应与井道钢板的编号一致。

3. 导轨支架后续安装应符合 12.5.1.3 条的规定。

12.5.1.6 用混凝土灌筑导轨支架

1. 当井道壁是砖结构,且无预埋件时,应采用混凝土灌筑导轨支架方法安装导轨支架。

2. 在已确定的导轨支架位置,剔一个里大外小的孔洞,其深度不应小于 130mm。剔凿孔洞时,不应破坏孔洞周围的墙体。

3. 测出每个导轨支架距井道壁距离,在现场工作间加工制作,并按顺序编号,该号应与井道剔孔的编号一致。导轨支架的插入墙内部分的端部应加工成"丫"字形,宜按图 12.5.1.6中尺寸加工。

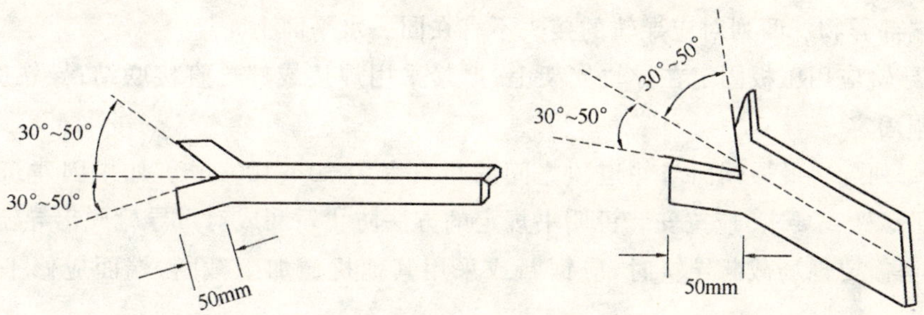

图 12.5.1.6 "丫"字形导轨支架示意图

4. 灌注前,应清理支架孔洞,并用水冲洗孔洞表面,直至冲出碎渣,润湿孔洞内壁。

5. 灌注孔洞的混凝土宜用比例为 1∶2∶2 的水泥、沙子、石子加入适量的水均匀搅拌制成。

6. 将导轨支架"丫"字端放入孔洞内,进入孔洞的深度不应小于 120mm,找平、找正后,用混凝土将孔洞填实。

7. 导轨支架稳固后,在常温下,应经过 6～7d 的养护,阴干达到强度要求后,才能进行导轨安装。

8. 如果用混凝土灌注的导轨支架有松动,应剔出来,并按上述方法重新灌筑,严禁在原有的基础上修补。

9. 冬季不宜用混凝土灌注的方法安装导轨支架。

12.5.1.7 导轨支架的水平误差不应大于 5mm,导轨支架铅垂误差不应大于 0.5mm。

12.5.1.8 垂直方向紧固导轨支架的螺栓应从下向上穿,螺母在上。

12.5.1.9 与电梯安装相关的预埋件、金属构件及焊口,均应进行除锈、除渣及防腐处理。

12.5.2 导轨安装

12.5.2.1 复核导轨安装基准线。

12.5.2.2 导轨吊装

1. 导轨吊装前,应先将连接板联结在每根导轨上,再将吊钩 U 形卡固定在连接板上,吊钩宜为可旋转式。吊装导轨时,每次可单根吊装,也可将多根组装在一起吊装,导轨上移时,严禁碰撞任何基准线、已安装的导轨及导轨支架。

2. 如果采用卷扬机提升导轨，卷扬机应可靠固定在顶层门口，井道顶应有滑轮，滑轮的悬挂可利用机房预留孔或井道顶的吊装装置。

3. 如果采用人力吊装，尼龙绳直径不应小于 ϕ16mm。

12.5.2.3　导轨位置、预固定

1. 底坑导轨支座的位置应以底坑基准线为基准按照安装说明书要求确定，并将底坑导轨支座找平，其水平度不应大于1‰。

2. 每根导轨安装之前均应检查直线度和工作面表面质量，工作面不应有损坏，不符合规定的导轨应按安装说明书要求校正或更换。

3. 导轨安装应由下往上按顺序进行，每根导轨的凸榫端应朝上。根与根之间联结前应先清理端部异物。两列对应导轨的接头不宜在同一水平面上。

4. 导轨应用压板固定在导轨支架上，严禁采用焊接或螺栓直接联结；导轨应先用压板和螺栓预固定。

5. 每列导轨最顶端面与井道顶之间的距离宜为50～100mm。如果因建筑结构原因，不能满足该距离要求，应按安装说明书规定的方法防止轿厢或对重导靴脱出导轨。

6. 当需要现场截断导轨时，应锯断或采用其他机械加工截断，端面应修平，严禁使用气割。

7. 采用油润滑的导轨，应在安装最底导轨时，按照安装说明书的要求确定接油盒的位置。

12.5.3　导轨校正

12.5.3.1　根据导轨与其基准线的距离，测量并校正导轨铅垂度和位置。

12.5.3.2　导轨间距、导轨扭曲的检查与调整应采用专用工具（找道尺），由下向上按照安装说明书要求进行，见图12.5.3.2。

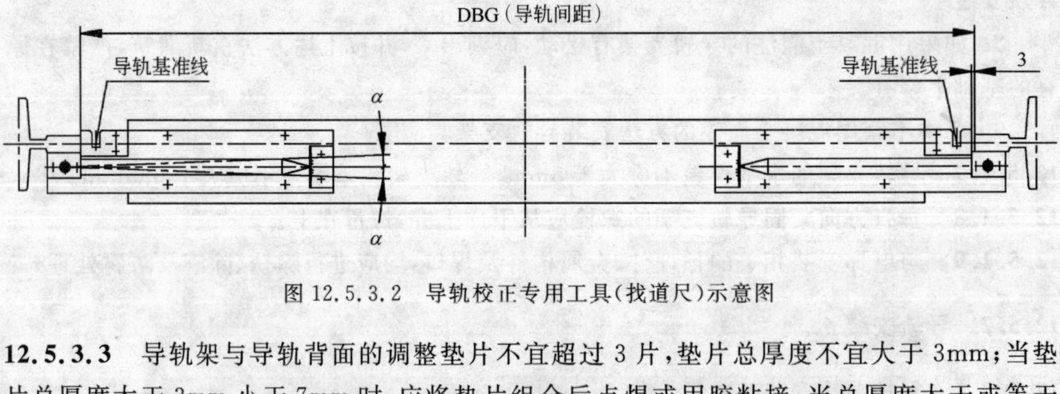

图12.5.3.2　导轨校正专用工具（找道尺）示意图

12.5.3.3　导轨架与导轨背面的调整垫片不宜超过3片，垫片总厚度不宜大于3mm；当垫片总厚度大于3mm小于7mm时，应将垫片组合后点焊或用胶粘接；当总厚度大于或等于7mm时，应先用与垫片结构相似钢板垫入，再用垫片调整导轨。

12.5.3.4　校正检查的间距应小于导轨支架间距，且应在导轨与导轨支架连接处、导轨接头处进行校正。导轨校正后，导轨压板的螺栓、导轨接头连结板的联接螺栓应拧紧，且应使用力矩扳手，力矩的大小应符合安装说明书的要求。

12.5.3.5 导轨接头处应符合下列规定：

1. 轿厢导轨和设有安全钳的对重导轨工作面接头处不应有连续缝隙，局部缝隙不应大于0.5mm；不设安全钳的对重导轨接头处不宜有连续缝隙，局部缝隙不应大于1mm。

2. 轿厢导轨和设有安全钳的对重导轨工作面接头处台阶不应大于0.05mm，不设安全钳的对重导轨工作面接头处台阶不应大于0.15mm。如超过应修平，修平长度应大于150mm。台阶和修平长度宜符合表12.5.3.5-1的规定。

导轨工作面接头处台阶最大值和最小修平长度(mm)　　表12.5.3.5-1

额定速度	轿厢导轨和设有安全钳的对重导轨		不设安全钳的对重导轨	
V(m/s)	台阶最大值	修平长度最小值	台阶最大值	修平长度最小值
V<1.0	0.05	150	0.15	150
1.0≤V<1.5	0.03	150	0.10	150
1.5≤V<2.0	0.02	200	0.10	150
V≥2.0	0.01	300	0.05	200

3. 导轨接头处工作面直线度可用规定长度的钢板尺或专用工具靠在导轨各个工作面上，钢板尺或模具长度中心线对准导轨接头处，见图12.5.3.5，测得的值不宜大于表12.5.3.5-2规定值。

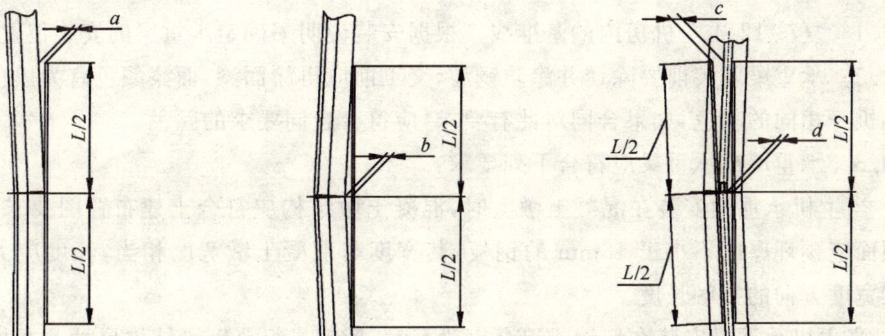

图12.5.3.5　导轨接头处示意图

导轨接头处工作面直线度允许误差(mm)　　表12.5.3.5-2

额定速度	钢板尺或模具	轿厢导轨和设有安全钳的对重导轨		不设安全钳的对重导轨	
V(m/s)	长度L(mm)	a、c	b、d	a、c	b、d
V<2.0	500	0.15	0.07	0.3	0.15
2.0≤V<4.0	1000	0.15	0.07	0.3	0.15
V≥4.0	1500	0.15	0.07	0.3	0.15

12.5.3.6 两列导轨顶面间的距离(导轨间距)误差应为：轿厢导轨0～+2mm，对重导轨0～+3mm。宜符合表12.5.3.6的规定。

导轨间距允许误差　表 12.5.3.6

电梯速度 V(m/s)	允许误差(mm)	
	轿厢导轨和设有安全钳的对重导轨	不设安全钳的对重导轨
V<1.0	0～+2.0	0～+3.0
1.0≤V<2.0	0～+1.0	0～+1.5
V≥2.0	0～+0.5	0～+1.0

12.5.3.7 每列导轨工作面(包括侧面与顶面)与安装基准线每 5m 的误差均不应大于下列数值:轿厢导轨和设有安全钳的对重导轨为 0.6mm,不设安全钳的对重导轨为 1mm。导轨全长在 50m 及以下的累计误差不应大于 5mm,50m 以上的累计误差不应大于 10mm。

12.5.3.8 两列对应导轨扭曲度误差应符合安装说明书要求。宜满足图 12.5.3.2 中的指针偏转角 α 不大于±1.0°。

12.6 驱动主机

12.6.1 承重梁

12.6.1.1 复核 12.4.5 机房内的基准线。根据安装说明书确定承重梁的安装位置。

12.6.1.2 承重梁安装前要除锈并涂防锈漆,交工前应再涂面漆,面漆颜色宜为黑色或与驱动主机机身相同的颜色,如果合同对此有要求,应符合合同要求的颜色。

12.6.1.3 承重墙或承重梁应符合下列要求:

1. 当主机承重梁安装在混凝土墩上时,混凝土墩结构应符合土建布置图要求,且混凝土墩顶面应预埋厚度不小于 16mm 的钢板,其宽度与混凝土墩宽度相当,长度应大于主机承重梁宽度方向的接触长度。

2. 当主机承重梁安装在型钢或组合钢梁上时,型钢或组合钢梁结构尺寸及在机房中的位置应符合土建布置图及安装说明书要求。

3. 当机房楼板是承重楼板时,主机承重梁(或主机底座)可直接安装在机房楼板上,应确定机房楼板结构梁的位置,主机承重梁(或主机底座)应架设在楼板结构梁上。

12.6.1.4 驱动主机承重梁的两端必须安装在井道承重墙或承重梁上。当驱动主机承重梁需埋入承重墙时,埋入端长度应超过墙厚中心至少 20mm,且支承长度不应小于 75mm。

12.6.1.5 当现场需要在主机承重梁上开孔时,应钻孔加工,严禁用气割加工孔。

12.6.1.6 在驱动主机承重梁找平、找正后,应将其与承重墙上的垫板或井道承重梁焊牢。

12.6.1.7 在机座安装部位测量单根承重梁上表面的水平度,在机座长度范围内两端高度差不宜大于 1mm。每根承重梁上表面之间垂直高度差不宜大于 1mm。联结孔孔距误差应在±1.5mm 范围内。

12.6.1.8 当驱动主机承重梁埋入承重墙时,埋入端应用混凝土灌实并与墙抹平。对于浇灌混凝土被埋入的隐蔽工程部件,在浇灌混凝土之前,应按本导则 12.1.2.5 条的规定执行。

12.6.2 驱动主机底座

12.6.2.1 根据机房内的基准线,应将底座找平、找正后,再与承重梁用螺栓固定。

12.6.2.2 减振垫应垫置在底座与承重梁之间或底座与驱动主机机座之间,减振垫的材料、尺寸、数量、垫置部位及其联结必须符合安装说明书的要求。

12.6.3 驱动主机

12.6.3.1 驱动主机吊装

1. 在吊装驱动主机时,吊装钢丝绳应连在驱动主机底座吊装孔上,或产品安装说明书规定的位置,严禁绕在驱动主机电机吊环或电机主轴上。

2. 吊装移动驱动主机时,应使其保持水平,避免与承重梁、底座或机房内其他部件撞击。

3. 驱动主机吊装时的朝向应与驱动主机在底座安装的位置相对应,不应起吊后大幅度旋转驱动主机才能使其就位。

4. 当驱动主机工作面与机房地面不在同一水平面上时,应首先按照安装说明书要求,搭设提升架,并在驱动主机工作面等高度位置搭设作业平台。先用提升葫芦将驱动主机提升到作业平台上,再用水平葫芦拉至工作面上,水平葫芦拉驱动主机水平移动用力的同时,提升葫芦应逐渐地放链,保持驱动主机底座基本水平,见图 12.6.3.1。

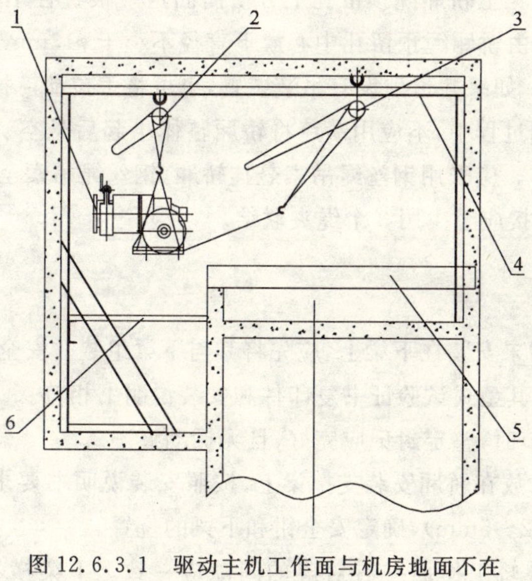

图 12.6.3.1 驱动主机工作面与机房地面不在同一水平面时吊装示意图

1—驱动主机;2—提升葫芦;3—水平葫芦;4—提升架;5—承重梁

12.6.3.2 驱动主机位置与固定

1. 对 12.4.5 条机房内的基准线与井道上样板对应基准进行复核。根据安装说明书要求,利用悬挂下放铅垂线和机房内基准线(点),调整驱动主机和导向轮安装位置。

2. 驱动主机和导向轮安装位置调整完成后，应按安装说明书要求分别紧固。

12.6.3.3　轿厢空载静止时，曳引轮、导向轮铅垂误差不应大于±0.5mm。曳引轮、导向轮绳槽中心面相互位置尺寸误差不应大于±1.0mm。

12.6.3.4　机房内钢丝绳与楼板孔洞边间隙应为20～40mm，通向井道的孔洞四周应设置高度不小于50mm的台缘。

12.7　轿　　厢

12.7.1　准备工作

12.7.1.1　轿厢可在电梯井道最高楼层处组装，宜按以下方法搭设安装轿厢的支撑架：

1. 如果井道为混凝土结构，在顶层层门门口井道后壁（与门口相对的井道壁）相应位置处安装两个不小于100mm×100mm的角钢支架。

2. 如果井道壁为砖结构，应在顶层层门门口井道后壁相应位置剔截面稍大于支撑梁截面、深度超过墙体中心20mm且不小于75mm的洞，支撑梁的一端应完全进入洞内。

3. 在层门口横放一根方木，在其与角钢支架上面或剔洞的下面搭设、固定两根支撑梁，支撑梁宜为截面尺寸不应小于200mm×200mm的方木或不小于20#的工字钢或槽钢。

4. 支撑梁水平度不宜大于2‰。

12.7.1.2　在机房承重梁上轿厢绳预留孔上方横向固定一根直径不小于ϕ50mm的圆钢或ϕ75mm×4mm的钢管，由轿厢绳预留孔中心放下直径不小于ϕ13mm的钢丝绳扣，然后挂上不小于2t的手拉葫芦。如果井道顶设有吊装装置，也可将手拉葫芦挂在吊装装置上。

12.7.1.3　在安装轿厢过程中，不应用葫芦将轿厢整体吊起后悬空、停滞，安装人员长时间进行轿厢下部安装操作。应采用钢丝绳吊索悬挂轿厢，钢丝绳吊索至少两根，钢丝绳直径不应小于ϕ13mm，绳头搭接应至少用3个绳夹联结。

12.7.2　下梁

12.7.2.1　如果安全钳未安装在下梁上，应先将其与下梁组装。安全钳应满足下列要求：

1. 型号、规格应与其型式试验证书复印件和安装说明书相符。

2. 当安全钳可调节时，整定封记应完好，且无拆动痕迹。

12.7.2.2　将下梁组件放在轿厢安装支撑梁上，按照安装说明书要求的安全钳与导轨各工作面之间的间隙（宜为2～5mm），确定安全钳和下梁的位置。

12.7.2.3　安全钳与导轨工作面左右对应的间隙应一致。下梁横、纵向水平度均不应大于1‰。

12.7.2.4　用垫片将安全钳固定在导轨工作面上。

12.7.3　立梁

12.7.3.1　将立梁与下梁用螺栓联结、固定，联结螺栓的防松措施应符合安装说明书要求。

12.7.3.2 立梁应自然垂直，不应有扭曲，立梁铅垂误差在整个高度上不应大于1.5mm。

12.7.4 上梁

12.7.4.1 用葫芦将上梁组件吊起，将其与立梁预固定。

12.7.4.2 可据导靴板与导轨的工作面位置尺寸来确定上横梁的安装位置。

12.7.4.3 调整上梁在轿厢宽度方向、深度方向的水平度均不应大于1‰，并再次校正立梁的铅垂误差，然后将联结螺栓紧固并防松。

12.7.4.4 如果上梁设有反绳轮，应按照安装说明书要求调整绳轮位置尺寸，并应装上轿顶反绳轮防护装置和挡绳装置。反绳轮位置尺寸误差不应大于±1.0mm，轮槽铅垂误差不应大于0.5mm。

12.7.5 轿底及拉杆

12.7.5.1 用手拉葫芦将轿底以其在下梁安装位置相对应的朝向吊起，然后逐渐放在下梁上，将轿底与下梁(或/和立梁)用螺栓预固定。装上拉杆，在拉杆与轿底联结处调整拉杆螺母，使轿底水平度不大于2‰，然后将拉杆锁紧，并将轿底与下梁(或/和立梁)联结螺栓拧紧并防松。

12.7.5.2 如果轿厢在垂直方向有自用度(即：活轿厢)，应先将外轿底(或轿底托架)固定在下梁上，然后按照安装说明书要求将减振垫安装在外轿底上，且将称重装置安装在下梁上。

轿底相对于轿厢导轨的位置尺寸误差不应大于±1.0mm，其水平度不应大于2‰。调整轿底位置和水平后将联结螺栓拧紧并防松。

12.7.5.3 轿底调整水平后，轿底与外轿底之间、外轿底与下梁之间、轿底与立梁之间的联结处不应有缝隙，若有缝隙，应用垫片垫实。

12.7.6 导靴

12.7.6.1 将轿厢导靴与其安装板预固定，导靴位置应满足下列要求：

1. 同侧上、下导靴中心线应在一条铅垂线上，且在水平面上的投影应在导轨中心线上。

2. 滑动导靴靴衬与导轨工作面之间的间隙应符合安装说明书要求，间隙值误差不应大于0.3mm。

3. 弹性滑动导靴的弹簧预紧力的调整应满足安装说明书要求。

4. 滚动导靴的每个滚轮对导轨工作面压力应相同；各轮预紧力调整、位移量应符合安装说明书要求，且所有导靴对应值宜相同。

12.7.6.2 导靴调整完成后应紧固联结螺栓，且防松措施应满足安装说明书要求。

12.7.7 安全钳提拉机构

12.7.7.1 将安全钳拉杆与上(或下)梁拉杆传动机构连接，调整安全钳拉杆，使得安全钳楔块(或滚柱)被提起轻轻接触导轨时，限位件的间隙应满足安装说明书要求；提拉过程中，提拉杆动作应同步，且动作应灵活无卡阻。调整完毕达到要求后，将拉杆和限位螺钉锁紧。

12.7.7.2　调整提拉力(如:预紧弹簧预紧力)满足安装说明书要求后,应锁紧调整部位。

12.7.8　轿壁与轿顶

12.7.8.1　用拉绳把轿顶按其安装位置相对应的朝向悬挂在轿架上梁的下面,悬挂时不应使其变形。

12.7.8.2　轿壁安装前应除去折弯处保护膜,但应保留其他部分。

12.7.8.3　轿壁应按位置编号,按顺序预固定。拼装轿壁可根据井道内轿厢周围净空间情况,在层门口将单块组成几大块,应首先安放轿壁与井道间隙最小的一侧,并用螺栓(钉)与轿底预固定,再依次安装其他侧轿壁。轿壁全部预固定后,应将轿壁间的嵌条(如果有)调正,并将轿壁与轿顶联结的顶面调平,再将轿壁间及与轿底间的螺栓紧固,且应按照安装说明书要求的方法防松。

12.7.8.4　将轿顶由上梁上松下放在轿壁顶面上,调整轿顶位置后与轿壁紧固。

12.7.8.5　如果为活轿厢,轿顶安装完成后,应按安装说明书要求安装轿厢限位装置(导向装置)。

12.7.8.6　轿壁铅垂度不应大于1‰,轿壁之间不应有缝隙,嵌条应整齐,轿厢内轿壁表面应平整。

12.7.9　开门机、轿门

12.7.9.1　在轿门地坎上划出开门净宽、开门中心线的标志线,所划的标志线应与地坎长度方向的端面垂直,并可在相应位置分别打上小窝点标志。轿门底坎组件应按安装说明书要求与轿底固定和防松。底坎水平度应小于2‰,层门两条基准线与底坎滑道水平距离误差均不应大于0.5mm。

12.7.9.2　将开门机、轿门门头组件按安装说明书要求的位置尺寸紧固并防松。

12.7.9.3　门导轨应符合12.8.2.3规定。

12.7.9.4　门扇安装应符合12.8.3规定

12.7.9.5　安全触板应垂直,轿门打开后,安全触板端面探出轿门端面的距离应与安装说明书要求相符,且在安全触板上下两端该距离的差值不应大于1mm;安全触板与轿门之间的间隙在安全触板上下两端测量值的差值不应大于0.5mm。安全触板应动作灵活。

12.7.9.6　光幕保护装置应垂直,其端面缩进轿门端面的距离及其与轿门之间的间隙应与安装说明书要求相符。在光幕上下两端该距离的差值不应大于1mm;其与轿门之间的间隙在其上下两端测量值的差值不应大于0.5mm。

12.7.9.7　门刀应在轿门门扇和开门机安装调整完毕后安装。门刀前面和侧面的铅垂误差不应大于0.5mm,位置尺寸误差不应大于0.5mm。如果门刀设有可移动部件,应动作灵活。

12.7.10　轿厢顶部装置及极限开关撞弓

12.7.10.1　轿顶防护栏的位置尺寸及联结螺栓防松措施应符合安装说明书要求。

12.7.10.2 轿顶检修盒、接线盒、风扇或空调的安装应符合安装说明书要求。

12.7.10.3 感应器、设置在轿厢顶部的减速开关、极限开关、导管、线槽的安装应符合 12.14 相关规定。

12.7.10.4 极限及减速开关的撞弓应符合下列要求：

1. 安装前应检查撞弓，不应有扭曲、弯曲现象。

2. 撞弓应固定牢固，防松措施应符合安装说明书要求。撞弓垂直面铅垂度不应大于1‰，全长最大铅垂误差不应大于±3mm，位置尺寸误差不应大于±1mm。

12.7.11 护脚板

12.7.11.1 护脚板应平整、无扭曲变形；面对层门的表面应光滑，且不应凸出轿厢地坎；垂直面铅垂误差不应大于 1mm；联结螺栓(钉)应拧紧且防松。

12.7.11.2 层门两条基准线与护脚板垂直表面的距离差不应大于 0.5mm。

12.7.12 轿内部件

12.7.12.1 轿内部件(如：扶手、整容镜、灯、电话、摄像头等)应按照安装说明书要求进行安装。

12.7.12.2 轿内部件应横竖端正，具有良好的观瞻质量。

12.7.12.3 如果在轿厢内(上)安装合同规定以外的部件，必须经过电梯制造企业的书面认可，且应按照电梯制造企业的要求安装。

12.8 层 门

12.8.1 地坎组件

12.8.1.1 在层门地坎上划出开门净宽、开门中心线的标志线，所划的标志线应与地坎长度方向的端面垂直，并可在相应位置分别打上小窝点标志。

12.8.1.2 将楼面的水平面基准标志引到层门地坎附近容易实现 12.8.1.3 测量的位置，划出水平面基准线。

12.8.1.3 地坎上表面(踏面)应比水平面基准线高出 2～5mm；层门地坎前后、左右位置以层门安装基准线和地坎标志线为基础确定。层门地坎水平度不得大于 2‰。

12.8.1.4 层门地坎前后、左右位置也可在轿厢导轨安装完成后，以轿厢导轨为基准来确定。

12.8.1.5 层门地坎的固定及牛腿、牛腿支架的安装应符合安装说明书要求。

12.8.2 门柱、门头、门套

12.8.2.1 以层门安装基准线和地坎为基准，确定门柱、门头在井道壁的连接位置，根据井道壁的结构情况，可采用剔洞埋注地脚螺栓、与预埋件焊接、膨胀螺栓等方法固定。

12.8.2.2 门柱铅垂度不得大于1‰,与安装基准线的位置尺寸误差均不应大于1.0mm。

12.8.2.3 门导轨应满足下列要求:

1. 门导轨顶面水平度不应大于1‰,导轨铅垂误差不应大于0.5mm。
2. 两基准线与导轨侧面水平距离误差均不应大于0.5mm。
3. 在门导轨两端和中线3处贴着导轨面向地坎分别悬挂下放铅垂线,铅垂线距地坎对应滑道的水平距离之间的误差值均不应大于0.5mm。
4. 导轨顶面距地坎顶面(踏面)垂直距离误差不应大于0.5mm。
5. 如果是折叠门,每根导轨均应满足上述要求。

12.8.2.4 门套与建筑物的固定位置和方法应满足安装说明书要求。门套应平整、无扭曲变形。门套铅垂度不得大于1‰,两门套相对表面在水平投影线的端点与开门中心线的距离误差不应大于0.5mm。

12.8.3 门扇

12.8.3.1 将门导靴装在门扇上,把门导靴滑入地坎滑道中,将门扇预固定于门吊板上,门扇滑动应无卡阻现象。如果门吊板与门扇安装在一起,应先调整防脱轨轮(偏心轮)使其与门滑轮之间的间隙最大,然后将门导靴放入地坎滑槽内,门滑轮挂到门导轨上后,还应按照安装说明书连接门吊板的联动机构。

12.8.3.2 在门扇和地坎之间垫上厚度不大于4~6mm垫片,用专用的垫片将门吊板与门扇之间的垫实,紧固门吊板与门扇,把偏心轮调到与导轨间隙小于0.5mm时固定。门扇的铅垂误差不应大于1mm。门扇与门套之间的间隙、门关闭后门扇之间的间隙不应大于6mm,在间隙两端测量的间隙值之差不应大于0.5mm。在地坎同一滑道的两门扇的外表面应在同一铅垂面内,门扇外表面垂直投影线的端点,在门全开、门全闭,与地坎滑道的距离之差不应大于0.5mm。

12.8.4 门锁装置

12.8.4.1 检查门锁的型号应与安装说明书要求相符,锁钩、锁臂、滚轮、弹簧等部件应无损坏。

12.8.4.2 如果门锁需要现场安装在门吊板上,必须按照安装说明书要求进行安装。门锁在门吊板上的位置尺寸误差不应大于0.5mm。

12.8.4.3 门锁滚轮铅垂误差不应大于0.5mm,门锁滚轮与轿厢地坎间隙不应小于5mm。

12.8.4.4 调整锁紧元件和电气安全装置,层门锁钩必须动作灵活,在证实锁紧的电气安全装置动作之前,锁紧元件的最小啮合长度为7mm。

12.8.4.5 如果门锁与门吊板的连接孔为长孔,门锁调整完成后,应采取措施防止门锁移位。并应及时安装门锁防护。

12.8.5 强迫关门装置、三角钥匙开门组件

12.8.5.1 在层门门扇安装完成后,应安装强迫关门装置,使层门处于关闭状态。

12.8.5.2 调整强迫关门装置，在层门关闭或完全打开时，不应撞击其限位件。门运动过程中，不应有撞击声。

12.8.5.3 调整三角钥匙开门组件，应灵活可靠。

12.8.6 层门护脚板

12.8.6.1 层门护脚板应符合 12.7.11 条规定。

12.9 对　重

12.9.1 准备工作

12.9.1.1 在脚手架上相应位置搭设操作平台，平台的位置应便于吊装对重架和装入对重块。

12.9.1.2 如果对重在顶层安装，在机房承重梁上对重绳预留孔上方横向固定一根直径不小于 50mm 的圆钢或 ϕ75mm×4mm 的钢管，由对重绳预留孔中心放下直径不小于 ϕ13mm 的钢丝绳扣，然后挂上不小于 2t 的手拉葫芦。如果井道顶设有吊装装置，可将葫芦挂在吊装装置上。

12.9.1.3 如果对重在首层安装，钢丝绳扣应拴在安装说明书规定的部位上，再将葫芦悬挂在钢丝绳扣上。

在底坑地面上，对重缓冲器两侧各支一根截面不小于 100mm×100mm 的木方，木方高度应为缓冲器底座高度、缓冲器自由高度和缓冲器撞板与缓冲器顶面之间的垂直距离之和。

12.9.1.4 当导靴已安装在对重架上时，对于滑动导靴，应将同一列导轨上的两个导靴拆下；对于滚动导靴，应将 4 个导靴全部拆下。当对重架设有安全钳时，应将拆导靴侧的安全钳也拆下，对未装导靴的对重架上，可拆任意一侧的安全钳。

12.9.2 对重架

12.9.2.1 如果对重架的下梁、立梁、上梁没有组装，应先在操作平台（或井道外平整的地面）上组装对重架。

12.9.2.2 对重架对角线误差不应大于±1.0mm。

12.9.2.3 如果对重设有反绳轮，应按照安装说明书要求进行反绳轮及其防护装置和挡绳装置的安装。轮位置尺寸误差应在±1.0mm 以内。

12.9.2.4 如果对重缓冲器撞板处设有调整缓冲器撞板与缓冲器顶面之间的垂直距离的调整墩，应将调整墩按照安装说明书要求固定。

12.9.2.5 将对重架运到操作平台上，用钢丝绳扣将对重绳头板和葫芦钩连在一起。操作葫芦，将对重架吊起到预定高度，对装有滑动导靴的对重框架，移动对重框架使其导靴与该侧导轨工作面吻合并保持接触，然后逐渐放松葫芦，使对重架平稳地放在支撑木方上。对没装导靴的对重架，应调整对重架在木方上的位置，使对重架两侧面与导轨端顶面距离相等，且在井道深度方向，对重架与对重导轨中心对称。

12.9.3　对重导靴

12.9.3.1　对重导靴的安装与调整应符合12.7.6条的规定。

12.9.4　对重块

12.9.4.1　每块对重块的尺寸和重量及安装到对重架上的对重块数量必须符合电梯安装说明书要求。

12.9.4.2　对重块应根据安装说明书要求与对重架可靠固定。

12.9.5　对重安全钳

12.9.5.1　如果对重设有安全钳，一侧安全钳应先安装在对重架上，对重架支在支撑木方上后，安装另一侧安全钳及提拉组件。安全钳及提拉组件的安装应符合12.7.7相关规定。

12.9.6　对重隔障

12.9.6.1　对重、对重缓冲器安装完成后，应及时安装对重隔障，其联结固定应可靠。

12.9.6.2　对重隔障的位置尺寸误差不应大于±2mm。

12.9.6.3　如果对重隔障需要现场涂色，宜涂成黄色。

12.10　悬挂钢丝绳

12.10.1　钢丝绳长度

12.10.1.1　可按照安装说明书中的设计计算公式计算确定。

12.10.1.2　也可按钢丝绳的实际绕向放测量线，用以下方法确定：

1. 测量线宜为截面大于2.5mm^{2}的铜线。

2. 在轿厢及对重绳头板上各安装一个绳头组合，绳头组合联结螺母的位置宜刚好能装下防脱落装置。测量线的绕向应与钢丝绳的相同，且应张紧。

3. 当轿厢支撑在最高层安装位置，对重支撑在底坑地面上安装位置时，钢丝绳长度应按式12.10.1.2-1计算；当轿厢支撑在最底层安装位置，对重支撑在最高层安装位置时，钢丝绳长度应按式12.10.1.2-2计算。

$$L=L_1+2L_2+i\times L_3+i\times(\mathrm{Hppm}-\mathrm{Hpp})-\delta \quad (12.10.1.2\text{-}1)$$

$$L=L_1+2L_2+i\times L_3+i\times[\mathrm{Hppm}-(H+\mathrm{Hpp})]-\delta \quad (12.10.1.2\text{-}2)$$

式中　L——钢丝绳长度(m)；

L_1——轿厢绳头组合联结钢丝绳端的端面至对重绳头组合连接钢丝绳端的端面的测量线长度(m)；

L_2——与绳头组合联结的钢丝绳长度，它包括：在绳头组合中的钢丝绳长度和在绳头

组合外部非工作段长度(m);

i——悬挂系统绕绳比。

L_3——轿厢地坎高出最高层层门地坎的高度(m);

Hppm——缓冲器撞板与底坑地面之间垂直距离的测量值(m);

Hpp——轿厢平层在最高层站,缓冲器撞板与底坑地面之间垂直距离的设计值(m);

H——提升高度(最高层站地坎与最底层站地坎之间垂直距离)(m);

δ——钢丝绳因悬挂轿厢和对重及其自身重量而产生的伸长量,一般按钢丝绳总长度的2‰~5‰计算(m)。

12.10.2 解开钢丝绳

12.10.2.1 如果钢丝绳卷在滚筒上,将钢管插入滚筒中心,并用架子将滚筒架起,慢慢地转动滚筒,将钢丝绳从滚筒下部笔直拉出。

12.10.2.2 如果钢丝绳没有卷在滚筒上,宜将钢丝绳装在能旋转的架(台)上,然后慢慢地转动旋转的架(台),将钢丝绳笔直拉出。

12.10.2.3 如果没有旋转架(台),解开绳必须从钢丝绳卷外面的绳头开始,并应一边维持钢丝绳的绕圈形状,一边慢慢地将钢丝绳拉出。

12.10.2.4 选择清洁、宽敞的场所放开钢丝绳,放开后的钢丝绳不应有扭曲、打圈和死弯等现象,且检查钢丝绳不应有锈蚀、短丝、夹带沙和混凝土等不良现象。

12.10.3 截断钢丝绳

12.10.3.1 用测量线和尺量出每根钢丝绳的长度,划出剁口标记线,在距标记线两端5~6mm处,用$\phi0.7 \sim \phi1$的镀锌铅丝绑扎钢丝绳,绑扎长度宜为15mm,按照安装说明书的要求量出L_1、L_2并进行绑扎后,再采用砂轮切割机、钢绳剪刀、钢凿等工具切断钢丝绳,严禁使用电气焊断绳。

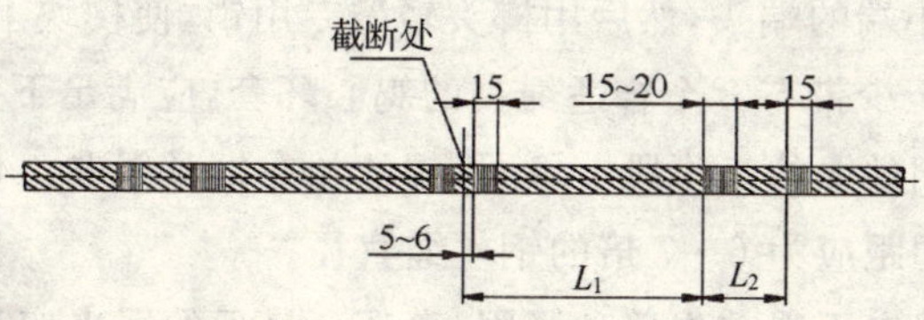

图12.10.3.1 绑扎钢丝绳示意图

12.10.3.2 如果需要去掉麻芯,应使用锯条锯断或刀割断,不得用火烧断。

12.10.4 制作绳头组合、挂钢丝绳

12.10.4.1 在钢丝绳放入井道过程中应消除其内应力。

12.10.4.2 钢丝绳放入井道挂绳过程中,应检查钢丝绳,不应有油污、杂物粘结。可用棉丝沾安装说明书规定的溶液(如:煤油)拧干后擦拭,不应损坏钢丝绳表面的润滑脂保护膜。

12.10.4.3 单绕式电梯宜先进行绳头组合制作后再挂钢丝绳;复绕式电梯宜先挂绳后再进

行绳头组合制作，也可先完成一头绳头组合，然后挂绳，再做另一端绳头组合。

12.10.4.4　如果采用金属或树脂填充方式制作绳头组合，应满足下列要求：

1. 将钢丝绳由锥套小端穿入锥体，将靠近端部的绑扎线折去，松开绳股，贴着绑扎线除去绳芯，用汽油将绳股清洗干净。

2. 按照安装说明书要求的尺寸，把每个绳股端部弯回来形成束状的一捆，使弯曲的绳股端头接触到绳芯切断端，绳股折弯处严禁成尖角。每股应能镶配在锥套之中，然后将绳拉回到锥套中，绳股折弯端部宜露出锥套大端至少 2mm。

3. 浇口处应采用水泥袋、报纸等包好，锥套下口应采用棉纱、碎布等缠严。端接装置和锥套下至少 1m 长的钢丝绳应保持垂直。

4. 将端接装置锥套内的杂物清理清理干净，采取缓慢的加热方法加热锥套部分到 100℃左右。加热巴氏合金到完全溶解，温度宜达到 350℃～450℃时浇灌，也可以将一块木片，浸入其中并立即取出，如果木片轻度烧焦，则可浇灌。

5. 浇灌前应清除表面杂质。浇灌过程中，应轻击端接装置，直至浇灌完成。浇灌必须一次完成。

6. 巴氏合金浇灌完成后，应恰能看到各股折弯部分的端部(巴氏合金恰没有盖住各股折弯部分的端部)；拆去锥套下口棉纱、碎布等，锥套小口端应稍有巴氏合金漏出。

7. 浇灌后自然冷却前，不应移动绳头组合。

12.10.4.5　如果采用自锁式绳头组合，应满足下列要求：

1. 将绳头由楔套小口端穿入，按安装说明书要求的长度折弯后，再穿回，折弯处的弧度应足以装入楔块。

2. 将楔块放入折弯处，一只手向下拉楔套的同时，另一只手拉住绳端用力上提钢丝绳使钢丝绳和楔块滑入楔套内。楔块应与楔套锁紧，钢丝绳必须在楔块的绳槽中。

3. 宜在钢丝绳承受轿厢和对重的重量后，安装钢丝绳非工作段夹板。

4. 如果需要调整钢丝绳拉力(或长度)，应先卸下夹板，然后在两段钢丝绳之间插入专用销，使销接触到楔块小端的端头，然后用榔头轻敲专用销，使楔块下滑，直至钢丝绳滑出。

12.10.4.6　如果采用至少带有 3 个合适绳夹的鸡心环套，应满足下列要求：

1. 应把夹座扣在钢丝绳的工作段上，U 形螺栓扣在钢丝绳非工作段段上。

2. 钢丝绳夹间的间距应为 6～7 倍的钢丝绳直径。

3. 离环套最远的绳夹不得首先单独紧固，离环套最近的绳夹应尽可能靠近套环。

12.10.4.7　如果采用带绳孔的金属吊杆或环圈(套筒)压紧式绳环等型式的绳头组合，则绳头组合制作必须符合相关国家、行业和企业标准的要求。

12.10.5　调整钢丝绳张力

12.10.5.1　可用 100N～150N 的弹簧秤或专用测量工具，在规定的井道高度(如：1/2 提升高度)处，安装人员站在轿顶上，如果绕绳比为 1：1，可在距绳头组合 1m 的高度处，如果轿顶有反绳轮，可在距轮中心 1m 的高度处，如果轿底有反绳轮，可在距轿顶 1m 的高度处，将轿厢端曳引轮侧钢丝绳拉出同等距离。可在距轿顶 1m 的高度处，将对重端曳引轮侧钢丝绳拉出同等距离。

12.10.5.2 每根钢丝绳张力与平均值误差不应大于5%。

12.10.5.3 调整钢丝绳张力时，应将绳头组合固定，严禁钢丝绳随着调整张力而旋转。另外，严禁拆下绳头组合防螺母松动和脱落的装置。

12.10.5.4 钢丝绳张力调整完成后，必须使防螺母松动装置和防螺母脱落装置有效。

12.10.5.5 当电梯提升高度较大时，应按照安装说明书要求安装防止悬挂钢丝绳旋转（扭松）的装置。宜用$\phi 6$钢丝绳将绳头组合相互之间扎结起来，扎结钢丝绳端用绳夹连接。

12.11 限速器及其张紧装置

12.11.1 限速器

12.11.1.1 以机房内的基准线为基准，根据安装说明书尺寸划出限速器安装位置，复核限速器钢丝绳预留孔尺寸。

12.11.1.2 限速器动作速度整定封记必须完好，且无拆动痕迹。

12.11.1.3 限速器上的轿厢（对重）下行标志必须与轿厢（对重）的实际下行方向相符。

12.11.1.4 由限速器轮槽中心向安全钳提拉杆中心悬挂铅垂线，同时由另一边轮槽中心向张紧轮相应的绳槽中心吊挂垂线，调整限速器的位置，使上述两对中心在相应的垂线上。如果安全钳提拉杆和限速器张紧轮还没有安装，则可以根据安装说明书尺寸先在上样板上标出绳槽中心的水平投影点，使上述两悬挂铅垂线对向相应的投影点。

12.11.1.5 限速器可通过底座固定在井道顶部的楼板上，底座与楼板可用膨胀螺栓固定，如果楼板厚度小于120mm，则应在楼板上钻通孔，在楼板下再加一块厚度不小于12mm的钢板，采用由下向上穿螺栓的方法将限速器底座固定。限速器也可以通过底座固定在承重梁上，底座与承重梁可焊接或螺栓联结。

12.11.1.6 紧固限速器前，应调整限速器座的水平和限速器轮的垂直。限速器座的水平误差不应大于0.5mm，轮的铅垂误差不应大于0.5mm。可通过在限速器座与底座之间或底座与楼板之间加垫片进行调整。

12.11.1.7 限速器安装后，楼板上的绳孔宜穿钢管，钢管宜高出楼板面40～50mm，钢管找正后应与楼板固定，且钢丝绳和钢管内壁之间的间隙应大于10mm。钢管表面应进行防腐处理。

12.11.2 限速器张紧装置

12.11.2.1 张紧装置下部距底坑地面垂直距离应根据安装说明书要求确定。

12.11.2.2 从安全钳拉杆与绳头组合连接的中心点向其对应的绳槽中心吊垂线，同时由限速器另一端绳槽中心吊垂线，调整张紧轮的位置，使张紧轮对应的点在垂线上。

12.11.2.3 限速器钢丝绳应无断丝、锈蚀、表面无油污和死弯现象，绳规格必须符合限速器型式试验报告及安装说明书要求。

12.11.2.4 可直接把限速器绳挂在限速器轮和张紧轮上，根据所需长度断绳，并将绳头端部用镀锌铁丝扎结，扎结长度宜为15～20mm。按照悬挂钢丝绳绳头组合的制作工艺或安装说明书要求制作绳头组合。将限速器绳头组合与安全钳拉杆联结。

12.11.2.5 限速器钢丝绳与导轨顶面和侧面水平距离的误差不应大于5mm。限速器轮与张紧轮应在一个垂直平面内，从限速器轮槽向张紧轮悬挂的垂线与张紧轮对应点的误差不应大于5mm，如果垂线与安全钳拉杆联结干涉，该侧垂线可分两段进行。

12.12 缓冲器

12.12.1 复核12.4.6条规定的底坑面上的基准线。

12.12.2 测量底坑深度和缓冲器底座的高度，根据底坑深度误差，按照安装说明书尺寸要求修整、加工缓冲器底座。

12.12.3 根据底坑地面上的基准线，将缓冲器底座固定在底坑地面上，再将缓冲器预固定在底座上。从轿厢（对重）的缓冲器撞板中心悬挂放下铅垂线，调整缓冲器位置使其顶面中心对准线坠尖点。缓冲器中心与轿厢（对重）的缓冲器撞板中心的误差不应大于20mm。

12.12.4 缓冲器顶面的水平度不应大于2‰。液压缓冲器柱塞铅垂度不应大于0.5%，检查柱塞铅垂度时，应在相差90°的两个方向进行。

12.12.5 如果轿厢（或对重）的缓冲器由两个以上组成时，所有轿厢（或对重）的缓冲器顶面应在一个水平面上，缓冲器顶面之间的垂直距离均不应大于2mm。

12.12.6 如果采用金属垫片调整找正，垫片的面积不应小于缓冲器座板的1/2。联结螺栓的防松措施均应满足安装说明书要求。

12.12.7 液压缓冲器固定后，应按照安装说明书的要求注入指定标号的油，充液量应正确。充油后，液压缓冲器应无渗油情况。

12.13 补偿装置

12.13.1 消除补偿装置扭曲应力可采取以下一种方法：

12.13.1.1 将补偿装置挂在井道内不影响安装操作的墙角处，由上而下自由悬挂48h。

12.13.1.2 将补偿装置的一端装在对重上，使对重慢慢地（盘车或检修运行）向最上层运行，在链条下部加500N～600N的重物，宜停滞20min以上。

12.13.2 补偿装置与轿厢和对重的联结位置和方式必须符合安装说明书要求。

12.13.3 当轿厢缓冲器被完全压缩时，补偿装置下部最低点不应与底坑地面接触，此时其最低点与地面之间的距离宜为100～200mm。

12.13.4 补偿装置按安装说明书要求与对重和轿厢悬挂、联结完成后，应将补偿装置多余的部分留到轿厢侧，用电线或镀锌铁丝绑扎在悬挂轴上（或安装说明书规定部位），多余部分的长度不应大于500mm，消声部分应保留到最终端。

12.13.5 如果电梯采用补偿绳作为补偿装置，应满足以下要求：

12.13.5.1 补偿轮导轨的位置应以12.4.6底坑地面的基准线确定，补偿轮、补偿轮导轨与导靴的安装、绳头组合的制作及与轿厢和对重的连接均应符合安装说明书要求。

12.13.5.2 补偿轮及其导轨相对于轿厢导轨的位置尺寸的误差不应大于0.5mm，补偿轮绳槽铅垂误差不应大于0.5mm。补偿轮的最下端与底坑地面之间垂直距离的误差应在0～+20mm之间，导轨长度的误差不应大于±5mm，导靴与补偿轮中心垂直距离的误差不应大于1mm。导靴靴衬与导轨工作面之间间隙的误差不应大于0.5mm。

12.13.5.3 验证补偿绳张紧的电气安全开关、防跳开关与其操作装置相对位置应正确。调整张紧轮防止绳脱槽的装置符合安装说明书要求后，安装防护装置。

12.14 电 气 装 置

12.14.1 控制柜(屏)

12.14.1.1 控制柜(屏)的位置应根据12.4.5机房内基准线确定，应符合电梯土建布置图要求，且应满足下列要求：

1. 前面应有一块净面积，深度从其外表面测量应不小于700mm，宽度为500mm和柜(屏)的宽度两者中较大值；双面维护控制柜(屏)维护面的前面均应满足上述要求。

2. 与门窗的距离不宜小于500mm。

3. 柜的封闭侧(非维护侧)与墙壁的距离不宜小于50mm。

4. 双面维护控制柜(屏)成排安装时，其长度不应超过5m，两端应留出入通道，宽度不宜小于600mm。

5. 控制柜与设备的距离不宜小于500mm。

12.14.1.2 控制柜下端的过线盒应按安装说明书的要求用膨胀螺栓(或地脚螺栓)固定在机房地面上。

12.14.1.3 如果控制柜下端未设过线盒，则宜采用下列方法之一现场制作底座，制作的底座应留出过线孔。

1. 用10#槽钢或厚度不小于2mm的钢板折弯制作控制柜底座，高度不宜小于100mm。控制柜与槽钢或钢板折弯制作的底座应采用镀锌螺栓联结固定，联结螺栓应由下向上穿。底座与地面的固定应采用膨胀螺栓。控制柜底座安装前，应除锈后，涂防锈漆及面漆。

2. 制作混凝土底座，底座高度宜为50mm。控制柜与混凝土底座可采用地脚螺栓联结固定。

12.14.1.4 控制柜(屏)固定后，前、后、侧面的铅垂误差不应大于2mm。

12.14.1.5 多台柜并列安装时，宜相互之间无明显缝隙，且柜前面宜在同一平面上。

12.14.2 中间接线盒、随行电缆架和随行电缆

12.14.2.1 中间接线盒安装应满足下列要求：

1. 如果中间接线盒设在井道内，其底面与最底层层门地坎之间的垂直高度应符合安装说明书要求，宜按式12.14.2.1确定；如果中间接线盒设在机房内，其底面与机房地面的高度不宜小于300mm；如果随行电缆直接进入控制柜，可不设中间接线盒。

$$Hcbb=[H+(Hbs+Hpb)+0.035V^2]/2+Hc \quad (式12.14.2.1)$$

式中　Hcbb——中间接线盒底面与最底层层门地坎之间的垂直高度(m)；

H——提升高度(最高层站地坎与最底层站地坎之间垂直距离(m)；

Hbs——缓冲器行程(m)；

Hpb——轿厢平层在最高层站，对重缓冲器撞板与缓冲器顶面之间的垂直距离；

V——电梯额定速度(m/s)；

Hc——高度预留量，宜取0.5m～1m。

2. 如果中间接线盒设在井道内，其水平位置应使随行电缆在电梯运行时，不碰撞井道内的任何运动部件。中间接线盒与其靠近轿门地坎最近部位之间的水平距离不宜小于40mm。

3. 中间接线盒宜用不小于M10的膨胀螺栓与井道壁或机房墙壁固定。膨胀螺栓数量应不少于2个。

12.14.2.2　随行电缆架安装应满足下列要求：

1. 如果中间接线盒设在井道中部，则随行电缆架的楔座或管套上部与中间接线盒底面之间的垂直距离宜为200mm。如果井道内未设中间接线盒，随行电缆架的楔座或套筒下部与最底层层门地坎的垂直高度应符合安装说明书要求，宜按式12.14.2.2确定。

$$Hcb=[H+(Hbs+Hpb)+0.035V^2]/2+Hc \quad (式12.14.2.2)$$

式中　Hcb——随行电缆架的楔座或套筒下部与最底层层门地坎的垂直高度(m)；

Hc——高度预留量，宜取0.3m～0.8m。

2. 楔座楔块式随行电缆架，楔座侧面应垂直于水平面，套筒式的套筒轴心线应与水平面平行。

3. 随行电缆架在水平面的投影，不应进入轿厢与对重的运行区域。如果随行电缆架设在井道中部，电缆架与其靠近轿门地坎最近部位之间的水平距离不宜小于40mm。

4. 随行电缆架宜用不小于M12的膨胀螺栓与井道壁固定，膨胀螺栓数量不应小于2个。

5. 轿底随行电缆架的安装方向应与井道随行电缆架一致，并使随行电缆位于井道底部时，与缓冲器及其底座最近距离不小于150mm。

6. 轿底电缆支架与井道电缆支架的水平距离应保证随行电缆中心距不小于其最小移动弯曲直径。在正常运行时，随行电缆不应蹭轿厢。

12.14.2.3　随行电缆安装应满足下列要求：

1. 随行电缆的长度应根据接线盒的位置、轿厢接线盒位置、电缆支架绑扎长度及接线余量确定。随行电缆截断前，应通过模拟轿厢蹾底或通过计算确定其长度。随行电缆的长度应满足：当轿厢蹾底和冲顶时，随行电缆不应被拉紧；当轿厢缓冲器被完全压缩时，随行电缆下部最低点不应与底坑地面接触，距底坑地面的垂直高度宜为100～200mm。

2. 挂随行电缆前应将其自由悬垂，使其内应力消除。安装后不应有打结和波浪扭曲现象。多根圆型随行电缆安装后长度应一致，且不宜绑扎成排。扁平型随行电缆可重叠安装，重叠根数不宜超过 3 根，每两根之间在底部应保持 30～50mm 的活动间距。扁平型随行电缆应使用配套的楔座楔块式随行电缆架固定。

3. 圆型随行电缆挂在套筒式电缆架上后，从距套筒下部 100～150mm 处开始，应用塑料绝缘导线将随行电缆牢固地绑扎在随缆支架上，绑扎线应紧密排列，绑扎应均匀、牢固，绑扎长度应为 30～70mm。严禁用铁丝、铅丝及裸导线进行绑扎。

4. 随行电缆进入接线盒应留出适当余量，并应排列整齐、压接牢固。

5. 整体随行电缆的不运动部分(距最底层地坎 Hcb 以上高度)，宜在每个楼层处设一个固定支架，每根电缆要用电缆卡子牢固固定。相邻固定支架之间的电缆长度宜大于相邻固定支架间距 1～10mm。

6. 当随行电缆与导轨支架之间的水平距离小于 150mm 时，宜在随行电缆与导轨支架之间采取隔离网或线等措施防止随行电缆被损坏，隔离网或线与随行电缆之间的水平距离不宜小于 50mm。隔离网或线宜自底坑地面 150mm 及以下起至井道顶下面 1.5m 高度。

7. 随行电缆与靠近轿门地坎侧面之间的水平距离不宜小于 50mm。

12.14.3 导管、线槽与配线

12.14.3.1 导管敷设应满足下列规定：

1. 一般规定

1) 导管内敷设导线截面总面积(包括绝缘层)不应大于导管内净面积 40%；

2) 当线路暗配时，导管宜沿最近的路线敷设，并应减少弯曲。埋入建筑物内的导管与建筑物表面的距离不应小于 15mm；明配钢管应排列整齐，固定点间距应均匀，固定应牢固；在距终端、弯头中点或柜、箱等边缘 150mm～500mm 的范围内应设管卡，中间管卡间的最大距离应符合表 12.14.3.1 的规定。严禁将导管直接焊在支架或设备上。

管卡间的最大距离　　表 12.14.3.1

敷设方式	导管种类	导管直径(mm)				
		15～20	25～32	32～40	50～65	65 以上
		管卡间的最大距离(m)				
支架或沿墙敷设	壁厚>2mm 钢导管	1.5	2.0	2.5	2.5	3.5
	壁厚≤2mm 钢导管	1.0	1.5	2.0		
	刚性绝缘导管	1.0	1.5	1.5	2.0	2.0

3) 导管弯曲处不应有折皱、凹陷和裂缝，且弯扁程度不应大于管外径的 10%。管径小于或等于 25mm 时，可用手扳弯管器；管径大于 25mm 时，宜用液压弯管器且加热弯曲部位。

4) 导管的弯曲半径应符合下列规定：

a. 当线路明配时，弯曲半径不宜小于管外径的 6 倍；当两个接线盒间只有一个弯曲时，

其弯曲半径不宜小于管外径的4倍。

b. 当线路暗配时,弯曲半径不应小于管外径的6倍;当埋设于地下或混凝土内时,其弯曲半径不应小于管外径的10倍。

5) 当导管遇下列情况之一时,中间应增设接线盒或拉线盒,且接线盒或拉线盒的位置应便于穿线:

a. 管长度每超过30m,无弯曲;

b. 管长度每超过20m,有1个弯曲;

c. 管长度每超过15m,有2个弯曲;

d. 管长度每超过8m,有3个弯曲。

6) 垂直敷设的导管遇下列情况之一时,应增设固定导线用的拉线盒:

a. 管内导线截面为50mm^{2}及以下,长度每超过30m;

b. 管内导线截面为70～95mm^2,长度每超过20m;

c. 管内导线截面为120～240mm^2,长度每超过18m。

7) 水平或垂直敷设的明配导管,其水平或垂直安装的允许误差为1.5‰,全长误差不应大于管内径的1/2。

8) 设备表面上的明配管或金属软管应随设备外形敷设。

9) 井道内敷设导管时,应在各层装设分支接线盒(箱),也可根据需要加装接线端子板。

10) 机房和井道内的导管及连接固定件等与可移动的部件(如:轿厢、钢丝绳、电缆、驱动主机曳引轮、限速器轮等)的距离应满足:机房内不应小于50mm;井道内不应小于20mm。

2. 如果采用钢导管,则敷设还应符合下列要求:

1) 钢导管不应有裂缝,管内应无铁屑及毛刺,切断口应平整,管口应光滑;

2) 钢导管的内壁、外壁均应作防腐处理。当埋设于混凝土内时,钢导管外壁可不做防腐处理;采用镀锌钢导管时,锌层剥落处应按安装说明书要求进行防腐处理。

3) 钢导管的连接应符合下列要求:

a. 采用螺纹连接时,管端螺纹长度不应小于管接头长度的1/2;连接后,其螺纹宜外露2～3扣。螺纹表面应光滑、无缺损。

b. 采用套管连接时,套管长度宜为管外径的1.5～3倍,管与管的对口处应位于套管的中心。套管采用焊接连接时,焊缝应牢固严密;采用紧定螺钉连接时,螺钉应拧紧且应防松。

c. 镀锌钢导管和壁厚小于或等于2mm的钢导管应采用螺纹连接或套管紧定螺钉连接,不应采用套管熔焊连接。

d. 钢导管连接处的管内表面应平整、光滑。

4) 钢导管与盒(箱)或设备的连接应符合下列要求:

a. 暗配的非镀锌钢导管与盒(箱)连接可采用焊接连接,管口宜高出盒(箱)内壁3～5mm,且焊后应补涂防腐漆;明配钢导管或暗配的镀锌钢管与盒(箱)连接宜采用锁紧螺母固定,管端螺纹宜外露锁紧螺母2～3扣。管口应光滑,并应装设护口。

b. 当钢导管与设备直接连接时,应将钢导管敷设到设备的接线盒内。

c. 当钢导管与设备间接连接时，钢导管端部宜增设非金属柔性导管或金属柔性导管后引入设备的接线盒内，且钢管管口应包扎紧密。采用非金属柔性导管时，钢管出线口与设备进线口距离应在 200mm 以内。采用金属柔性导管时，应符合 12.14.3.3 条规定。

d. 与设备连接的钢管管口与地面的距离宜大于 200mm。

e. 进入落地配电箱（柜）的导管，应排列整齐，管端口应高出箱（柜）基础面 50mm～80mm。

3. 如果采用刚性绝缘导管，则敷设还应符合下列要求：

1）管口应平整、光滑；管与管、管与盒（箱）等器件应采用插入法连接；连接处结合面应涂专用胶合剂，接口应牢固密封，并应符合下列要求：

a. 管与管之间采用套管连接时，套管长度宜为管外径的 1.5～3 倍；管与管的对口处应位于套管的中心。

b. 管与器件连接时，插入深度宜为管外径的 1.1～1.8 倍

2）明配时在穿过楼板易受机械损伤的地方应采用钢管保护，其保护高度距楼板表面的距离不应小于 500mm。暗配时露出地面的一段如果易受机械损伤，则应采取保护措施。

3）塑料管直接埋于现浇混凝土内，在浇捣混凝土时，应采取防止塑料管发生机械损伤的措施。

4）管及其配件的敷设、安装和煨弯制作，均应在原材料规定的允许环境温度下进行，其温度不宜低于－15℃。

5）在砖砌墙体上剔槽敷设时，应采用强度等级不小于 M10 的水泥砂浆抹面保护，保护层厚度不应小于 15mm。

6）硬塑料管沿建筑物、构筑物表面敷设时，应按设计规定装设温度补偿装置。

12.14.3.2 线槽敷设应满足下列要求：

1. 线槽内敷设导线截面总面积（包括绝缘层）不应大于线槽截面内净面积 60％。

2. 线槽应平整、无扭曲变形，内壁应光滑、无毛刺。线槽的型号、规格应符合安装说明书或接线图要求。

3. 线槽截断宜用锯锯断，切口应锉平、去毛刺，不应采用电气焊割断。线槽的连接应连续无间断。每节线槽的固定点不应少于两个。在转角、分支处和端部均应有固定点。线槽接口应平直、严密，槽盖应齐全、平整、无翘角。线槽宜采用射钉和膨胀螺栓固定在墙（地）面。如果采用底脚压板螺栓固定，露出线槽不应大于 10mm；固定或连接线槽的螺钉或其他紧固件，紧固后其端部应与线槽内表面光滑相接。

4. 机房内线槽宜沿着墙、梁或接板下面敷设。金属线槽沿机房或底坑地面明设时，其壁厚不宜小于 1.5mm。安装后线槽水平和铅垂度误差不应大于 2‰。全长最大误差不应大于 20mm。并列安装时，应使线槽便于开启。

5. 井道线槽引出分支线，当线槽出线口距指示灯、按钮盒、开关等部件的敷设距离小于或等于 2m 时，可用金属软管敷设；当距离大于 2m 时，应采用导管敷设。

6. 当井道线槽到每层的分支导线较多时，宜设置分线盒及接线端子排。

7. 线槽、箱和盒宜采用开孔器开孔，孔径不应大于管外径 1mm。

8. 在线槽拐弯处应沿穿线方向弯成直角保护口，不应锯成直口，见图 12.14.3.2。

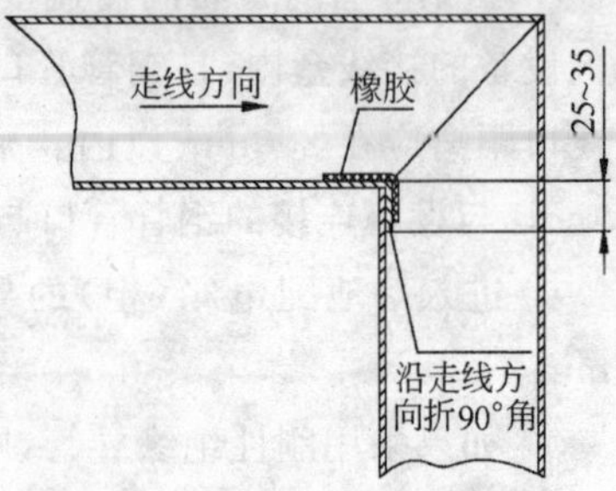

图 12.14.3.2　线槽拐弯处示意图

9. 机房和井道内的线槽及连接固定件与可移动的部件（如：轿厢、钢丝绳、电缆、驱动主机曳引轮、限速器轮等）的距离应满足：机房内不应小于 50mm，井道内不应小于 20mm。

10. 非镀锌金属线槽安装完后，应补刷防腐漆。

12.14.3.3　金属软管敷设应满足下列要求：

1. 刚导管或线槽与电气设备间的电线保护宜采用金属软管；金属软管的长度在动力线路中不应大于 0.8m，在照明线路中不应大于 1.2m，其他线路不应大于 2m。

2. 金属软管不应退绞、松散，中间不应有接头；与箱、盒、槽及电气设备连接时，应采用专用接头，连接处应密封可靠；防液型金属软管的连接处应密封良好。

3. 宜平直敷设，弯曲半径不应小于管外径 6 倍。

4. 应采用管卡子固定，固定点应均匀，间距小于或等于 1m，不固定端头长度不应大于 0.1m。管卡子宜用膨胀螺栓或塑料胀塞等与建筑物固定，严禁用塞木楔直接固定管卡子。

5. 安装在轿厢上，应防止其振动和摆动；与活动部件配合使用，其长度应满足部件的活动极限，两端应可靠固定；轿顶上的金属软管应有防止机械损伤的保护措施。

6. 金属软管应敷设在不易受机械损伤的场所，且不应直埋于地下或混凝土中。机房地面和底坑地面上，不应敷设金属软管。

12.14.3.4　金属导管和线槽接口处跨接接地线应符合下列要求：

1. 当导管与线槽内电线电压大于 36V 时，金属导管和线槽接口处应跨接接地线。如果采用导线作为跨接接地线绝缘层应为黄绿相间色的铜芯导线，截面积应符合电气原理图和接线图要求。

2. 当非镀锌钢导管采用螺纹连接时，连接处的两端应焊接跨接接地线；跨接接地线每端应采用双面焊接且宜满足表 12.14.3.4 规定：

非镀锌钢导管采用螺纹连接时焊接跨接接地线　　**表 12.14.3.4**

钢导管规格(mm)	跨接接地线(mm)	每端焊接长度(mm)
$\phi38$ 及以下	$\phi6$ 圆钢	≥36
$\phi38$ 至 $\phi63$	25×3 扁钢	≥50

3. 镀锌钢导管、可挠性金属保护软管或线槽不得熔焊跨接接地线，应采用专用接地卡跨接，两卡间连线的铜芯软导线截面积不应小于 $4mm^2$。

4. 非镀锌金属线槽间连接板的两端应跨接接地线；镀锌金属线槽间连接板两端可不跨接接地线，但连接板应为金属材料且表面镀锌处理，其与线槽之间的连接螺栓(钉)应采用防松措施，连接板每端不应少于 2 个连接螺栓。

12.14.3.5　配线应符合下列要求：

1. 电气配线的导线、电缆的型号、规格必须符合电气原理图及接线图要求。

2. 机房和井道内应按产品要求配线。导线和无护套电缆应在导管、线槽或能确保起到等效防护作用的装置中使用。硬电缆和护套软电缆可明敷于井道或机房内使用,但不得明敷于地面。

3. 导线应按照接线图(布线图)敷设。供电电源必须单独敷设。动力和控制线路应分别敷设。微信号及电子线路应按产品要求单独敷设。

4. 当采用多相供电时,电线绝缘层颜色选择应一致。保护地线(PE 线)应采用黄绿颜色相间色;零线应采用淡蓝色;相线应采用:A 相为黄色,B 相为绿色,C 相为红色。

5. 管内穿线应符合下列规定:

1) 穿线前,应将导管或线槽内清扫干净,不得有积水、污物。检查导管管口护口应齐全,如果有遗漏和破损,则应补齐和更换。

2) 敷设的绝缘层导线额定电压不应低于 500V。

3) 三相或单项的交流单芯电缆,不得单独穿于钢导管内。

4) 不同回路、不同电压等级和交流与直流的导线,不得穿在同一根管内。同一交流回路的导线应穿于同一钢管内。

5) 导线在管内不应有接头和扭结,接头应设在接线盒(箱)内。

6) 导线穿入钢管时,管口处应装设护线套保护导线;在不进入接线盒(箱)的垂直管口,穿入导线后应将管口密封。

7) 穿线时,不应出现损伤线皮、扭结等现象。应留出适当备用线,其长度应与箱、盒、柜内最长的导线相同。

6. 线槽内敷线应符合下列规定:

1) 电线在线槽内应有一定余量,不得有接头。电线应按回路编号分段绑扎,绑扎点间距不应大于 2m;导线在线槽的垂直段,应采用尼龙绑扎带绑扎成束,且应与线槽槽座固定。绑扎线不得用金属裸导线进行绑扎。

2) 同一回路的相线和零线应敷设于同一线槽内。

3) 同一电源的不同回路有抗干扰要求的线路宜分开敷设,如果在同一线槽中敷设,则应采取抗干扰措施(如:其间加隔板),或采用屏蔽电线且屏蔽护套一端接地。

4) 在线槽的内拐角处应垫橡胶板等软物。

7. 导线与设备、接线盒的连接应符合下列要求:

1) 截面为 $10mm^2$ 及以下的单股铜芯线和单股铝芯线可直接与设备的端子连接;

2) 截面为 $2.5mm^2$ 及以下的多股铜芯线的线芯应先拧紧搪锡或接续端子后再与设备的端子连接;

3) 截面大于 $2.5mm^2$ 多股铜芯线,除设备自带插接式端子外,应焊接或压接端子后再与设备的端子连接。多股铜芯线与插接式端子连接前,端部拧紧搪锡。

4) 多股铝芯线接续端子后再与设备的端子连接。

5) 锡焊连接的焊缝应饱满,表面光滑;焊剂应无腐蚀性,焊接后应清除残余焊剂。

6) 压板或其他专用夹具,应与导线线芯规格相匹配;紧固件应拧紧且防松。

7）套管连接器和压模等应与导线线芯规格相匹配；压接时，压接深度、压口数量和压接长度应符合接线图和安装说明书的要求。

8）剖开导线绝缘层时，不应损伤芯线；芯线连接后，绝缘带应包缠均匀紧密，其绝缘强度不应低于导线原绝缘层的绝缘强度。

9）每个设备的一个端子接线不应多于2根导线。

10）明配导线的水平和垂直允许误差不应大于5mm。

11）进入控制柜(屏)的控制电缆的橡胶绝缘芯线应采用外套绝缘管保护。

12)导线连接应可靠，不应存在松脱、虚接现象。

8. 如果出入导管或线槽的导线无专用保护时，导线应采用绑扎带或塑料套管等加以保护。

9. 导线接头包扎应按安装说明书要求进行。

10. 塑料绝缘导线敷设处的环境温度应符合产品设计要求，不宜低于－15℃。

11. 控制柜压线前应将导线沿接线端子方向整理成束，排列整齐，用绑扎线或尼龙卡分段绑扎。做到横平竖直，整齐美观。

12. 导线终端必须按电气接线图的标号清晰标记。电压大于或等于220V线路的接线端子应有明显的标记。

12.14.4　强迫减速开关、限位开关、极限开关

12.14.4.1　上(或下)强迫减速开关、限位开关及极限开关的位置应以最高(或底)层站层门地坎上表面为基准，按照安装说明书要求的尺寸安装。

12.14.4.2　上(或下)强迫减速开关、限位开关的型号、规格和数量必须符合电气原理图和接线图要求。

12.14.4.3　撞弓与开关(碰轮)相互位置应使撞弓通过开关碰轮可靠地操作开关，使开关触点动作。碰轮沿撞弓全长上、下移动不应有卡阻，当碰轮接触撞弓垂直操作面时，碰轮还应留有少量继续的动作行程；当碰轮脱离撞弓后，开关碰轮应立即复位。碰轮的轴线应与撞弓垂直面平行，碰轮和装弓接触线端点与撞弓垂直面的边缘之间的水平距离不应小于5mm。

12.14.4.4　开关碰轮的朝向应正确。

12.14.4.5　开关安装固定应牢固，严禁采用焊接固定。

12.14.5　轿厢平层及开门感应器

12.14.5.1　如果感应器为U形槽式，则感应器和感应板的安装应符合下列规定：

1. 感应器应横平竖直，U形槽两侧面和底面均应与水平面垂直，垂直误差不应大于0.5mm。如果一列垂直安装几个感应器，它们U形槽侧面或底面均应在相同的一个垂直平面内，各侧面、底面投影线之间的水平距离不应大于1mm。

2. 感应(遮磁)板安装应与水平面垂直，铅垂度不大于1‰，插入感应器时，应位于感应器U形槽两侧面的中间，且与U形槽侧面平行，顶面距U形槽底面的间隙应满足产品安装

说明书要求(宜为 10mm),尺寸误差不应大于±1mm。

3. 如果开门感应器装于上、下平层感应器中间,则与上、下平层感应器垂直位置尺寸误差不应大于±2mm。

4. 感应板应能上下、左右调节,调节完成后,联结螺栓应可靠锁紧。电梯运行时,严禁感应板及其附件与感应器摩擦、碰撞。

12.14.5.2 其他型式感应器的安装应符合安装说明书要求,也可参照 12.14.5.1 条执行。

12.14.6 指示灯盒、呼梯盒、消防开关盒、操纵盘

12.14.6.1 指示灯盒、呼梯盒、消防开关盒、操纵盘的位置应符合土建布置图要求,且宜满足下列要求:

1. 单独的层楼指示灯盒中心宜在层门口上方 150～250mm 高度,其中心宜在开门宽度中心线上。

2. 呼梯盒中心宜距地面 1.2～1.4m 高度,盒边与层门边的距离宜为 150～300mm。

3. 消防开关盒宜在该层呼梯盒正上方,消防开关盒中心宜距地面 1.6m～1.7m 高度。

4. 并联、群控电梯的呼梯盒应装在两台电梯的层门中间位置。

12.14.6.2 在同一候梯厅有 2 台及以上电梯并列或相对安装时,同一层应满足下列要求:

1. 指示灯灯盒的高度误差不应大于 5mm;

2. 呼梯盒或消防开关盒的高度误差同侧时不应大于 2mm,相对时不应大于 5mm,与层门中心的距离误差不应大于 10mm。

12.14.6.3 指示灯盒、呼梯盒、消防开关盒、操纵盘应横平竖直,水平和铅垂误差不应大于 1mm。盒中心与门中心位置尺寸的误差不应大于 5mm,距地面高度的误差不大于 10mm。

12.14.6.4 埋入墙内的呼梯盒、指示灯盒、消防开关盒等的面板四周与墙面应贴实无间隙。面板不应有损伤、明显的凹凸变形,并应保持洁净。

12.14.6.5 操纵盘面板宜用螺钉联结或卡子卡住固定,操纵盘面板与操纵盘轿壁之间应贴实,两者之间不应有连续缝隙且间隙不应大于 0.5mm。

12.14.7 底坑停止装置盒

12.14.7.1 底坑井道照明控制开关和电源插座(2P+PE 型 250V)宜设置在底坑停止装置盒中。

12.14.7.2 底坑停止装置盒应装在进入底坑时和在底坑地面上容易接近位置,具体位置应符合安装说明书要求。

12.14.7.3 底坑停止装置盒可采用膨胀螺栓或塑料胀塞固定在井道壁上。

12.14.8 接地

12.14.8.1 接地支线应采用黄绿相间的绝缘铜芯(或铝芯)导线,其截面积应满足电气原理图和接线图要求。电气设备接地线截面积不应小于相线的 1/2;控制柜到驱动主机的电源接地线应与相线截面相同,但不得小于 $16mm^2$。

12.14.8.2 严禁利用线槽作为电气设备接地连续导体。

12.14.8.3 金属线槽全长不应少于2处与接地干线连接。

12.15 整机调试

12.15.1 准备工作

12.15.1.1 有关图纸、说明书等随机文件应齐全。

12.15.1.2 对机房及安装其内的设备、部件进行清理、除尘。如果驱动主机有齿轮箱应将其冲洗干净，注入产品说明书要求的齿轮油，油量应满足产品要求。

12.15.1.3 对井道内部及安装其内的设备、部件进行清理、除尘，井道内的清洁除尘工作应由上向下进行。

12.15.1.4 如果不同电梯的部件共用一个机房，则每部电梯所有部件（如：驱动主机、控制柜、限速器、主电源开关、轿厢照明开关、井道照明开关等）应用相同的数字或字母标示，标示应明显、清晰。

12.15.1.5 可拆卸的盘车轮必须置于对应驱动主机附近易接近处。紧急救援操作说明必须贴于紧急操作时易见处。

12.15.1.6 对运动部件均应在规定部位，按要求进行润滑。

12.15.1.7 在拆除安装时架设轿厢支撑横梁和对重支撑之前，应至少已完成下列安装：

1. 轿厢、对重，或至少应完成轿架、轿底、拉杆安装，对重架及部分对重块；
2. 限速器、限速器钢丝绳、张紧装置；
3. 安全钳提拉系统、安全钳开关，限速器与安全钳提拉系统联结；
4. 缓冲器；

12.15.2 检查电气线路

12.15.2.1 电气线路的接线应连接正确、牢固。如采用螺栓（钉）连接，防松措施应有效。导线编号应齐全清晰。所采用导线、电缆的型号、规格应符合要求。如发现错误，应及时更改。

12.15.2.2 电气设备接地必须符合下列规定：

1. 所有电气设备及导管、线槽的外露可导电部分均必须可靠接地（PE）。
2. 接地支线应分别直接接至接地干线接线柱上，不得互相连接后再接地。

12.15.2.3 测试各有关电气设备、线路的导体之间和导体对地之间的绝缘电阻值均必须大于1000Ω/V，且其值不得小于：

1. 动力电路和电气安全装置电路：0.5MΩ；
2. 其他电路（控制、照明、信号等）：0.25MΩ。

12.15.2.4 在断电情况下，检查控制柜（屏）应符合下列要求：

1. 控制柜内各电器、元件的外观应良好无损，固定应牢固。
2. 所有接线接点应连接可靠且接触良好。

3. 接触器、继电器动作应灵活可靠。

4. 线路板插件的电子元器件不应松动、无损伤，各焊点不应有虚焊、漏焊现象，插接件的插拔力适当，接触可靠，插接后锁定有效。

5. 标志符号应清晰齐全。

6. 驱动主机电动机的过流、短路等保护装置的整定值应符合电气原理图要求，连接应可靠。

12.15.2.5 从控制柜(屏)中拆下驱动主机及制动器电源连接线，然后给控制柜(屏)供电，采用手动吸合继电器及短接开关、按钮控制导线等方法模拟选层按钮、开关门相应动作，控制柜(屏)应符合下列要求：

1. 观察控制柜上的信号显示应正确。

2. 检查电梯的选层、定向、换速、截车、平层、停止等各种动作程序应正确。

3. 门锁、安全开关、限位开关应在系统中起作用。

4. 接触器、继电器的机械、电气联锁应正常，不应出现粘接、接触不良的现象，且不应有异常的振动、噪声、过热等现象。

5. 电动机启动、换速、制动的延时应符合要求。

12.15.3 主电源开关、机房照明开关、井道照明开关

12.15.3.1 每台电梯的供电电源必须设置单独的主电源开关、机房照明和插座电源电路的开关。如果几台电梯共用机房或井道，则机房或井道照明开关可共用。

12.15.3.2 主电源开关具有切断电梯正常使用情况下最大电流的能力，但不应切断下列供电电路：

1. 轿厢照明或通风；

2. 机房和滑轮间照明；

3. 机房内、轿顶、底坑电源插座；

4. 井道照明及电源插座；

5. 报警装置。

12.15.4 检查制动器

12.15.4.1 电气系统检查满足 12.15.2、12.15.3 规定后，断开主电源开关，恢复 12.15.2 电气线路检查时拆下的驱动主机电机及制动器供电线路。

12.15.4.2 检查制动弹簧的预紧力应满足产品说明书要求。

12.15.4.3 单独给制动器线圈供、断电，应符合下列要求：

1. 线圈的接头应可靠无松动，线圈外部必须绝缘良好。

2. 线圈电流值、温升应满足产品说明书要求。

3. 制动器打开时应无异常声音。不应出现松闸滞后现象，松闸时间不宜大于 0.08s。

4. 对于轮毂式制动器，打开时，闸瓦与制动轮之间的间隙应均匀，间隙值应满足说明书要求(宜不大于 0.7mm)，不应有接触，两者之间应无油污或油漆等异物；铁芯吸合

后，铁芯底部间隙应满足产品说明书要求（宜为0.5～1mm），该间隙不应影响铁芯的迅速吸合。

5. 如果制动器是封闭的非可调式，其封记或封盖应完好，无拆动痕迹。

12.15.4.4　调整部位的锁紧装置应有效；防止销轴脱出的装置应有效。

12.15.4.5　松闸装置应有效可靠，其与制动器的联结应正确。

12.15.4.6　制动器组件不应有锈蚀。

12.15.4.7　制动器线圈接地应可靠。

12.15.5　检修开关及操作按钮

12.15.5.1　轿顶的检修控制装置应易于接近，其位置应符合安装说明书要求。

12.15.5.2　检修开关应为双稳态，并有清晰的状态标示。

12.15.5.3　检修运行应满足下列要求：

1. 应依靠持续按压按钮，能防止意外操作，并应标明运行方向。防止非工作人员操作轿厢内检修开关的装置必须有效、可靠。

2. 当处于检修运行状态时，应取消以下运行：

1）正常运行控制，包括任何自动门操作；

2）紧急电动运行；

3）对接操作运行。

3. 轿厢运行速度不应超过0.63m/s，不应超过轿厢正常的行程范围。

4. 当轿顶和轿内及机房均设这一装置时，应保证轿顶控制优先。

12.15.6　盘车和检修运行轿厢

12.15.6.1　如果能手动盘车运行轿厢，应先盘车使轿厢运行上、下全程各一次。轿厢运行过程中，安装、调试人员站在轿顶上注意观察轿厢、对重上的部件不应与井道内部件干涉，随行电缆和补偿装置不应阻碍轿厢到达极限位置。

如果不能手动盘车运行轿厢，一名安装人员在轿顶进行检修运行操作的同时，另一名安装人员在轿顶进行上述检查。

12.15.6.2　在轿顶操作检修运行，上（下）行全程逐项检查完成后，再做下（上）行全程的逐项检查，对不符合本规范规定的项目应及时修正，主要包括下列项目：

1. 门刀与各层门门锁、地坎之间的间隙。

2. 各层门锁轮与轿厢地坎之间的间隙。

3. 轿厢地坎与层门地坎之间的间隙。

4. 感应器与感应（遮磁）板之间的间隙。

5. 限位开关、强迫减速开关、极限开关与撞弓的相互位置尺寸。它们与顶（底）层地坎之间的垂直距离。

6. 轿顶边缘与井道壁之间的间隙，对重与井道壁之间的间隙。

7. 轿厢地坎与井道壁之间的间隙。

8. 轿厢与导轨支架、线槽、中间接线盒、随行电缆支架之间的间隙；随行电缆、补偿链与其周围最近部件之间的间隙。

9. 限速器钢丝绳及其绳头组合与安全钳提拉杆联结部位与其周围最近部件之间的间隙。

10. 补偿装置、随行电缆与底坑地面之间的垂直距离应满足 12.13.3、12.14.2.3 规定。

12.15.6.3 盘车和检修运行过程中，驱动主机各部件运行、油渗漏及电机轴承温升应无异常。

12.15.7 安全保护检查

12.15.7.1 断相、错相保护装置或功能

当控制柜三相电源中任何一相断开或任何二相错接时，断相、错相保护装置或功能应有效。

注：当错相不影响电梯正常运行时可没有错相保护装置或功能

12.15.7.2 短路、过载保护装置

1. 短路、过载保护装置的参数设定与连接应符合 12.15.2.4 条规定。

2. 如果采用监测电动机绕组温升来实现过载保护，按照安装、调试说明书中的方法，可人为使电动机过载保护动作，电梯应停层，且不能继续运行。

12.15.7.3 主接触器、门锁接触器、制动器接触器的机械联锁保护应灵活可靠，防止触点粘连的措施应有效。

12.15.7.4 上、下极限开关

上、下极限开关必须是安全触点，在端站位置进行动作试验时必须动作正常。在轿厢或对重接触缓冲器之前必须动作，且缓冲器完全压缩时，保持动作状态。

12.15.7.5 停止装置

1. 停止装置应是双稳态的，无意的动作不应使电梯恢复服务，其上或其附近的“停止”字样标示应清晰。

2. 操作设置在机房、轿顶及底坑的停止装置应立即停止电梯。

3. 在轿顶应设置在距检修或维护人员进入入口不大于 1m 的易于接近的位置。

4. 在底坑应设置在进入底坑时和在底坑地面上容易接近位置。

5. 如果机房内或轿厢内设有停止装置，安装位置和功能应符合安装说明书要求。

6. 停止装置应可靠固定。

12.15.7.6 门锁装置

1. 层门锁钩必须动作灵活，在证实锁紧的电气安全装置动作之前，锁紧元件的最小啮合长度为 7mm。

2. 防护装置应完整且固定可靠。

12.15.7.7 证实层门闭合的电气安全装置(触点)

1. 对于门扇间间接机械连接的多扇滑动门，未被锁住的其他门扇的闭合应设置电气安全装置来证实；

2. 电气安全装置(触点)的安装位置应正确。人为打开,电梯应不能启动。

12.15.7.8　下列开关及其操作装置的安装位置应正确。开关应动作灵活,不应有卡阻现象。人为使其动作,电梯应不能启动。

1. 限速器动作开关;

2. 安全钳动作开关;

3. 可拆卸式盘车手轮开关;

4. 轿厢安全窗开关;

5. 限速器绳张紧开关;

6. 补偿绳张紧开关;

7. 补偿绳轮防跳开关;

8. 液压缓冲器复位开关

9. 安全门、底坑门、通往井道的检修活板门的开关;

10. 制动器行程开关;

11. 轿厢上行超速保护装置。

12. 除1～11规定的安全开关以外,为证实某一部件所处工作状态或限制轿厢位置等而设置的安全开关,它们的有效性应符合安装说明书要求。

12.15.8　紧急报警装置

12.15.8.1　装设在轿厢内,应易于乘客识别和触及。

12.15.8.2　该装置应采用警铃、对讲系统、外部电话或类似装置,除使用与公用网连接的电话外,当正常电源发生故障时,该装置应自动接通紧急电源,保持有效。

12.15.8.3　应能够与救援服务持续联系(根据合同要求而定)。

12.15.9　自动门调整

12.15.9.1　轿厢停在开锁区域内,切断开门机电源,在轿内用手扒开门所需的力不应大于300N。

12.15.9.2　额定速度大于1.0m/s的电梯运行过程中,轿厢不在开锁区域内时,开启轿门的力应大于50N。

12.15.9.3　通电进行开门、关门试验,调整门机控制系统使开关门的速度曲线和开、关门时间满足安装说明书要求,且门关闭时,不应有撞击声。

12.15.9.4　动力操纵的水平滑动门在关门开始的1/3行程之后,阻止关门的力不应超过150N。

12.15.9.5　安全触板及光电保护装置应有效。

12.15.10　额定速度(正常)运行试验

12.15.10.1　只有在12.15.1～12.15.9条检查合格后,才能进行额定速度运行试验。

12.15.10.2　以检修速度开轿厢停在中间层后,将“检修—正常”开关转换到正常位置,并暂将开门机封掉，轿内不允许载人，轿顶严禁站人。按照调试要求，在控制柜处手动模拟开车，先单层，后多层（暂不到上、下端站），上下往返数次，如无异常再进行下列试验和项目检查：

1. 当驱动主机有减速箱时，检查蜗杆（或齿轮）轴伸出部位润滑油渗漏情况，应满足安装说明书要求；减速箱内不应有啃齿声、撞击声、轴承研磨声；减速箱油温度不得超过 80℃。

2. 轴承温度不得超过 80℃。

3. 制动器的松闸和制动应无异常。

4. 驱动主机运转应平稳，噪声应符合产品说明书要求。

12.15.10.3 将封掉的开门机恢复，安装人员进入轿厢实际操作电梯单层、多层运行的同时，进行下列检查和调整：

1. 对信号系统、控制系统、驱动系统进行测试、调整，使之全部正常。

2. 对电梯的启动、加速、换速、制动及平层感应器、强迫减速开关、限位开关的位置按安装说明书要求进行精确的调整。

3. 外呼按钮、内选及指令按钮均有效，按钮及开关应动作灵活，不应有卡阻现象；指示灯、按钮、操纵盘的指示信号清晰、明亮、准确，遮光罩良好，不应有漏光和串光现象。

4. 驱动主机的减速箱、电机（及其电流）、制动器等应无异常。

12.15.11 平衡系数

12.15.11.1 曳引式电梯的平衡系数应为 0.4～0.5。

12.15.12 曳引能力

12.15.12.1 轿厢在行程上部范围空载上行及行程下部范围载有 125％额定载重量下行，分别停层 3 次以上，轿厢必须可靠地制停（空载上行工况应平层）。

12.15.12.2 当对重完全压在缓冲器上，且驱动主机按轿厢上行方向连续运转时，空载轿厢严禁向上提升。

12.15.13 制动试验

12.15.13.1 轿厢载有 125％额定载重量，以额定速度下行时，切断电机和制动器的供电，轿厢应能停止运行。轿厢的减速度不应超过安全钳动作或轿厢撞在缓冲器上所产生的减速度。

12.15.13.2 轿厢载有 100％额定载重量，以额定速度下行时，切断电机和一组制动器的供电，另一组制动器保持打开状态，轿厢应减速下行。

12.15.14 超载保护

12.15.14.1 当轿厢载荷达到 110％的额定载重量，且 10％的额定载重量的最小值按 75kg 计算时，超载保护应起作用。

12.15.14.2 电梯在超载情况下，应符合下列要求：

1. 不应正常启动和再平层；

2. 轿内的声信和（或）光信号应有效；

3. 动力驱动的自动门应处于完全打开位置，手动操纵门应保持在开锁状态。

4. 应取消预备操作。

12.15.15　紧急电动运行

12.15.15.1　紧急电动运行开关及操作按钮应设在使用时易用于直接观察驱动主机的位置。

12.15.15.2　应依靠持续按压按钮，能防止意外操作，并应标明运行方向。

12.15.15.3　紧急电动运行开关本身或通过另一个电气开关应使限速器、安全钳、缓冲器、极限开关、轿厢上行超速保护装置上的电气装置失效。

12.15.15.4　轿厢速度不应大于 0.63m/s。

12.15.16　限速器安全钳联动试验

12.15.16.1　对瞬时式安全钳，轿厢应载有均匀分布的额定载重量；对渐进式安全钳，轿厢应载有均匀分布的 125%额定载重量。当短接限速器及安全钳电气开关，轿厢以检修速度下行，人为使限速器机械动作时，安全钳应可靠动作，轿厢必须可靠制动，且轿底倾斜度不应大于 5%。

12.15.16.2　如果对重设有安全钳，短接其限速器及安全钳电气开关，对重以检修速度下行，人为使限速器机械动作时，安全钳应可靠动作，对重必须可靠制动。

12.15.17　缓冲器试验

12.15.17.1　蓄能型（弹簧）或非线性缓冲器：载有额定载重量的轿厢以检修速度下行撞击缓冲器，轿厢空载对重以检修速度下行撞击缓冲器，直至曳引绳松弛，缓冲器应完好无损。

12.15.17.2　耗能型（液压）缓冲器：载有额定载重量的轿厢以检修下行速度撞击缓冲器，轿厢空载对重以检修速度下行撞击缓冲器，直至曳引绳松弛，压缩 5min 后，从轿厢或对重离开缓冲器开始直到缓冲器恢复到原状，所需时间不应大于 120s。

12.15.18　层门与轿门的试验

12.15.18.1　每层层门必须能够用三角钥匙正常开启。

12.15.18.2　当一个层门或轿门（在多扇门中任何一扇门）非正常打开时，电梯严禁启动或继续运行。

12.15.19　运行试验

12.15.19.1　电梯安装后应进行运行试验；轿厢分别在空载、额定载荷工况下，按产品设计规定的每小时启动次数和负载持续率各运行 1000 次（每天不少于 8h），电梯应运行平稳、制动可靠、连续运行无故障。

12.15.19.2　制动器线圈、减速机油的温升均不应超过 60℃且温度不应超过 85℃。如果有减速箱，则轴伸出端渗漏油应满足安装说明书要求，其他部位不允许渗油。

12.15.20 额定速度测试

12.15.20.1 当电源为额定频率和额定电压、轿厢载有50%额定载荷时，向下运行至行程中段(除去加速和减速段)时的速度，不应大于额定速度的105%，且不应小于额定速度的92%。

12.15.21 平层准确度测试

12.15.21.1 额定速度小于或等于0.63m/s的交流双速电梯，应在±15mm的范围内；

12.15.21.2 额定速度大于0.63m/s且小于或等于1.0m/s的交流双速电梯，应在±30mm的范围内。

12.15.21.3 其他调速方式的电梯，应在±15mm的范围内。

12.15.22 噪声测试

12.15.22.1 机房噪声：对额定速度小于或等于4m/s的电梯，不应大于80dB(A)；对额定速度大于4m/s的电梯，不应大于85dB(A)。

12.15.22.2 乘客电梯和病床电梯运行中轿内噪声：对额定速度小于或等于4m/s的电梯，不应大于55dB(A)；对额定速度大于4m/s的电梯，不应大于60dB(A)。

12.15.22.3 乘客电梯和病床电梯的开关门过程噪声不应大于65dB(A)。

12.15.23 轿厢振动

12.15.23.1 乘客电梯轿厢运行时垂直、水平方向的振动加速度(用时域记录的振动曲线中的单峰值)分别不大于25cm/s^2和15cm/s^2。

12.15.24 电梯功能试验

12.15.24.1 应根据电梯的类型、控制方式等特点，按照合同和安装说明书逐项进行。

12.15.25 观感检查

12.15.25.1 轿门带动层门开、关运行，门扇与门扇、门扇与门套、门扇与门楣、门扇与门口处轿壁、门扇下端与地坎应无刮碰现象。

12.15.25.2 门扇与门扇、门扇与门套、门扇与门楣、门扇与门口处轿壁、门扇下端与地坎之间各自的间隙客梯不应大于6mm，货梯不应大于8mm，且在整个长度上应基本一致。

12.15.25.3 机房(如果有)、导轨支架、底坑、轿顶、轿内、轿门、层门及门地坎等部位应清理干净。

12.15.25.4 所有金属部件表面均应有防腐处理(如：涂防腐漆或镀锌)。

(本章主要起草人：陈凤旺)

世界聚落的教示100

［日］原广司　著

于天祎
刘淑梅　译
马千里
王昀　校

中国建筑工业出版社

界聚落的教示100

［日］原广司　著

中国建筑工业出版社

ISBN 7-112-05509-1
9787112055098
(11127)